金荞麦
抗氧化活性关键物质及其
主要基因研究

李光 著

WUHAN UNIVERSITY PRESS
武汉大学出版社

图书在版编目(CIP)数据

金荞麦抗氧化活性关键物质及其主要基因研究/李光著.—武汉:武汉大学出版社,2018.11
ISBN 978-7-307-20665-6

Ⅰ.金… Ⅱ.李… Ⅲ.荞麦—生物学—研究 Ⅳ.S517.1

中国版本图书馆 CIP 数据核字(2018)第 268628 号

责任编辑:谢文涛 责任校对:汪欣怡 版式设计:马 佳

出版发行:**武汉大学出版社** (430072 武昌 珞珈山)
(电子邮箱:cbs22@whu.edu.cn 网址:www.wdp.com.cn)
印刷:武汉中科兴业印务有限公司
开本:787×1092 1/16 印张:11 字数:258 千字 插页:2
版次:2018 年 11 月第 1 版 2018 年 11 月第 1 次印刷
ISBN 978-7-307-20665-6 定价:33.00 元

李光，男，博士，教授，贵州省高层次创新人才"千"层次、贵州省"三区"科技特派员、贵州省科技厅专家库专家、安顺市市管专家、安顺市人民政府重大行政决策咨询论证专家、安顺学院学术带头人。曾获安顺市科技进步三等奖，贵州省首届高校大学生优秀专利发明人（设计人）专利展示活动二等奖，安顺市第五次自然科学优秀论文三等奖各1项（均为第一完成人），并入选贵州省三区科技人员专项扶持计划和贵州省"万名农业专家服务'三农'行动"专家团队。长期从事作物学、植物学及其应用研究，先后主持贵州省农业攻关项目，贵州省教育厅创新群体重大研究项目，贵州省高校优秀科技创新人才支持计划，贵州省科技厅、安顺市人民政府、安顺学院三方联合基金，安顺学院博士基金项目，安顺学院精品课项目"作物育种学"各1项，另参加国家级和省部级项目4项。近年来共发表学术论文40篇；授权专利和软件著作权5项。

. . . .

本研究获得以下项目的资助

※贵州省教育厅创新群体重大研究项目"黔中特色植物生物活性物质提取分离、
　鉴定与功能评价"（黔教合KY字[2016]050）
※安顺学院重点学科"作物育种学[安学科合字ZDXK[2017]07号]"
※国家自然科学基金项目（31471562；31860408）
※安顺学院博士基金项目"金荞麦维生素E合成代谢关键基金研究"（ASXYBSJJ201504）
※国家自然科学基金项目（31471562；31860408）
※国家燕麦荞麦现代农业产业技术体系专项资金（CARS-07-A5）
※贵州省高层次创新型人才培养对象十百千计划（2014GZ97588）
※贵州省高层次创新型人才培养对象十百千计划"千"层次（李光）
※贵州省荞麦工程技术研究中心（黔科合农G字[2015]4003号）
※贵州省科技支撑计划（黔科合支撑[2017]2505；黔科合支撑[2018]2320号）

前　言

金荞麦含有丰富的抗氧化物质，因此它具有良好的抗氧化能力。但是具有抗氧化功能的化合物种类繁多，具体哪种成分在金荞麦中起关键作用，关键物质的合成又由哪些关键基因控制等问题，目前尚不清楚，需要进行深入探讨。本研究以金荞麦第一展开叶片为材料，考察了金荞麦叶片中黄酮含量、维生素 C 含量、维生素 E 含量、多酚含量及多糖含量等参数的变化及其与抗氧化能力之间的相关性，确定了金荞麦叶片中具有抗氧化活性的关键化合物。同时，本研究根据转录组测序结果，采用实时定量 PCR 方法筛选金荞麦关键抗氧化物质的关键合成基因，并对其进行了生物信息学分析，为金荞麦的开发利用提供理论基础。主要结果如下：

1. 金荞麦叶片抗氧化活性物质分析

为了弄清金荞麦叶片的抗氧化关键物质，考察了 135 个居群的 440 多株金荞麦叶片的抗氧化能力，并从中选取抗氧化能力高、中、低的植株各 15 株，然后以甜荞品种为对照，综合考察这 45 株金荞麦叶片和 3 个金荞麦品种（系）叶片以及 3 个甜荞对照叶片的抗氧化能力、黄酮、维生素 C、维生素 E、多酚及多糖含量等指标，并分析了它们与荞麦抗氧化能力之间的相关性。结果表明：多酚含量和黄酮含量在金荞麦与甜荞不同品种间有显著差异，而抗氧化能力、多糖含量、维生素 E 含量和维生素 C 含量在金荞麦与甜荞不同品种间没有显著差异，金荞麦和甜荞的抗氧化性与黄酮含量、维生素 E 含量相关性极显著。

2. 金荞麦黄酮提取工艺及其测量方法研究

为了科学合理地利用荞麦黄酮资源，以金荞麦叶为原料，探讨了乙醇浓度、固液比、提取温度、提取时间、提取次数、提取功率对金荞麦叶黄酮提取的影响，并研究了四种分光光度法在测量金荞麦黄酮含量过程中吸光度值的稳定性。结果表明金荞麦叶片黄酮最适提取工艺为采用浓度 60% 的乙醇，固液比 1：20、提取温度 40℃、每次提取 20min、提取 3 次、提取功率 175W。AlCl$_3$-HAC（缓冲液）显色法（392.5nm）是测定金荞麦叶总黄酮含量的最适方法。本研究可以为荞麦黄酮化合物的含量测定以及黄酮资源的开发利用提供理论基础和科学依据。

3. 荞麦属植物转录组测序分析

分别对栽培甜荞灌浆期种子、栽培苦荞灌浆期种子、栽培甜荞根部、金荞麦根部、第一片展开叶叶片（等量的甜荞、野生甜荞、苦荞、野生苦荞和金荞麦）和花序（等量的甜荞、野生甜荞、苦荞、野生苦荞和金荞麦）进行转录组测序分析，组装后获得约 9.28 万条荞麦 Unigenes 序列，其中有近 5.5 万个在注释库中得到了功能注释。通过 Unigenes 序列覆盖评价发现，目前在 NCBI 中的荞麦属植物的 mRNA 序列全部可以在荞麦 Unigenes 数据库中找到同源基因序列，这表明转录组测序获得 Unigenes 库序列覆盖度较好，它可

1

以为有关荞麦属植物的研究提供参考。根据注释结果，本研究共获得黄酮合成相关基因序列 47 条和维生素 E 合成相关基因序列 31 条。其中，47 条荞麦黄酮合成相关基因序列包括 3 条 C4H 基因序列、2 条 CHI 基因序列、9 条 CHS 基因序列、5 条 DFR 基因序列、2 条 F3H 基因序列、2 条 F3′H 基因序列、4 条 F3′5′H 基因序列、3 条 FNS 基因序列、3 条 PAL 基因序列、2 条 STS 基因序列、3 条 UFGT 基因序列、6 条 IF2′H 基因序列、3 条 ANS/LDOX 基因序列。而 31 条荞麦维生素 E 合成相关基因序列包括 1 条 AdeH 基因序列、3 条 GGPS 基因序列、3 条 CHL P 基因序列、1 条 HGGT 基因序列、3 条 HPPD 和 SLR0090 基因序列、1 条 HPT 基因序列、4 条 MPBQ MT 和 SLL0418 基因序列、4 条 PAT 基因序列、1 条 TC 基因序列、2 条 TMT 基因序列、8 条 TAT 基因序列。

4. 金荞麦黄酮合成相关基因差异表达研究

采用实时定量 PCR 技术对 47 个转录组测序获得的荞麦黄酮合成相关基因在 9 株金荞麦叶片组织中的表达情况进行了研究。结果共有 37 个基因的扩增产物特异性较好。对它们的表达情况与黄酮含量间的关系进行相关性分析，表明 C4H2 基因和 F3′5′H2 基因的表达与金荞麦黄酮含量的相关性为显著相关，其他基因的表达与金荞麦黄酮含量的相关性不显著。生物信息学分析表明金荞麦 C4H2 基因序列与苦荞 C4H 基因的亲缘关系最近，符合金荞麦和苦荞都是荞麦属植物的结论，两个序列有 90% 的相同。而金荞麦 F3′5′H2 基因的生物信息分析表明金荞麦 F3′5′H2 基因的 cDNA 全长为 2069bp，其中编码区全长 1599bp，编码 532 个氨基酸，由进化树分析可知金荞麦 F3′5′H2 基因属于细胞色素 P450 78A10 家族。

5. 金荞麦维生素 E 合成相关基因差异表达研究

采用实时定量 PCR 技术对 31 个转录组测序获得的荞麦维生素 E 合成相关基因在 9 株金荞麦叶片组织中的表达情况进行了研究。结果共有 26 个基因的扩增产物特异性较好。对它们的表达情况与维生素 E 含量间的关系进行相关性分析，表明 CHL P3 基因和 TC 基因的表达与金荞麦维生素 E 含量的相关性为显著相关，其他基因的表达与金荞麦维生素 E 含量的相关性不显著。生物信息学分析表明金荞麦 CHL P3 基因的氨基酸序列与橡胶树和蓖麻 CHL P 基因的氨基酸序列亲缘关系最近，但 blastn 分析却发现仅有葡萄 CHL P 序列与金荞麦 CHL P3 基因的核酸序列同源，两个基因相同区域序列有 99% 是相同的。而金荞麦 TC 基因的生物信息分析表明金荞麦 TC 基因的 cDNA 全长为 2070bp，其中编码区全长 1500bp，编码 499 个氨基酸，由进化树可以看出金荞麦 TC 基因与桉树和葡萄的 TC 基因亲缘关系较近。

作　者

2018 年 8 月

目　　录

第1章 文献综述

本章综述了自由基及抗氧化物质、转录组测序技术、基因序列全长获取方法和荞麦属植物抗氧化成分研究的现状，为将来的荞麦相关研究提供了方法选择上的参考和理论基础。

1.1 自由基及抗氧化物质

1.1.1 自由基的产生及生物学效应

自由基是指独立存在的、核最外层轨道上带有一个或多个未配对电子的分子、原子、离子或基团，可带或不带电荷。在化学反应中，反应物的分子往往要发生共价键的断裂，共价键的断裂可以分为两种方式：均裂和异裂。在发生均裂时，原来的共用电子对变为分属于两个原子或原子团，即形成自由基。

自由基有以下几种类型：①活性氧和氧自由基，活性氧是指在分子组成上具有氧的一类化学性质、非常活泼的物质的总称。氧自由基是由活性氧衍生而来的一类自由基，其约占机体总自由基的95%，包括超氧化物自由基、过氧化氢、羟基自由基和单腺态氧等。它们可以对细胞膜、核酸和蛋白质都产生影响，从而引起各种疾病[1]。②脂类自由基和脂类过氧化物，在活性氧的作用下，组织细胞会因脂质过氧化而产生脂类自由基，它包括脂自由基、烷自由基、脂氧基、烷过氧基、脂氢过氧化物等，它们的性质稳定，并且可以诱导一系列的连锁反应，对机体造成更严重的损伤。③半醌类自由基，它们由苯醌和苯酚类化合物发生氧化还原反应而产生，且广泛产生于生命过程之中的一类自由基，它们通常指磺素类蛋白和泛醌的单电子还原形式或氧化形式。这两类化合物在电子传导中起特殊作用，此类自由基还是线粒体中执行功能的主要自由基[2]。由此不难看出，自由基的种类繁多，且许多化学反应都可以发生共价键的均裂而产生自由基，因此，自由基是普遍存在的一类物质。

自由基的理化性质特征：①自由基的化学性质异常活泼，具有高反应性的特性。②绝大多数自由基是不稳定的，寿命很短，并且浓度低，难测定。③部分自由基具有未配对电子，自旋产生顺磁性，这种顺磁性是自由基独特的物理性质。自由基的这些理化性质导致它具有特殊的生物学效应：自由基可与生物体内的许多物质如脂肪酸、蛋白质等作用，夺取它们的氢原子，造成相关细胞的结构与功能发生变化，从而引发心脏病、癌症等疾病，成为多种疾病、亚健康状态的原因。例如，郑荣梁等（1988）用物理的和化学的方法产生3种活性氧，结果表明它们都能损伤叙利亚地鼠成纤维细胞和人胎儿肺成纤维细胞的

DNA，并且发现凡能促进活性氧在细胞中积累的因素都能加剧损伤[3]；反之，凡能减少活性氧积累的因素都能缓解或消除损伤，这充分证明了自由基对 DNA 的损伤作用[4]。因此，过多的自由基使细胞膜受到损害、发生脂质过氧化，使蛋白质变性，使酶失去活性，从而使器官老化导致机体衰老加速，所以研究自由基的产生及生物学效应有重要意义。

1.1.2　自由基的清除及防御措施

能够清除自由基的物质称为抗氧化活性物质，生物体内存在清除自由基的物质，主要包括两大类：一是抗氧化酶类，主要包括超氧化物歧化酶（SOD）、过氧化物酶（POD）、过氧化氢酶（CAT）等；二是非酶类抗氧化剂，主要有维生素 C、维生素 E、谷胱甘肽（GSH）、胡萝卜素等。抗氧化酶类是蛋白质，抗氧化能力很强，但是由于蛋白质容易变性，所以抗氧化酶类在食物加工过程中较易变性失活，且蛋白质分解成氨基酸后被吸收，这些氨基酸在人体内重新组装成蛋白质，新组装的蛋白质不一定具有抗氧化的能力。而非酶类抗氧化剂在加工过程中的损失相对较少，应该成为抗氧化活性物质研究的重点。

抗氧化物质能够抑制 ROS 的产生，抑制过氧化氢的生成，减少 DNA 的氧化损伤，抑制脂质过氧化。其主要的作用机理为：通过提供活性基团，作为供氢体与自由基反应，使之形成相应的离子或分子，从而熄灭自由基，终止自由基的链式反应[5]；促进其他抗氧化物活性的提高；保持其他抗氧化物的活化状态等。例如，茶多酚可以直接清除超氧阴离子、羟自由基、抑制亚硝酸的形成及诱导型一氧化氮合酶 mRNA 的合成与转录，降低一氧化氮的蛋白水平及酶的活性，并能增强一些抗氧化酶的活性[6]。大豆异黄酮对小鼠抗氧化酶活性有较强促进作用；降低膜的流动性，从而降低自由基在脂质双层中的流动性，阻止自由基的渗入，减慢自由基反应，达到抑制脂质过氧化作用；增加抗氧化蛋白如金属硫蛋白（MT）的表达[7]。

1.1.3　抗氧化剂研究与开发

随着社会的发展和人民生活水平的提高，高血糖、高血压、高血脂"三高"群体、糖尿病等人群的数量逐年增高，抗氧化剂越来越受到人们的关注，在这种情况下抗氧化剂的开发就具有重要的意义。当前，抗氧化剂的来源主要有三种：①植物源抗氧化剂。植物是天然抗氧化剂的潜在资源，它们吸收太阳辐射，产生高能态氧。植物能够得以存活，就是因为它们能够生成各种具有抗氧化活性的物质来阻碍这些活性氧的毒性，这些具有抗氧化活性的化合物即为天然植物抗氧化剂。这类化合物种类繁多，包括维生素、黄酮化合物、多糖、绿原酸、儿茶素和其他有机酸的衍生物等。孙世利（2012）研究了不同料液比和不同浸提时间对绿茶多糖提取的影响，结果表明，水浸提的绿茶多糖具有较好的清除 DPPH 自由基和 ABTS 自由基的效果，对亚铁离子具有较强的络合能力[8]。王伟（2013）以鸡爪黄连的干燥根茎为原料，探讨黄连多糖的还原能力及清除羟基自由基的能力，结果黄连多糖表现出较好的还原能力[9]。王晓宇（2008）研究了葡萄酒酚类物质与抗氧化能力的相关性，研究结果表明葡萄酒的总酚、总类黄酮和黄烷醇物质与抗氧化能力有很强的相关性，而总花色素含量与抗氧化能力相关性弱[10]。徐静（2006）测定了 30 种水果的抗氧化活性，研究认为山楂抗氧化活性最强，冬枣、番石榴、猕猴桃、桑葚、草莓和石榴等次之，白兰瓜、京欣一号西瓜和柿子最弱，最强与最弱相差95.9倍。同时，研究还发现水果的抗氧化活性与总多酚、总类黄酮含量呈显著相关关系[11]。②微量元素。硒具有清除活性氧的能力，它通过调控谷胱甘肽过氧化物酶的活性来调控生物体内的抗氧化系统。富硒大豆低聚肽具有抗氧化功能，这种功能主要通过降低大鼠血清和肝脏中 MDA 的含量，提高 GSH-Px 和 SOD 活性来实现，富硒大豆低聚肽的抗氧化功能要强于无机硒，明显强于不含硒的大豆低聚肽，推测富硒大豆低聚肽中发挥抗氧化功能的主要是微量元素硒[12]。富硒绿茶中茶多酚及水提物的抗氧化活性显著高于普通绿茶中茶多酚及水提物，且它们显著高于普通绿茶中茶多酚及水提物与亚硒酸钠之间简单的加合[13]。此外，铜、锌、锰是维持 SOD 活性的微量元素。③人工合成抗氧化剂。随着化学工业的发展，人们已经可以人工合成许多具有抗氧化活性的物质，例如：硒化壳寡糖、维生素 C 磷酸酯镁、没食子酸丙酯、TBHQ、BHT 和丁基羟基茴香醚等，它们有一个或多个酚羟基，这些酚羟基决定了它们具有抗氧化和清除氧自由基的能力。以亚硒酸钠和壳寡糖为原料合成的硒化壳寡糖，在实验设置的浓度范围内，硒化壳寡糖的抗氧化能力随着浓度的增加而增加，且硒化壳寡糖的抗氧化能力高于壳寡糖，1.0 mg/ml 的硒化壳寡糖对羟自由基的清除率为 40.27%，对超氧阴离子的清除率为 38.68%，总抗氧化能力为每 ml 0.617 单位[14]。维生素 C 磷酸酯镁是维生素 C 的替代品之一，由于其特有的性质而广泛应用在食品添加剂中。有研究表明维生素 C 磷酸酯镁有较强的清除超氧阴离子自由基能力[15]。虽然人工合成的抗氧化剂具有抗氧化能力强、化学性质相对稳定、有利于大规模生产等优点，但是随着环境保护意识的增强，越来越多的人认识到化学合成的抗氧化剂可能具有潜在危害。天然抗氧化剂是直接从大自然中提取而得到的，它具有相对高效、低毒的特点，已被人们所认识且正逐渐取代人工合成的抗氧化剂。

1.2 转录组测序技术

1953 年《自然》杂志刊登了沃森和克里克提出的 DNA 双螺旋结构的分子模型，这一成果被称为 20 世纪以来生物学方面最伟大的发现，它标志着分子生物学的诞生。1990 年美国、英国、法兰、德意、日本和中国共同开展了人类基因组计划，由于采用了第一代 DNA 测序技术，导致该项目历时 15 年且耗资巨大。由于第一代 DNA 测序技术有成本高、通量低和耗时长的缺点，为此、人们又开发了第二代 DNA 测序技术，该技术已经十分普及，它与第一代测序技术相比，具有低成本，高通量，短耗时等优点。第二代 DNA 测序技术平台主要包括 Roche/454 FLX、Illumina/Solexa Genome Analyzer 和 Applied Biosystems SOLID system 三种。

转录组是连接基因组遗传信息与生物功能的蛋白质组的纽带，转录水平的调控是最重要也是目前研究最广泛的生物体调控方式。转录组测序使用第二代 DNA 测序技术，它能够更高效地提供有用信息，并且可以鉴定稀有转录本和正常转录本，以及检测基因家族中相似基因和可变剪接造成的不同转录本的表达。它已被广泛应用于转录本可变剪切研究、转录本编码区 SNP 研究、非编码区域功能研究、基因表达水平研究以及全新转录本发现等方面。例如，Zenoni et al.（2010）研究了葡萄浆果发育过程中的转录组变化情况，结果共检测到 17 324 个基因，其中有 6 695 个基因在浆果发育过程中特异表达[16]。Bleeker et al.（2011）发现西红柿变种 Moneymaker 和多毛西红柿能够释放多种挥发性的倍半萜类化合物，为了确定这些挥发性倍半萜的相关合成酶，研究者对它们采用转录组测序的方法，结果在 Moneymaker 和多毛西红柿中分别获得 6 个和 5 个差异表达基因[17]。Feng（2012）对杨梅进行转录组分析，获得 1.92G 的原始数据，最终组装出 41 239 个 Unigenes，平均长度为 531bp。研究发现，在果实成熟过程所有参与花青素合成基因表达均上调，还发现蔗糖磷酸合成酶（SPS）和谷氨酸脱羧酶（GAD）可能是果实成熟过程中的碳水化合物和代谢中的重要基因[18]。Meyer et al.（2012）使用 454 转录组测序技术注释获得黍的 15 422 个 Unigenes，并确定了黍在 14000 万年以前与其他草类分开进化[19]。Yuan et al.（2012）为了弄清金银花药效和基因表达间的关系，采用 Illumina GAII 平台对两种金银花进行转录组测序分析，结果发现药效的不同涉及一系列化合物（酚酸，黄酮化合物，脂肪酸）的代谢活动相关的基因和它们的表达[20]。Marquez et al.（2012）采用转录组测序方法研究了拟南芥的可变剪切情况，检测了大约 150 000 个典型的植物内含子的剪接，研究发现，在正常生长条件下 61% 左右的基因存在选择性剪接[21]。Mizrachi et al.（2010）对桉树进行了转录组测序分析获得了一个较为完整的桉树基因库，为桉树研究提供了参考数据库[22]。Villar et al.（2011）比较了在旱季灌溉与非灌溉条件下桉树转录组情况，发现有 155 个 contigs 在胁迫过程中表达有差异[23]。Filichkin et al.（2010）使用 Illumina 平台分析了拟南芥可变剪切情况，研究发现至少在 42% 拟南芥基因中存在可变剪切现象，并以 CCA1 基因为例阐述了拟南芥可变剪切发生的可能机制[24]。Kaur et al.（2011）利用转录组测序获得了扁豆 15 354 contigs 和 68 715 singletons，并对 192 个 EST-SSR 引物进行了验证，结果有 166 个检测到 47.5% 的遗传多态性[25]。Xia et al.（2011）通过香蕉树转录组分析获得 1 200 万个 reads，这些 reads 最终组装成 48 768 个 Unigenes，研究发现有 24 545 个 Unigenes 与蓖麻相似[26]。Dugas et al.（2011）分析了高粱在聚乙二醇（PEG）和外源 ABA 胁迫条件下转录组信息变化情况，发现在胁迫下有 28 335 个差异基因，这些基因可以为研究高粱抗旱机制提供参考序列[27]。Gille et al.（2011）通过魔芋转录组测序实验确定了参与半纤维素葡甘聚糖的合成相关基因[28]。Yang et al.（2011）使用转录组测序分析了两个基因型苜蓿的基因差异[29]。Qiu et al.（2011）对胡杨进行转录组测序获得 86 777 个 Unigenes，研究表明在盐胁迫的条件下有 27% 的 Unigenes 的表达有差异（上调或下调）[30]。Mutasa-Göttgens et al.（2012）分析了甜菜在春化和赤霉素处理条件下表达普变化情况，生物信息学分析确定了相关的基因型差异和转录变化情况[31]。Guo et al.（2011）利用转录组分析确定了 3 023 个西瓜果实发育过程中的差异表达基因[32]。Triwitayakorn et al.（2011）将巴西橡胶树转录组测序数据应用到微卫星标记遗传连锁图谱的构建上[33]。霍达等（2011）整合分析了盐芥、星星草、獐茅、盐地碱蓬、紫羊茅、海蓬子、刚毛柽柳等 7 种盐生植物盐碱胁迫应答转录组学的不同，为全面理解盐生植物应答盐碱胁迫的代谢调控机制提供了线索[34]。Bancroft et al.（2011）进行了油菜的转录组测序实验并建立了甘蓝型油菜遗传连锁图谱，开发了一种检测和跟踪基因组片段的方法。这些研究极大地表明转录组测序是一个研究生物代谢调控和获取基因序列的强大工具[35]。

转录组测序也有一些不足之处，它存在假阳性的现象，这可能是由转录组测序后需要用到多种软件进行拼装造成的。转录组测序一般步骤为：首先对 cDNA 片段化，对这些片段进行测序后获得 cDNA 片段序列信息 Reads，然后通过生物信息学相关软件（Trinity）进行拼接形成 Contigs（重叠群），再将先后顺序已知的 Contigs 组成 Scaffold，即 Transcripts，最后将组装得到的转录本进行 Transcripts，得到对应样品的 Unigenes 的数据。可见 Unigenes 基因的获得过程中需要使用多种生物学软件，在这个过程中可能会产生一定的误差，因此，需要对转录组测序获得的序列进行验证后才能确定序列的真实性。

1.3　基因序列全长获取方法研究现状

聚合酶链式反应（Polymerase Chain Reaction，PCR）以待扩增的 DNA 链为模板，由一对人工合成的寡核苷酸引物介导，使用 DNA 聚合酶在体外快速扩增特异 DNA 序列的反应。该技术自 1985 年问世以来，在国际上引起了极大的反响，并已广泛应用于生物相关科学的各个领域中，成为分子生物学发展史上的一个里程碑。PCR 反应包括变性、退火和延伸三个基本步骤：①模板 DNA 经过高温处理，使模板 DNA 双链解离成为单链，以便与引物结合。②反应温度降至 55℃左右，引物与模板 DNA 单链的互补序列配对结合，为新 DNA 链的延伸做好准备。③DNA 模板和引物的结合物在 TaqDNA 聚合酶的作用下，依照碱基互补配对原理合成一条新的与模板 DNA 链互补的链。重复以上步骤就可获得更多的新链，并且新链又可成为下次循环的模板，因此，PCR 反应能够在极短的时间内将目的基因扩增放大几百万倍，PCR 技术问世为现代生物技术领域开创了一个新时代。

基因是生物遗传的物质基础，是 DNA 或 RNA 分子上具有遗传信息的特定核苷酸序列，是遗传物质基本的功能单位，通过复制把遗传信息传递给下一代。因此，分离和克隆目的基因是研究基因结构、揭示基因功能及表达的基础。而各种基因全长序列获取方法各有所长，根据原理和方法的不同，大致可分为反向 PCR、外源接头介导 PCR 和随机引物 PCR 三类，现简介如下。

1.3.1　反向 PCR

普通 PCR 只能扩增两端序列已知的基因序列，而两侧序列未知的基因片段得不到扩增，而反向 PCR 的目的确是扩增一段已知序列旁侧的 DNA。它的原理如下：首先使用限制性内切核酸酶在已知序列中产生黏性末端，然后使用 DNA 连接酶将 DNA 酶切片段两端连接成环，再利用限制性内切核酸酶从已知序列处切开环化 DNA，最后根据已知序列设计引物，以酶切后形成的链状 DNA 为模板进行扩增并测序。该方法有许多不足之处：①需要选择合适的酶进行酶切才能得到合理的 DNA 片段，不恰当的选择会导致实验的失败。②重复序列的存在使得酶切后形成的片段可能不一致，可能扩增出来多个基因，给后面的基因测序工作带来不便。

1.3.2　外源接头介导 PCR

在研究复杂基因组时，普通 PCR 反应可能会产生大量非特异性扩增，给下游实验带来困难，为了有效提高扩增的特异性，外源接头介导 PCR 应运而生，它在一端连接特定的接头，使用根据接头序列和已知序列设计的一对引物进行 PCR 扩增，该方法可以大幅度提高特异性，并以此为基础延伸出多种获得基因全长序列的技术。现简介如下。

1.3.2.1　单特异引物 PCR

单特异引物 PCR 是较早出现的外源接头介导的 PCR 技术之一，它采用 PCR 技术扩增已知序列和载体之间的未知序列，载体的使用增加了 PCR 过程的特异性。基本原理如下：首先通过限制性内切核酸酶将基因组 DNA 酶切，然后将酶切获得的片段连接到载体上，最后 PCR 扩增已知序列的特异引物和载体上的通用引物之间的未知序列，而非特异片段虽然能够连接到质粒载体中，但非特异片段没有特异引物的结合位点，因此不能有效扩增。该方法不足之处：单特异引物 PCR 技术的特异性较差，在生物中有很多重复序列，假如所用引物是参照了这些序列设计的，将使实验无法获得满意的结果。

1.3.2.2　捕获 PCR

捕获 PCR 通过对特异引物进行生物素标记来提高外源介导 PCR 的特异性，从而大大提高了反应的特异性。原理简介如下：首先利用限制性内切核酸酶酶切得到带有已知序列的 DNA 片段，接下来连接接头；然后使用连接有生物素标记的特异性引物进行单向扩增，合成含有未知序列和接头序列的片段，利用磁珠捕获并分离纯化带有生物素标记的单链产物，以该产物为模板进行第二次 PCR 扩增获得目标片段，重复以上步骤，依次获得目标基因全长序列。不足之处：虽然使用带有生物素标记的特异引物极大地提高了扩增的特异性，但是合成带有生物素标记的特异引物费用昂贵，并且捕获和分离单链产物的过程较为繁琐，这些都极大地限制了捕获 PCR 技术的应用。

1.3.2.3　锅柄 PCR

锅柄 PCR 首先使用限制性酶内切已知序列，并在 3′端加入单链 DNA 接头（该接头序列与已知序列互补），变性后复性，由于接头和单链 DNA 的 5′端有互补配对碱基而配对成双链，然后在 DNA 聚合酶作用下，形成一个短双链，而单链 DNA 的其他部分由于不能配对，所以仍然为单链，这样整个 DNA 序列就像一个锅状，所以被称为锅柄 PCR。锅柄变性后形成单链 DNA 片段，以该片段为模板进行 PCR 扩增可获得目的产物。

1.3.2.4　步降 PCR

步降 PCR 是通过使用特殊的接头而发展出的一种 PCR 技术，它消除了接头另一端与酶切基因组 DNA 的连接和接头间的自连接，因此减少了 PCR 过程中的非特异性扩增。基因组 DNA 经过特异酶切后连接特异性 DNA 接头，应用在步降 PCR 的接头的两条链长短是不同的，短的接头 DNA 单链 5′端有一个磷酸基团（PO_4），而 3′端有一个氨基（NH_2），磷酸基团（PO_4）可以与酶切基因组 DNA 的 3′端连接，而氨基（NH_2）不能形成平末端，最终外源接头只能一端与酶切基因组 DNA 连接，随后利用接头引物和根据已知序列设计的特异引物进行 PCR，为了提高特异性，PCR 的退火温度依次从 72℃ 经 70℃ 最终降到

68℃，每个温度经历 3 个循环，最后进行 26 个循环（68℃ 为退火温度）后结束反应，电泳获得目的产物。

1.3.2.5 胸腺嘧啶核苷酸接头特异连接 PCR

胸腺嘧啶核苷酸接头特异连接 PCR 首先在基因组 DNA3′末端形成一串 poly（dT）n，沉淀纯化 DNA 后酶切带有 poly（dT）n 的基因组 DNA，在 3′末端形成非单腺嘌呤黏性末端，纯化酶切产物后使用特异引物扩增目标片段，目标 DNA3′端在 LA Taq 酶作用下产生一个单腺嘌呤尾巴，纯化经过处理的 DNA 片段；然后 T-linker（3′端有一个胸腺嘧啶尾巴）在 T4 连接酶的作用下特异连到目标 DNA 片段 3′腺嘌呤末端；再次使用特异引物与 T-linker 上的接头引物进行 2 轮巢式 PCR 扩增出目标片段；最后使用特异引物与接头引物各 2 个进行连续的巢式 PCR，最终获得目标片段。由于胸腺嘧啶核苷酸接头特异连接 PCR 技术较为繁琐，因此使用频率相对较少。

1.3.2.6 cDNA 末端快速扩增

cDNA 末端快速扩增（RACE）技术是基于 PCR 技术进行 cDNA 末端快速克隆的一种技术，RACE 技术包括 3′端 RACE 和 5′端 RACE 两部分。3′端 RACE 的原理是首先利用根据 poly（A）尾设计的反转录引物反转录获得第一链 cDNA，再利用一个基因特异引物和一个含有部分接头序列的通用引物进行一次 PCR 扩增；为了提高特异性，可以利用一个新的基因特异引物和一个含有部分接头序列的通用引物进行一次巢式 PCR，并最终获得 mRNA 的 3′端序列。5′端 RACE 与 3′端 RACE 基本原理是一样的，但是难度更大。5′端 RACE 首先根据已知序列设计特异引物进行反转录获得第一链 cDNA，并利用末端脱氧核苷酸转移酶在 cDNA 的 3′端加上一个尾巴，这个尾巴是 poly（A）或者 poly（C），然后用一个基因特异引物和一个含有部分接头序列的通用引物 UPM，以第一链 cDNA 为模板，进行 PCR 扩增，把目的基因 5′末端的 cDNA 片段扩增出来。

1.3.3 依赖酶切连接的 PCR

依赖酶切连接的 PCR 需要选择合适的限制性内切酶，而这些酶类可能有不止一个酶切位点，导致在扩增过程中特异性不强，且操作步骤繁杂。为此很多研究者试图开发一种不依赖酶切连接的 PCR 扩增技术，它通过设计多种随机引物和特异引物组合共同扩增基因全长序列，这种方法不需要繁琐的酶切、连接等步骤，目前多种依赖酶切连接的 PCR 已被开发出来，热不对称交错 PCR 就是其中的典型代表。

热不对称交错 PCR 是一种染色体步移技术，它根据已知序列设计 3 条退火温度较高的特异引物，与位于未知序列处的随机简并引物组合进行 2 次巢式 PCR，进而获得目的产物。该技术具有简单快速、特异性高、产物可以直接测序等优点，它已被研究者广泛应用于分子生物学各个领域。热不对称交错 PCR 的原理是：首先采用一个特异引物和随机引物依次进行 5 个退火温度较高的循环（高特异性）、1 个低退火温度循环（低特异性）和 10 个中等退火温度的循环，紧接着是 12 次热不对称循环（每个循环包括 2 个高退火温度和 1 个低退火温度）。它产生 3 种产物：①Ⅰ型产物及由特异引物与随机引物共同延伸产生的片段，它也是热不对称交错 PCR 的目标产物；②Ⅱ型产物及由特异引物单独延伸产生的片段，它可通过巢式 PCR 除去；③Ⅲ型产物及由随机引物延伸产生的片段，它是非特异性扩增的主要来源，但是产生的量低。热不对称交错 PCR 与其他 PCR 方法相比具有以下两个优点：①操作简单，效率较高。TAIL-PCR 不需要对模板 DNA 进行酶切、连接、加尾等操作，研究者可以在较短的时间内完成操作，节省了试验的时间，提高了效率，并且产物可以直接回收用于测序。②特异性提高。TAIL-PCR 的整个过程会产生 3 型产物，其中只有Ⅰ型产物为目标产物，但是其他产物利用特异性巢式引物和随机简并引物退火温度的差异，通过巢式 PCR 除去，TAIL-PCR 的特异性还是满足大多数实验需要的，它已被广泛应用。

1.4　荞麦属植物抗氧化成分研究现状

荞麦为蓼科（Polygonaceae）荞麦属（*Fagopyrum*），一年生或多年生双子叶植物。荞麦营养价值丰富，它含有丰富的赖氨酸成分，铁、锰、锌等微量元素比一般谷物丰富，而且含有丰富膳食纤维，是一般精制大米的 10 倍。荞麦含有丰富的维生素 E 和可溶性膳食纤维，同时还含有烟酸和芦丁（芸香甙），它含有的烟酸成分能促进机体的新陈代谢，增强解毒能力，还具有扩张小血管和降低血液胆固醇的作用；芦丁有降低人体血脂和胆固醇、软化血管、保护视力和预防脑血管出血的作用，具有很好的营养保健作用[36]。另外，荞麦还具有降低血清胆固醇、抑制凝血块的形成、扩张血管、促进人体纤维蛋白溶解等功能，故荞麦具有较好的经济价值和开发潜力。

1.4.1　荞麦种质资源研究现状

自从 1754 年 Miller 建立荞麦属以来，此后荞麦属的成员不断被发现并命名。1913 年 Gross 以瘦果胚胎形态和位置为依据首次将荞麦定为 6 个种[37]。1930 年 Steward 在 Gross 分类基础上，根据花序及花着生部位、果被、茎直立状况将荞麦种类扩充到 10 个[38]。1992 年叶能干在中国湖北、山西报道了 2 个栽培甜荞的野生种[39]。1998 年李安仁在《中国植物志》中提出了荞麦有 15 个种[40]。吴征镒（2000）在《云南植物志》中提出了中国荞麦的种类是 9 个种和 2 个变种[41]。Ohnishi（2002）提出中国境内分布的荞麦共有 19 种，其中包括 17 个野生种和 2 个栽培种[42]。2001—2009 年陈庆富[43-45]、夏明忠[46]、刘建林[47-48]先后报道了 6 个野生种。至此，全世界荞麦已见报道并正式命名的有 23 个种、3 个变种和 2 个亚种，其中包括 2 个栽培种。

1.4.2　荞麦属植物化学成分研究现状

近年来，随着人们生活水平的提高，平衡膳食，促进健康已成为大家关注的话题，天然性、食效性等生理功能物质在世界范围内已成为人们追逐的目标。荞麦具有防治糖尿病、高血压、高血脂、冠心病、抗癌、防止内出血，延缓衰老等多种生理功能，并具有良好的抗氧化能力，这些功能主要是由于其体内含有相关化合物造成的，现对它们简介如下。

1.4.2.1　荞麦的营养成分研究现状

现代科学研究表明[49]：荞麦与其他粮食作物相比，具有保健和营养的双重功效，是人类比较理想的食药资源。荞麦的营养价值很高，荞麦籽粒营养丰富，具有其他作物所不具备的优点和营养成分。荞麦含蛋白质 10.6%～15.5%，脂肪 2.1%～2.8%，淀粉 63%～71.2%，纤维素 10.0%～16.1%，既含有水溶性蛋白又含有盐溶性蛋白，同时含有丰富的生物类黄酮和人体所必需的 8 种氨基酸，尤其富含芦丁，含量为 0.8%～1.5%，是治疗和预防高血压、糖尿病、心血管病等疾病的理想原药。甜荞面粉的蛋白质含量明显高于大米、小米、高粱、玉米面粉及糌粑，其蛋白质的组成与豆类蛋白质组成相似，且氨基酸含量更高、种类更多，很容易被人体吸收和利用。苦荞脂肪中油酸和亚油酸占多数，在体内生成花生四烯酸，有降血脂的作用。荞麦籽粒中还含有丰富的钙、磷、镁和微量元素铁、铜、锌、硼、碘、镍、钴、硒等。其中镁、钾、铜、铁等元素的含量为大米和小麦面粉的2～3 倍。此外，荞麦还含有其他粮食稀缺的硒元素，甜荞还含有较多的胱氨酸和半胱氨酸，这两种氨基酸具有较高的放射性保护特性[50]。

1.4.2.2　荞麦抗氧化成分研究现状

荞麦所含有化学成分主要有：生物碱、苷类、多酚、糖类、氨基酸、蛋白质、酶、有机酸、色素等，它们各自具有特殊的生理功能，其中有抗氧化作用的化合物有多酚及黄酮、多糖、维生素 C 和维生素 E 等。现简要介绍如下。

1. 多酚及黄酮化合物

植物多酚是一类具有多元酚结构的植物复杂酚类次生代谢产物，其在自然界中的储量非常的丰富[51]。植物多酚最重要的化学特征是可通过疏水键和多点氢键与蛋白质发生结合，且具有酚羟基[52]。正是因为多酚类物质的酚羟基中的邻位酚羟基非常容易被氧化，对活性氧等自由基有着比较强的捕捉作用，因此植物多酚具有了一个非常重要的性质--抗氧化性[53]。目前植物多酚已经成了国内外科研工作者研究天然产物和有机化学的热点。

多酚类物质按结构大致可分为单体多酚和多体多酚。单体多酚包括黄酮、绿原酸、没食子酸、鞣花酸。多体多酚又称单宁，包括前花色素、木单宁、鞣花单宁[54]。黄酮化合物是具有酚羟基的一类还原性化合物，在人体中不能直接合成，只能从食品中获得。荞麦黄酮可以清除自由基，抑制细胞膜脂质过氧化，扩张血管，改变血管的脆性，保持血管良好的柔韧性，改善心脑血管的循环，增加心脑血管的血流量，提高红细胞的活性，黄酮中的芦丁可以抑制血小板的活性和抑制抗坏血酸导致鼠肝微粒体脂质过氧化，从而防止血栓形成和抗血小板聚集，对脑部血流循环及脑细胞代谢有改善和促进作用[55]。荞麦多酚及黄酮化合物的抗氧化性研究较多，芦淑娟（2010）将苦荞种子粉碎后依次通过 40、60、80 目筛，得到 4 种粒径苦荞粉，分别提取各部分苦荞粉中自由酚和结合酚，测定提取物中多酚及黄酮含量，并考查对自由基的清除能力。结果表明 60～80 目部分的总酚含量最高，对自由基的清除能力也最高[56]。杨红叶（2011）研究认为荞麦籽粒中总酚、总黄酮含量由高到低依次为：苦荞麸粉>苦荞粉>甜荞麸>甜荞粉，其间存在有显著性差异；苦荞中芦丁是甜荞的 223～299 倍，但同种荞麦麸、粉间的芦丁含量无显著差异；荞麦多酚主要以自由酚形式存在，苦荞的自由态酚酸、总酚酸、自由态黄酮和总黄酮含量均高于同一种植区域的甜荞。甜、苦荞中均含有没食子酸、原儿茶酸、香草酸、咖啡酸、p-香豆酸、阿魏酸、儿茶素、芦丁及槲皮素，其中苦荞中对-羟基苯甲酸含量丰富[57]。李丹等（2001）对苦荞黄酮抗氧化作用进行了研究，研究表明在猪油体系中，含槲皮素较多的苦荞黄酮抗氧化作用较强，在亚油酸体系中，苦荞黄酮各组分协同抗氧化效果较好[58]。张政等（2001）选用山西黑苦荞的麸皮为原料，用 70% 乙醇加热提取其中的类黄酮物质，采用邻苯三酚自氧化法测定其类超氧化物歧化酶（L SOD）的活性及不同环境条件对 L SOD 活性的影响，结果表明苦荞麦麸皮中的类黄酮物质有较强的 L SOD 活性[59]。董新纯（2006）经 UV-B 处理后，叶片类黄酮含量提高，但高辐照度和长时间 UV-B 处理则使类黄酮的含量下降。叶片类黄酮含量与 UV-B 逆境伤害程度和抗氧化酶活性相关，外施芦丁可以降低 MDA 含量和维持 SOD 活性的较高水平。Kwon et al.（2006）考察了 Suwon 1 号和 KW45 两个品种中芦丁、儿茶酸和表儿茶酸含量的差别[60]。于智峰（2007）研究认为苦荞黄酮提取物具有较强的清除自由基能力，而且经大孔吸附树脂纯化后提取物的抗氧化活性几乎不受影响，而且对部分自由基的清除作用有一定的提高[61]。周一鸣（2008）研究了苦荞麸皮粉的提取方法，并对苦荞麸皮黄酮粗提物和苦荞麸皮黄酮纯化物进行了抗氧化能力研究，研究表明苦荞麸皮黄酮粗提物和纯化物具有一定的抗氧化性能，而且随着浓度的增加而增强。但是它们在不同的体系下的抗氧化能力不同。同时，还发现苦荞麸皮黄酮对超氧阴离子自由基和羟基自由基具有不同程度的清除作用，对烷基自由基引发的亚油酸氧化体系也有显著的抑制作用，同时具有较好的还原性。同时还发现纯化后的苦荞麸皮黄酮的抗氧化能力要强于苦荞麸皮黄酮粗品[62]。郭刚军（2008）分离得到了含量高达72.32% 的苦荞黄酮，并研究了苦荞黄酮、荞籽醇提物、荞壳醇提物在不同浓度，不同 pH 值下对 DPPH 自由基的清除能力。结果表明，苦荞黄酮的清除 DPPH 自由基的能力仅次于维生素 C，大于芦丁和荞籽醇提物，远大于荞壳醇提物，清除 DPPH 自由基的能力随着浓度的增大而升高，在 pH = 2~8 范围内，随着 pH 值的增大清除 DPPH 自由基的能力先降低后增大，在 pH = 7 时最低[63]。谭萍（2009）研究认为不同浓度的苦荞黄酮化合物能显著地清除超氧阴离子自由基和羟基自由基，随着苦荞种子黄酮化合物浓度的升高其抗氧化性作用逐渐增强[64]。许效群（2012）评价苦荞糠皮总黄酮提取物的抗氧化及免疫活性，认为苦荞糠皮总黄酮提取物具有较强的抗氧化活性[65]。

2. 维生素类的抗氧化作用

维生素 C 和 E 都是优秀的抗氧化剂，能够清除自由基，它们在不同的部位执行抗氧化活性，维生素 C 存在于细胞间液，而维生素 E 存在于细胞核中。维生素 C 的抗氧化作用很强，有研究表明，它与抑制脂质过氧化过程有关，维生素 C 具有多种抗氧化活性，它将 a-生育醌还原成维生素 E、提高机体的抗氧化能力，维生素 C 还可清除 OH·和H_2O_2。维生素 E 的结构特点致使自身极易被氧化，从而保护周围的生物分子免受损伤，维生素 E 的生理作用主要有三个方面，即清除自由基，阻断脂质过氧化反应，增强 GSH-Px 和 CAT 的活性。在脂质过氧化反应中，维生素 E 和不饱和脂肪酸竞争与自由基反应，阻断脂质过氧化的链锁反应。

杨德全（1995）发现苦荞粉含有维生素 C，而其他谷物几乎不含[66]。吕桂兰（1996）

研究了荞麦叶片、根和茎的维生素 E 含量，叶的维生素含量都明显高于根和茎的含量，维生素 E 分别高 32 和 100 多倍[67]。荞麦富含维生素 C 和维生素 E，但是大多的研究侧重在对 B 族维生素的研究上，而有关荞麦维生素 C 和维生素 E 的研究较少，这可能的原因是这两种维生素已可以人工合成，因此它们的潜在经济价值较低，这点当然也不是绝对的，为了保健和防病治病，不少人都在购买维生素服用，这些维生素一般都是人工合成的维生素制品，合成维生素的优点是价格便宜，但是服用维生素制剂容易由于服用过量产生一定的不适，且随着近代医学和营养学的发展，发现与合成品相比，天然维生素更符合人体的需要，因此，未来天然维生素将会重新获得人们的青睐。

3. 多糖的抗氧化作用

近年来我国对植物多糖的研究日益广泛。已有报道表明很多植物多糖具有抗癌、抗衰老等功能，而这些功能主要又跟多糖的抗氧化作用有关[68]。国内外已将抗氧化检测用于抗衰老等保健食品的评价[69]。目前国内外对植物多糖的研究很热，陈海霞等（2001）发现从湖北宣恩县的富硒茶叶中提取出来的酸性糖蛋白在 D-脱氧核糖-铁体系中对羟自由基有清除作用[70]。聂少平（2008）研究江西婺源的茶叶多糖均对超氧自由基和 DPPH 自由基有机自由基有较强的清除作用，而对 β-胡萝卜素-亚油酸氧化体系也有较好的抑制作用[71]。谈锋和邓君（2002）以果蝇为动物模型研究了从苋科植物牛膝根中分离得到的 4 个牛膝多糖组分的抗衰老作用。结果表明，其中 3 个小分子量组分在培养基中浓度为 2.0 mg/g 和 5.0 mg/g 时，都可显著或极显著地使果蝇平均体重增加，并使果蝇平均寿命延长[72]。张德华（2006）在化学模拟体系、亚细胞器和组织水平上对夏枯草多糖的抗氧化作用进行评价，结果表明：夏枯草多糖有较高的清除自由基和亚硝酸根离子的能力，在一定浓度范围内清除率与浓度剂量呈正相关；夏枯草多糖具有防止膜脂质过氧化的作用，从而减少红细胞溶血和降低脂质过氧化产物丙二醛（MDA）的生成量。此外还有有关中华猕猴桃多糖、金樱子多糖、芦荟多糖、黄芪多糖、油柑多糖、通草多糖、牛膝多糖、银杏种皮多糖具有抗氧化活性的报道等[73]。

目前有关荞麦多糖的研究主要集中在提取方面，曾靖等（2005）研究了荞麦多糖对小鼠肝损伤的保护作用[74]，孙元琳等（2011）以山西宁化府生产的苦荞醋为原料，对苦荞醋及其多糖物质的抗氧化性能进行了研究，结果表明苦荞醋及其多糖物质均具有良好的清除自由基的能力，其中苦荞醋的抗氧化能力强于多糖物质[75]。赖芸等（2009）研究了荞麦多糖对小鼠睡眠功能和自发活动的影响[76]。此外，许辉等（1998）[77]，达胡白乙拉等（2007a，2007b）[78-79]，柴瑞娟等（2007，2008）[80-81]，魏永生等（2008）[82]，谭萍等（2008）[83]，刘慧娇等（2010）[84]先后对荞麦多糖的提取进行了研究。

荞麦属于蓼科植物，在蓼科植物中普遍含有蒽醌苷、柔质、单宁，它们大都为中药材，如大黄、何首乌、水蓼、头花蓼、金荞麦等。荞麦和这些植物一样具有疗疾和保健功能，在我国很多古医书中有记载，荞麦具有降血糖、降血脂，治疗糖尿病、视网膜炎、羊毛疗的效果。荞麦又是粮食作物，它与禾本科作物小麦、水稻、玉米等截然不同。荞麦营养丰富，荞麦尤其是赖氨酸含量高，而且它与色氨酸、蛋氨酸比例适当，这三种必需氨基酸比例适当（近似鸡蛋清），因此荞麦蛋白质是一种优质的蛋白质源。国外营养专家研究表明，荞麦蛋白质的营养效价指数高达 80%～90%，是粮食中蛋白质氨基种类最全面、营养最丰富的粮种。但是荞麦属于小作物，研究荞麦的人数要远远少于研究其他主要作物的人数，这导致荞麦研究不够深入，这与荞麦潜在价值是不相称的，荞麦相关的研究需要进一步的加强。

1.5　本文的研究目标、研究内容和拟解决的关键问题

1.5.1　研究目标

本研究拟确定金荞麦叶片抗氧化系统中可能的抗氧化关键物质，并采取转录组测序和 RT-PCR 方法考察荞麦抗氧化的相关基因表达情况，找到荞麦抗氧化关键物质合成的关键基因，并分析其结构及其功能。

1.5.2　研究内容

1. 金荞麦叶片抗氧化活性物质分析

对收集自全国各地的金荞麦资源在相似栽培条件下进行抗氧化能力评价，筛选出抗氧化能力强、中、弱的金荞麦典型植株。并以甜荞为对照，对金荞麦典型植株的黄酮、多酚、维生素 C、维生素 E 等进行测定，并运用相关分析方法对各指标对抗氧化能力的贡献进行分析，确定可能的最相关的成分。

2. 黄酮提取工艺及其测量方法研究

应用正交实验优化金荞麦叶片黄酮提取方法，比较了四种分光光度法在测量荞麦黄酮含量过程中的稳定性，找到了最优的荞麦黄酮测量的方法。

3. 荞麦转录组测序分析

对不同种不同部位的荞麦样品进行转录组测序分析，获得了一个覆盖面较好的荞麦 Unigenes 基因数据库，并根据注释结果筛选荞麦抗氧化关键物质合成的相关基因序列。

4. 抗氧化相关基因的结构和功能分析

应用实时定量 PCR 技术分析可能的抗氧化相关基因在样品中的表达情况及其与抗氧化的相关性，对其中高度相关的基因进行生物信息学分析，初步探讨其结构和功能。

1.5.3　技术路线

技术路线如下图所示。

1.5.4　特色与创新之处

（1）金荞麦叶片含有丰富的抗氧化物质，导致它具有良好的抗氧化能力，但是具有抗氧化功能的化合物种类众多，具体那种成分在金荞麦叶片中起关键作用，目前没有明确的定论。本研究考察了金荞麦典型植株叶片的抗氧化能力、黄酮含量、维生素 C 含量、维生素 E 含量、多酚含量及多糖含量等指标，并确定它们与金荞麦抗氧化能力之间的相关性，找到了荞麦叶片抗氧化活性关键化合物。

（2）黄酮化合物种类众多，对植物中的黄酮含量进行精确测量几乎是不可能的，本

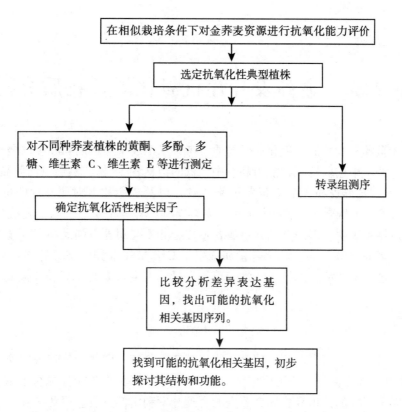

研究发现 AlCl$_3$-HAC（缓冲液）显色法的黄酮测量方法，具有较好的黄酮测量的稳定性，有较好的应用前景。

（3）本研究采用转录组测序的方法，全面快速地了解荞麦属植物抗氧化活性关键化合物合成代谢相关基因的情况，对于荞麦抗氧化性的遗传规律研究奠定基础。同时，根据荞麦转录组测序结果，采用 RT-PCR 方法考察金荞麦抗氧化活性关键化合物合成代谢相关基因的表达情况，找到金荞麦抗氧化活性关键化合物合成的关键基因，为将来采用基因工程方法提高金荞麦抗氧化活性提供参考。

第 2 章　金荞麦叶片抗氧化活性物质分析

为了弄清金荞麦叶片的抗氧化关键物质，考察了 135 个居群的 440 多株金荞麦叶片的抗氧化能力，并从中选取抗氧化能力高、中、低的植株各 15 株，然后以甜荞品种为对照，综合考察这 45 株金荞麦和 3 个金荞麦品种（系）以及 3 个甜荞对照叶片的抗氧化能力、黄酮、维生素 C、维生素 E、多酚及多糖含量等指标，并分析了它们与荞麦抗氧化能力之间的相关性。结果表明：多酚含量和黄酮含量在金荞麦与甜荞不同品种间有显著差异，而抗氧化能力、多糖含量、维生素 E 含量和维生素 C 含量在金荞麦与甜荞中不同品种间没有显著差异，金荞麦和甜荞的抗氧化性与黄酮含量、维生素 E 含量相关性极显著。

2.1　前言

荞麦是一种独特的药食两用的粮食作物，其药用价值、营养价值越来越受到人们的重视[85]。金荞麦叶富含黄酮，药用价值大，深入研究金荞麦的功能性成分及其作用机理，对增强人们对金荞麦的认识和指导金荞麦的合理开发利用都具有重要意义。

植物的化学成分十分复杂，一般由近万种化学成分组成，有的甚至由数十万种化学成分所组成。植物中的某些化合物具有很强的抗氧化能力，这些化合物能够抵御自由基、延缓衰老，对人们的健康十分重要。近年来有关荞麦属植物的抗氧化活性研究的报道较多，涉及的物质包括多酚类、黄酮、多糖、植物性膳食纤维、蛋白质等。彭德川（2006）发现对处于开花结实期的荞麦，其叶中的黄酮含量较高，其中苦荞叶的黄酮含量最高，达 81.2 mg/g，金荞麦的叶次之，从不同地点采集的金荞麦叶的黄酮含量有差别，不同野生荞麦中不同器官的黄酮含量有差别[101]。冯晓英（2007）对 10 个来自不同地区的大野荞花、茎、叶总黄酮的含量进行了测定，发现大野荞花、茎、叶总黄酮的含量比甜荞的高，花的含量最高（6.96%~10.63%），叶的含量次之（2.97%~6.30%），茎的含量最低（1.00%~1.96%）[102]。田世龙等（2008）报道了苦荞 3~4 叶期黄酮含量明显高于 5~7 叶期，始花期黄酮高于盛花期，九江苦荞的黄酮含量高于会宁苦荞和凉荞 1 号[103]。白宝兰等（2008）对苦荞麦叶、茎、壳和籽粒粉碎物中的生物类黄酮进行了定性定量分析，选用总黄酮含量最高的苦荞叶为原料制备苦荞黄酮精粉，经此工艺制备的苦荞酮精粉中芦丁和总黄酮含量达到 85.34% 和 91.36%[104]。刘娜等（2009）用分光光度法和高效液相色谱技术对原产贵州、云南、四川、湖南、湖北和西藏的金荞麦植物的 48 个收集系 196 个植株的叶和花序中的黄酮和芦丁含量进行研究。结果表明，大野荞叶平均黄酮含量（6.41%）显著高于毛野荞（4.32%）和金荞（5.91%），大野荞花序平均黄酮含量（12.22%）也显著高于毛野荞（9.43%）。花序黄酮含量显著高于叶黄酮含量，它们之间存在显著正相关。大野荞叶和花序中的芦丁含量分别为 4.08%（变幅为 2.28~6.36%）和 9.05%（变幅为 6.84~12.69%）。花序芦丁含量显著高于叶芦丁含量，但是它们之间没有显著相关性。大野荞叶芦丁含量和叶黄酮含量之间没有相关性，但是花序芦丁含量与花序黄酮含量之间有显著相关性[105]。朱友春等（2010）测定了 3 个品种苦荞麦不同生育期主要器官的黄酮和营养成分。结果表明，苦荞从苗期至籽粒成熟期的黄酮含量呈由高到低的 S 形变化趋势，即从苗期到孕蕾期逐渐下降，孕蕾期至成熟期呈现低—高—低的变化趋势；营养生长期各器官黄酮含量由高到低依次为叶、茎、根，但进入生殖生长期后为花、叶、茎、根[106]。凌永霞等（2010）采用水浴提取和超声提取两种方法，用紫外分光光度计测定大野荞叶中总黄酮含量，发现超声提取法和水浴提取法所得大野荞叶中平均总黄酮含量分别为 5.26% 和 5.40%，且水浴提取法所得平均总黄酮含量极显著高于超声提取法[107]。

以上研究为荞麦有效成分的研究提供了基础，但是他们的研究主要是以籽粒或者麦麸为主，忽略了荞麦叶片这一抗氧化物质富集的材料。本研究考察 135 个居群的 440 多株金荞麦叶片抗氧化能力，并从中选取抗氧化能力高、中、低的植株各 15 株，然后综合考察这 45 株金荞麦和 3 个金荞麦品系（CYM01、CYM02 和 CYM03）以及 3 个甜荞品种（系）（丰甜 1 号、综甜 1 号、综甜 2 号）叶片的黄酮、维生素 C、维生素 E、多酚及多糖等成分含量与抗氧化性能力的相关性，以便找到荞麦中抗氧化能力的关键物质，为荞麦的合理开发利用提供理论基础和科学依据。

2.2 材料与方法

2.2.1 材料

本研究所用的金荞材料为：贵州、云南、四川、湖南、湖北、西藏等地的 135 个的居群 440 株金荞麦植株（详见表 2-1），材料编号首字母 A 和 B 分别指种植在资源圃中 A 和 B 两个区域中的金荞麦植株。本研究还用到 3 个金荞麦品种（系）（CYM01、CYM02 和 CYM03）和 3 个甜荞品种（系）（丰甜 1 号、综甜 1 号、综甜 2 号），这些材料现栽培于贵州师范大学植物遗传育种研究所/荞麦产业技术研究中心柏杨实验基地资源圃，材料所取部位为健康植株初花期主茎的第一展开叶。

表 2-1　　　　　　　　　　　　金荞麦供试材料及其原产地

编号	原产地	株数	编号	原产地	株数	编号	原产地	株数
A1-1	贵州贵阳	9	A7-3	未知	1	A11-10	贵州贵阳	1
A1-2	贵州贵阳	2	A7-4	未知	2	A11-12	贵州贵阳	1
A1-3	贵州施秉	1	A7-5	云南昆明	1	B1-1	未知	7
A1-4	贵州开阳	2	A7-6	贵州水城	1	B1-2	未知	2

续表

编号	原产地	株数	编号	原产地	株数	编号	原产地	株数
A1-7	未知	1	A7-7	云南楚雄	1	B1-3	未知	4
A2-1	贵州修文	1	A8-1	贵州盘县	1	B2-1	未知	5
A2-2	贵州贵定	5	A8-2	贵州盘县	1	B2-2	未知	2
A2-3	贵州龙里	4	A8-3	贵州盘县	1	B2-3	未知	1
A2-4	贵州贵阳	1	A8-4	贵州贵阳	3	B2-4	未知	4
A2-5	贵州法拉	2	A8-5	贵州贵阳	2	B2-5	未知	6
A2-6	贵州罗甸	6	A8-6	贵阳乌当	2	B3-1	贵州威宁	4
A2-7	贵州罗甸	2	A8-7	贵州平坝	1	B3-2	贵州盘县	2
A3-1	贵州赫章	2	A8-8	贵州荔波	1	B3-3	贵州罗甸	12
A3-2	贵州都匀	3	A8-9	贵州从江	4	B4-1	贵州安顺	10
A3-3	贵州施秉	2	A8-11	贵州遵义	1	B4-2	贵州盘县	3
A3-4	贵州雷山	2	A8-12	未知	1	B4-3	云南晋宁	4
A3-5	贵州雷山	3	A8-13	未知	1	B4-4	贵州水城	6
A3-6	贵州水城	4	A9-1#	西藏	3	B5-1	贵州荔波	2
A3-7	贵州兴仁	2	A9-2	云南昆明	1	B5-2	贵州水城	2
A3-8	贵州剑河	1	A9-4	贵州安顺	1	B5-3	四川都江堰	2
A3-9	贵州威宁	2	A9-5	湖南芷江	6	B5-4	未知	2
A4-1	贵州盘县	1	A9-6	湖南芷江	2	B5-5	未知	2
A4-2	贵州六盘水	1	A9-7	湖南永顺	7	B5-6	未知	1
A4-4	四川天全	9	A9-8	湖南洪江	6	B5-7	未知	1
A4-5	四川康定	2	A9-9	湖南桑植	4	B5-8	未知	2
A4-6	四川胡家山	6	A9-10	湖南桑植	4	B5-9	未知	2
A4-7	四川峨眉山	1	A10-1	贵州万曲	3	B5-10	未知	1
A5-1	四川高县	1	A10-3	湖南石门	4	B6-1	四川泸州	2
A5-2	四川青城山	1	A10-5	湖南保靖	2	B6-2	贵州安顺	9
A5-3	云南大理	3	A10-6	湖南怀化	1	B6-3	贵州平塘	12
A5-4	云南大理	1	A10-7	湖南保靖	1	B7-1	贵州盘县	7
A5-5	云南理县	1	A10-8	湖北长阳	4	B7-2	未知	6
A5-6	云南昆明	1	A10-9	湖北玉峰	5	B7-3	四川都江堰	4
A5-7	云南昆明	3	A10-10	重庆石柱	5	B7-4	未知	4
A5-8	未知	1	A10-11	湖北施恩	4	B7-5	贵州贵阳	5

续表

编号	原产地	株数	编号	原产地	株数	编号	原产地	株数
A5-9	云南楚雄	3	A10-12	湖北利川	4	B8-1	未知	4
A6-1	云南丽江	7	A11-1	贵州龙里	4	B8-2	贵州台山	6
A6-2	云南虎跳峡	4	A11-2	贵州开阳	2	B8-3	云南理县	3
A6-3	云南迪庆	3	A11-3	贵州遵义	4	B8-4	未知	12
A6-4	云南大理	1	A11-4	贵州贵阳	3	B8-5	未知	1
A6-5	云南大理	4	A11-5	贵州雷山	2	B9-1	未知	1
A6-6	未知	2	A11-6	贵州毕节	3	B9-2	贵州荔波	3
A6-7	未知	1	A11-7	贵州安顺	4	B9-3	未知	4
A7-1	西藏	6	A11-8	贵州贵定	4	B9-4	未知	10
A7-2	西藏	10	A11-9	贵州龙里	2	B9-5	贵州水城	6

2.2.2　方法

1. 粗提液的获得

分别取 440 株金荞麦叶片各 10.0 g，60℃烘至恒重，粉碎后过 40 目，准确称取 1.0 g 干粉溶于 75% 乙醇中，超声提取 30 min，提取液过滤即为粗提液，放置于零下 20℃冰柜中保存备用。

2. 抗氧化能力评价

参照莫开菊的方法[94]。取三支试管，分别加入试剂如下：A_o 管加入 4.0 ml DPPH 试剂（6.5×10^{-5} mol/L）和 1.0 ml 50% 乙醇溶液，A_i 管加入 4.0 ml DPPH 试剂和 1.0 ml 粗提液，A_j 管加入 4.0 ml 粗提液和 1.0 ml 50% 乙醇溶液。样品对 DPPH 自由基的清除能力（scavenging activity，SA）可用公式表示为：SA（%）= 1−（A_i−A_j）/A_o×100，将实验重复三次，求得清除率的平均值。

3. 黄酮含量测定

参照国标 NY/T1295—2007 的方法[95]。准确吸取粗提液 1.0 ml，依次加入 0.1 mol/L 三氯化铝 2.0 ml、1.0 mol/L 乙酸钾 3.0 ml，最终用甲醇溶液定容至 10.0 ml，摇匀，室温下放置 30 min。在 4000 r/min 速度下离心 10 min，于 410 nm 处测定吸光度值，将其代入标准曲线方程计算出黄酮的浓度。

4. 多酚含量测定

参照曹炜的方法[96]。溶液 1.0 ml 于 10.0 ml 具塞试管中，依次加入 Folin-Ciocalteu 试剂（加水稀释 1 倍）0.5 ml，摇匀，然后加入 7.5% 碳酸钠溶液 4.0 ml，蒸馏水定容至 10.0 ml，充分混匀后在室温下避光静置 60 min，于 760 nm 处测定样品吸光值，重复 3 次，取平均值，空白对照用蒸馏水。以没食子酸浓度为横坐标，吸光值为纵坐标绘制标准曲线，将其代入标准曲线方程计算出多酚浓度。

5. 多糖含量测定

参照李合生的方法[97]。吸取粗提液 0.5 ml，加蒸馏水 1.5 ml（对照加 2.0 ml 蒸馏水），加 0.5 ml 蒽酮乙酸乙酯溶液（1.0 g 蒽酮溶于 50 ml 乙酸乙酯），加浓硫酸 5.0 ml，振荡，沸水浴中准确保温 1 min，自然冷却，于 420 nm 处测定吸光度值，将其代入标准曲线方程计算出多糖浓度。

6. 维生素 C 含量测定

参照胡亮的方法[98]。取粗提液 2.0 ml 滴加 0.5 ml 2% 2,4-二硝基苯肼（空白管不加）。37℃ 恒温箱恒温 3h 后取出样品管放入冰水中（空白管放置至室温后加入 0.5 ml 2% 2,4-二硝基苯肼，放置 10 min，然后置于冰水浴中）。以后的操作在冰水浴中。在样品管和空白管中分别加入 85%硫酸溶液 5.0 ml，边滴边摇试管。然后将样品管和空白管同时取出，30 min 后以空白凋零点测吸光度，将其代入标准曲线方程计算出维生素 C 浓度。

7. 维生素 E 含量测定

参照张延威的方法[99]。取粗提液 1.0 ml 加无水乙醇稀释至 3.5 ml，加 0.5 ml 6.0 mmol/L 1,10-二氮杂菲试剂（以 95%乙醇配制），轻轻摇动试管片刻，混匀，再加入 0.5 ml 1.0 mmol/L 三氯化铁溶液，15S 后立即加入 0.5 ml 40 mmol/L 磷酸溶液，混匀。按同样方法，以无水乙醇为对照，在光电比色计上于 510 nm 波长处测定有色溶液的光密度值，将其代入标准曲线方程计算出维生素 E 浓度。

8. 荞麦待测植株的选择

根据对 440 株金荞麦植株收集系（品系或品种）的抗氧化能力测试结果，选择抗氧化能力高、中、低三个类型的各 15 株，合计 45 株金荞麦植株作为典型代表收集系（品系或品种）。然后以甜荞品种为对照，综合考察这 45 株金荞麦和 3 个金荞麦品种（系）以及 3 个甜荞对照叶片的抗氧化能力、黄酮、维生素 C、维生素 E、多酚及多糖含量及抗氧化性能力。

9. 统计分析

用 t 检验分析金荞麦各指标与甜荞之间的差异显著性，并用 SPSS17.0 软件进行相关性分析[100]。

2.3　结果与分析

2.3.1　金荞麦抗氧化性能力评价结果

440 株金荞麦植株第一展开叶的抗氧化能力测试结果见表 2-2。对原产自贵州、云南、四川、西藏等地的金荞麦居群叶片抗氧化能力进行频数分布分析，结果见表 2-3。由表 2-3 可知，金荞麦植物叶片抗氧化能力集中在 70%~90% 之间，低于 70% 的只有 3 个居群，而高于 90% 的仅有 2 个居群。

对原产自贵州、云南、四川、西藏等 7 个地区的金荞麦居群叶片抗氧化能力进行统计分析，其统计分析结果见表 2-4。由表 2-4 可知，各地区之间金荞麦植物叶片抗氧化能力没有显著差异。故选择抗氧化能力典型植株不必考虑原产地的限制，可以直接从测量结果中选取抗氧化能力高、中、低三个类型的植株各 15 个，合计 45 株金荞麦植株作为典型代表收集系（品系或品种）。

表 2-2 　　　　　　　　　　　金荞麦植株抗氧化能力结果

编号	清除力（%）	编号	清除力（%）	编号	清除力（%）	编号	清除力（%）
A1-1-1A	76.17	A6-5-3	80.61	A10-12-2A	80.58	B5-4-1A	76.23
A1-1-1B	76.12	A6-6-1A	76.11	A10-12-2B	80.66	B5-4-1B	80.62
A1-1-2	76.20	A6-6-1B	80.63	A11-10-7	76.18	B5-5-1A	76.12
A1-1-3A	76.16	A6-7-1	76.08	A11-1-1A	80.64	B5-5-1B	76.13
A1-1-3B*	80.70	A7-1-1A	80.62	A11-1-1B	80.56	B5-6-1	80.58
A1-1-4	80.66	A7-1-1B	76.09	A11-12-1	76.23	B5-7-1	80.58
A1-1-5A	80.70	A7-1-2A	76.21	A11-1-2A	76.18	B5-8-1A	80.56
A1-1-6A*	77.08	A7-1-2B	80.70	A11-1-2B	80.62	B5-8-1B*	85.40
A1-1-6B	80.55	A7-1-3	76.10	A11-2-1A	80.66	B5-9-1A	80.64
A1-2-1A	76.09	A7-1-4	76.21	A11-2-1B	76.17	B5-9-1B	80.58
A1-2-1B	76.14	A7-2-1A	76.25	A11-3-1A*	78.70	B5-10-1	80.58
A1-3-1	76.26	A7-2-1B	76.15	A11-3-1B	76.10	B6-1-1A	80.70
A1-4-1	76.10	A7-2-2	80.61	A11-3-2A	76.18	B6-1-1B*	80.70
A1-4-2	76.26	A7-2-3A	76.20	A11-3-2B	80.60	B6-2-1B	76.25
A1-7-5B	80.58	A7-2-3B	76.12	A11-4-1A*	74.04	B6-2-1B	76.12
A2-1-1	80.65	A7-2-4	76.24	A11-4-1B	80.56	B6-2-2A	76.16
A2-2-1A	80.55	A7-2-5A	80.64	A11-4-2	76.22	B6-2-2B*	79.11
A2-2-1B	76.11	A7-2-5B	76.15	A11-5-1A*	88.24	B6-2-3A*	82.96
A2-2-2A	80.69	A7-2-6A	80.65	A11-5-1B	76.16	B6-2-3B	76.16
A2-2-2B	76.13	A7-2-6B	80.59	A11-6-1	76.18	B6-2-4A*	80.53
A2-2-3	80.70	A7-3-1	80.70	A11-6-2A	76.11	B6-2-4B	76.19
A2-3-1A	76.16	A7-4-1A	76.09	A11-6-2B	76.24	B6-2-5	76.24
A2-3-1B	76.14	A7-4-1B	80.58	A11-7-1A	76.21	B6-3-1A	76.23
A2-3-2	76.08	A7-5-1	80.70	A11-7-1B	76.23	B6-3-1B*	77.08
A2-3-3	76.17	A7-6-1	80.56	A11-7-2A	76.19	B6-3-2A*	90.06
A2-4-1	76.20	A7-7-1	80.63	A11-7-2B	76.23	B6-3-2B	80.64
A2-5-1A	80.58	A8-1-1	76.22	A11-8-1A	57.19	B6-3-3A	80.70
A2-5-1B	76.11	A8-11-1	80.66	A11-8-1B	56.32	B6-3-3B	80.60

续表

编号	清除力(%)	编号	清除力(%)	编号	清除力(%)	编号	清除力(%)
A2-6-1A	80.64	A8-12-1	76.22	A11-8-2A	80.64	B6-3-4A*	74.44
A2-6-1B	80.63	A8-13-1*	79.51	A11-8-2B	76.23	B6-3-4B	76.25
A2-6-2A	80.66	A8-2-1	76.22	A11-9-1A	76.08	B6-3-5A	76.11
A2-6-2B	80.70	A8-3-1	80.55	A11-9-1B	76.22	B6-3-5B	80.57
A2-6-3A	76.13	A8-4-1A	80.66	B1-1-1A	76.24	B6-3-6A	80.61
A2-6-3B	80.63	A8-4-1B	80.68	B1-1-2	80.63	B6-3-7	76.08
A2-7-1A	76.08	A8-4-2	76.19	B1-1-3A	80.68	B7-1-1A	76.11
A2-7-1B	76.15	A8-5-1A	80.66	B1-1-3B	76.17	B7-1-1B	76.21
A3-1-1A*	86.82	A8-5-1B	80.56	B1-1-4	80.68	B7-1-2A	76.12
A3-1-1B	80.61	A8-6-1A*	76.23	B1-1-5A	80.66	B7-1-2B	76.20
A3-2-1A	80.55	A8-6-1B	82.35	B1-1-5B	80.69	B7-1-3A	76.22
A3-2-1B	76.18	A8-7-1	76.08	B1-2-1A	80.69	B7-1-3B	76.21
A3-2-2	76.24	A8-8-1	76.24	B1-2-2	80.68	B7-1-4	80.59
A3-3-1A	76.26	A8-9-10A	80.54	B1-3-1A	76.24	B7-2-1A	76.08
A3-3-1B	76.21	A8-9-10B	80.60	B1-3-1B	76.11	B7-2-1B	76.11
A3-4-1A	76.18	A8-9-1A	76.18	B1-3-2A	80.61	B7-2-2A*	78.09
A3-4-1B	80.61	A8-9-1B	76.11	B1-3-2B	80.54	B7-2-2B	80.59
A3-5-1A	80.62	A9-1-1	76.10	B2-1-1A*	78.09	B7-2-3A	76.20
A3-5-1B	80.65	A9-1-2A	76.12	B2-1-1B	80.65	B7-2-3B	80.61
A3-5-2*	85.19	A9-1-3	76.19	B2-1-2A	80.68	B7-3-1A	76.26
A3-6-1A	76.09	A9-2-1	80.65	B2-1-2B*	68.56	B7-3-1B	76.19
A3-6-1B	80.61	A9-4-1	80.59	B2-1-3*	70.59	B7-3-2A*	76.21
A3-6-2A	76.15	A9-5-1A	80.56	B2-2-1A	80.66	B7-3-2B	87.83
A3-6-2B	76.25	A9-5-1B	80.61	B2-2-1B	80.58	B7-4-1A*	88.03
A3-7-1A	76.14	A9-5-2A	80.67	B2-3-1	76.10	B7-4-1B	76.26
A3-7-1B	76.24	A9-5-2B	80.61	B2-4-1A	80.61	B7-4-2A	76.17
A3-8-1	76.26	A9-5-3A	80.57	B2-4-1B	80.62	B7-4-2B	80.65
A3-9-1A	80.57	A9-5-3B	80.61	B2-4-2A	80.56	B7-5-1A	76.08
A3-9-1B	80.57	A9-6-1A	76.12	B2-4-2B	80.67	B7-5-1B*	83.77
A4-1-1	76.17	A9-6-1B	80.67	B2-5-1A	80.62	B7-5-2A	80.59

续表

编号	清除力(%)	编号	清除力(%)	编号	清除力(%)	编号	清除力(%)
A4-2-1	80.64	A9-7-1A	80.68	B2-5-1B	80.62	B7-5-2B	80.61
A4-4-1	76.21	A9-7-1B	76.16	B2-5-2A	80.64	B7-5-3	80.55
A4-4-2A	80.68	A9-7-2A	76.11	B2-5-2B	76.08	B8-1-1A	76.23
A4-4-2B	76.25	A9-7-2B	80.67	B2-5-3A	80.61	B8-1-1B	76.17
A4-4-3A	80.66	A9-7-3A	80.56	B2-5-3B*	79.31	B8-1-2A	76.12
A4-4-3B	80.65	A9-7-3B	76.13	B3-1-1A	80.65	B8-1-2B*	77.08
A4-4-4A*	76.27	A9-7-4	80.60	B3-1-1B	80.66	B8-2-1A	80.60
A4-4-4B	76.25	A9-8-1A	76.08	B3-1-2A*	73.63	B8-2-1B*	80.53
A4-4-5A*	87.02	A9-8-1B	76.08	B3-1-2B	80.58	B8-2-2A	76.10
A4-4-5B	80.69	A9-8-2A	80.64	B3-2-1A	80.64	B8-2-2B*	76.07
A4-5-1A	80.55	A9-8-2B	80.65	B3-2-1B	76.13	B8-2-3A	80.54
A4-5-1B	80.67	A9-8-3A	76.13	B3-3-10	80.61	B8-2-3B	80.59
A4-6-1A	80.54	A9-8-3B	76.22	B3-3-11	80.59	B8-3-1A	76.26
A4-6-1B	80.58	A9-9-1A	76.11	B3-3-1A	76.19	B8-3-1B	76.20
A4-6-2A	80.63	A9-9-1B	80.69	B3-3-1B	80.55	B8-3-2	80.59
A4-6-2B	76.23	A9-9-2A	80.58	B3-3-2	80.70	B8-4-1A	76.13
A4-6-3A	76.20	A9-9-2B	80.67	B3-3-3*	75.25	B8-4-1B	76.25
A4-6-3B	80.66	A9-10-1A	80.68	B3-3-4	80.56	B8-4-2A	76.11
A4-7-1	80.61	A9-10-1B	76.09	B3-3-5	80.66	B8-4-2B*	83.98
A5-1-1	80.56	A9-10-2A	80.64	B3-3-6*	90.98	B8-4-3A	76.14
A5-2-1	80.55	A9-10-2B	76.23	B3-3-7	76.25	B8-4-3B	76.20
A5-3-1A	76.21	A10-1-1	76.15	B3-3-8	80.62	B8-4-4A	80.60
A5-3-2A	76.09	A10-1-2A	80.62	B3-3-9	80.58	B8-4-4B	76.25
A5-3-2B	80.62	A10-1-2B*	74.85	B4-1-1A	80.56	B8-4-5A	76.19
A5-4-1	76.08	A10-3-1A	76.10	B4-1-1B	80.57	B8-4-5B	76.26
A5-5-1	80.54	A10-3-1B	80.66	B4-1-2A	80.58	B8-4-6A	80.69
A5-6-1	80.62	A10-3-2A	80.66	B4-1-2B	80.66	B8-4-6B	76.18
A5-7-1A	76.08	A10-3-2B	76.16	B4-1-3A	76.24	B8-5-1	76.18
A5-7-1B	76.21	A10-5-1A	80.64	B4-1-3B	80.57	B9-1-1*	81.74
A5-7-2*	78.50	A10-5-1B	76.17	B4-1-4A	80.70	B9-2-1A	76.23

续表

编号	清除力(%)	编号	清除力(%)	编号	清除力(%)	编号	清除力(%)
A5-8-1	80.70	A10-6-1	80.56	B4-1-4B	80.66	B9-2-1B	76.11
A5-9-1A*	75.62	A10-7-1	76.14	B4-1-5A	80.65	B9-2-3	76.08
A5-9-1B	80.65	A10-8-1A	76.10	B4-1-5B	80.66	B9-3-1A	76.21
A5-9-2	76.22	A10-8-1B	76.15	B4-2-1A	80.60	B9-3-1B	76.19
A6-1-1A	76.26	A10-8-2A*	75.25	B4-2-1B	80.57	B9-3-2A	76.15
A6-1-1B	80.65	A10-8-2B	76.18	B4-2-2	80.57	B9-3-2B	76.22
A6-1-2	76.23	A10-9-1A	80.61	B4-3-1A*	72.21	B9-4-1A	76.13
A6-1-3A	76.24	A10-9-1B	76.16	B4-3-1B	80.63	B9-4-1B	76.22
A6-1-3B	76.26	A10-9-2A	76.14	B4-3-2A	80.65	B9-4-2A	80.60
A6-1-4A	80.70	A10-9-2B	76.25	B4-3-2B	80.69	B9-4-2B	76.14
A6-1-4B	76.19	A10-9-3	80.70	B4-4-1A	80.64	B9-4-3A	80.56
A6-2-1A	80.69	A10-10-1A	76.09	B4-4-1B	80.66	B9-4-3B*	77.08
A6-2-1B	76.22	A10-10-1B	76.23	B4-4-2A	76.10	B9-4-4A	76.14
A6-2-2A	76.09	A10-10-2B	76.17	B4-4-2B	80.58	B9-4-4B	76.16
A6-2-2B	76.19	A10-10-3A	80.66	B4-4-3A	80.55	B9-4-5A	76.23
A6-3-1	76.17	A10-10-3B	76.11	B4-4-3B	80.54	B9-4-5B*	75.86
A6-3-2A	80.62	A10-11-1A	80.56	B5-1-1A*	77.89	B9-5-1A	80.54
A6-3-2B	76.20	A10-11-1B	80.70	B5-1-2	76.09	B9-5-1B	76.15
A6-4-1	76.19	A10-11-2A	80.70	B5-2-1A	80.66	B9-5-2A*	79.72
A6-5-1	80.57	A10-11-2B	76.20	B5-2-1B	80.56	B9-5-2B	76.14
A6-5-2A	76.15	A10-12-1A	80.61	B5-3-1A	80.56	B9-5-3A	80.58
A6-5-2B	80.56	A10-12-1B	76.08	B5-3-1B	76.20	B9-5-3B*	78.09

* 为典型代表收集系材料

表 2-3　　　　　　　　　金荞麦植物叶片抗氧化能力频率分布表

组数	组值	频数	累计频数	频率（%）	累计频率（%）
1	50~60	2	2	0.45	0.45
2	60~70	1	3	0.23	0.68
3	70~80	224	227	50.91	51.59
4	80~90	211	438	47.95	99.55
5	90~100	2	440	0.45	100.00

表 2-4   不同地区金荞麦植物叶片抗氧化能力比较分析

地区	居群数	R	平均值	CV（%）	SSR（0.05）
四川	9	76.19~87.83	79.54	0.0385	a
湖南	10	76.08~80.69	78.81	0.0284	a
贵州	61	56.32~90.98	78.38	0.0451	a
湖北	4	75.25~80.70	78.21	0.0303	a
云南	16	72.21~80.70	78.08	0.0307	a
西藏	3	76.09~80.70	77.58	0.0275	a
重庆	1	76.09~80.66	77.05	0.0262	—

2.3.2 金荞麦典型植株和甜荞的各指标的测定结果

金荞麦典型代表收集系（品系或品种）与 3 个金荞麦品种（系）（CYM01、CYM02 和 CYM03）和 3 个甜荞品种（系）（丰甜 1 号、综甜 1 号、综甜 2 号）各指标的测定结果及其统计分析见表 2-5。从表中可以看出：金荞麦平均清除率为 79.65%，变幅为 66.88%~96.43%，其中 A3-5-2、B5-8-1B、A3-1-1A、B6-1-1B、A4-4-5A、B7-3-2A、B7-4-1A、A11-5-1A、B6-3-2A、B3-3-6、CYM03 等收集系抗氧化能力较强，CYM02、B2-1-2B、CYM01、B2-1-3、B4-3-1A、B3-1-2A、A11-4-1A、B6-3-4A、A10-1-2B 等收集系清除率较低，甜荞的平均清除率为 50.54%，变幅为 40.91%~69.81%，与金荞麦相比无显著差异。

金荞麦平均多糖含量为 0.9437 mg/g，变幅为 0.7628~1.0235 mg/g，其中 B8-2-1B、CYM01、A4-4-4A、CYM03、B7-2-2A、A11-5-1A、B6-3-2A、B8-4-2B、B9-1-1、A8-6-1 等收集系多糖含量较高，B3-1-2A、B9-5-2A、A11-4-1A、B2-1-2B、B5-8-1B、B2-5-3B、A11-3-1A、B9-4-5B、B5-1-1A、A4-4-5A 等收集系多糖含量较低，甜荞的多糖含量为 1.0548 mg/g，变幅为 1.0102~1.0927 mg/g，与金荞麦相比无显著差异。

金荞麦平均维生素 E 含量为 0.0759 mg/g，变幅为 0.0675~0.0873 mg/g，其中 A4-4-4A、B8-4-2B、B6-3-4A、A11-5-1A、A8-13-1、B8-2-1B、B7-3-2A、B2-1-1A、B6-2-2B、CYM03 等收集系维生素 E 含量较高，A5-9-1A、B5-1-1A、B2-1-2B、B6-2-4A、B6-1-1B、B9-4-5B、A1-1-6A、B6-3-1B、B8-1-2B、B5-8-1B 等收集系维生素 E 含量较低，甜荞的平均维生素 E 含量为 0.0709 mg/g，变幅为 0.0654~0.0758 mg/g，与金荞麦相比无显著差异。

金荞麦平均多酚含量为 1.0013 mg/g，变幅为 0.5827~1.2090 mg/g，其中 B3-3-6、A10-8-2A、CYM02、A8-6-1、B2-1-1A、A4-4-4A、B3-3-3、B7-5-1B、B7-2-2A、A8-13-1 等收集系多酚含量较高，B5-8-1B、A11-4-1A、A1-1-6A、A5-9-1A、B8-2-2B、B9-1-1、B6-2-3A、B3-1-2A、B2-1-3、B6-2-4A 等收集系多酚含量较低，甜荞的平均多酚含量为 0.9651 mg/g，变幅为 0.9351~0.9978 mg/g，比金荞麦显著较低。

金荞麦平均黄酮含量为 89.3959mg/g，变幅为 66.1200~98.7040 mg/g，其中 B8-4-

2B、B5-1-1A、B9-4-3B、B7-2-2A、B3-3-3、B9-4-5B、B2-1-1A、A5-7-2、B3-3-6、B7-5-1B 等收集系黄酮含量较高，CYM01、CYM02、CYM03、B5-8-1B、A5-9-1A、A1-1-6A、B8-2-2B、A11-4-1A、B2-1-3、B6-3-1B 等收集系黄酮含量较低，甜荞的黄酮含量为 65.9280 mg/g，变幅为 65.4280~66.3200 mg/g，比金荞麦显著较低。

金荞麦平均维生素 C 含量为 2.0602 mg/g，变幅为 1.6316~2.2051 mg/g，其中 B7-2-2A、B8-1-2B、B8-4-2B、B6-3-2A、B9-4-5B、A11-5-1A、B2-1-1A、A8-13-1、A5-7-2、B3-3-6 等收集系维生素 C 含量较高，B5-8-1B、A11-4-1A、A5-9-1A、B3-1-2A、B8-2-2B、B4-3-1A、B2-1-2B、CYM01、A1-1-6A、CYM03 等收集系维生素 C 含量较低，甜荞的平均维生素 C 含量为 2.0263 mg/g，变幅为 1.9225~2.0870 mg/g，与金荞麦相比无显著差异。

表 2-5　　　　　　　　　　荞麦植株叶片各指标的测定结果

编号	清除率(%)	多糖含量（mg/g）	维生素 E 含量(mg/g)	多酚含量（mg/g）	黄酮含量（mg/g）	维生素 C 含量(mg/g)
B3-3-6	90.98	0.9281	0.0742	1.1154	98.2960	2.2051
B9-4-5B	75.86	0.8722	0.0708	1.1119	97.0360	2.1436
A5-7-2	78.50	0.9414	0.0763	1.1053	97.2800	2.1758
B5-1-1A	77.89	0.8834	0.0682	1.0206	95.7720	2.0264
B7-5-1B	83.77	0.9854	0.0752	1.1715	98.7040	2.1358
B2-5-3B	79.31	0.8481	0.0714	1.0651	95.2840	2.0840
B4-3-1A	72.21	0.9400	0.0724	0.9711	91.7880	1.9504
B2-1-2B	68.56	0.8380	0.0684	0.9479	90.8920	1.9606
A8-6-1	82.35	1.0235	0.0720	1.1243	94.6360	2.1158
A3-5-2	85.19	0.9578	0.0741	1.0992	93.6160	2.1319
B3-1-2A	73.63	0.7628	0.0741	0.8384	90.5680	1.8288
A10-8-2A	75.25	0.9494	0.0772	1.1158	95.3680	2.1353
A8-13-1	79.51	0.9708	0.0813	1.2090	94.5520	2.1572
B6-2-2B	79.11	0.9533	0.0871	1.1092	94.3920	2.1338
B7-2-2A	78.09	1.0026	0.0750	1.1804	96.3840	2.1367
A11-3-1A	78.70	0.8635	0.0736	1.0183	92.4800	2.1017
A3-1-1A	86.82	0.9659	0.0739	1.1042	92.0720	2.1305
B8-1-2B	77.08	0.9844	0.0713	1.0903	91.6640	2.1388
B6-1-1B	87.02	0.9107	0.0696	1.0643	92.9680	2.1294
A10-1-2B	74.85	0.9889	0.0763	1.0999	92.6000	2.1319
B6-3-1B	77.08	0.9774	0.0712	0.8879	85.9720	2.0075

编号	清除率(%)	多糖含量(mg/g)	维生素E含量(mg/g)	多酚含量(mg/g)	黄酮含量(mg/g)	维生素C含量(mg/g)
A1-1-6A	77.08	0.9561	0.0710	0.7769	76.4520	1.9806
A11-4-1A	74.04	0.8208	0.0775	0.6404	80.8040	1.6609
B2-1-3	70.59	0.9418	0.0723	0.8446	84.4240	2.0777
B9-5-3B	78.09	0.9337	0.0771	0.9448	91.0560	2.0724
B9-5-2A	79.72	0.7835	0.0719	0.9131	87.1080	2.0626
B3-3-3	75.25	0.9159	0.0749	1.1460	96.7080	2.1289
A4-4-5A	87.02	0.8876	0.0777	0.9231	87.6360	2.0504
B9-4-3B	77.08	0.9225	0.0787	1.0918	96.1800	2.1232
B2-1-1A	78.09	0.9739	0.0862	1.1375	97.0760	2.1568
B5-8-1B	85.40	0.8471	0.0713	0.5827	75.2720	1.6316
A5-9-1A	75.62	0.9187	0.0675	0.7785	75.8960	1.8245
B6-3-2A	90.06	1.0085	0.0757	1.0686	91.7480	2.1421
A11-5-1A	88.24	1.0043	0.0807	1.0821	92.6400	2.1470
B8-2-2B	76.07	0.9694	0.0741	0.7889	80.7240	1.9357
B7-4-1A	88.03	0.9763	0.0763	1.0152	90.0400	2.1070
A1-1-3B	80.73	0.9722	0.0792	1.0523	91.4200	2.0963
B7-3-2A	87.83	0.9921	0.0861	0.9657	88.0840	2.1299
B6-2-4A	80.53	0.9662	0.0692	0.8810	87.4760	2.0411
B6-2-3A	82.96	0.9837	0.0786	0.8164	89.2640	2.0875
B9-1-1	81.74	1.0190	0.0744	0.7990	88.7760	2.0333
B8-4-2B	83.98	1.0106	0.0794	1.1088	95.6120	2.1412
A4-4-4A	76.27	0.9994	0.0794	1.1444	89.9960	2.0786
B6-3-4A	74.44	0.9736	0.0804	0.8868	92.3560	2.1050
B8-2-1B	80.53	0.9942	0.0828	0.9560	92.5200	2.1138
CYM01	68.83	0.9973	0.0790	1.0454	66.1200	1.9723
CYM02	66.88	0.9781	0.0787	1.1224	66.2400	2.0250
CYM03	96.43	1.0015	0.0873	1.1007	67.0520	2.0021
平均数	79.65	0.9437	0.0759	1.0013	89.3959	2.0602
方差	0.0038	0.0039	0.0000	0.0210	0.6729	0.0143

• 续表

编号	清除率（%）	多糖含量（mg/g）	维生素 E 含量(mg/g)	多酚含量（mg/g）	黄酮含量（mg/g）	维生素 C 含量(mg/g)
变 幅	66.88~96.43	0.7628~1.0235	0.0675~0.0873	0.5827~1.2090	66.1200~98.7040	1.6316~2.2051
变异系数	0.0778	0.0661	0.0653	0.1448	0.0918	0.0580
丰甜 1 号	40.91	1.0616	0.0716	0.96221	66.3200	2.08704
综甜 1 号	40.91	1.0927	0.06536	0.9978	66.0360	2.0694
综甜 2 号	69.81	1.0102	0.0758	0.9351	65.4280	1.92252
平均数	50.54	1.0548	0.0709	0.9651	65.9280	2.0263
方 差	0.0278	0.0017	0.0000	0.0010	0.0021	0.0082
变 幅	40.91~69.81	1.0102~1.0927	0.0654~0.0758	0.9351~0.9978	65.4280~66.3200	1.9225~2.0870
变异系数	0.3301	0.0395	0.0741	0.0326	0.0069	0.0446
金荞麦与甜荞的 t 测验	2.5840	−3.2070	1.9830	8.7840 *	103.0420 **	2.7550
概率	0.1230	0.0850	0.1860	0.0130	0.0000	0.1100

*：在 0.05 水平（双侧）上显著相关；＊＊：在 0.01 水平（双侧）上显著相关。

表 2-6　　　　　　　典型金荞麦植株和甜荞各指标间的比较分析

编号	清除率	多糖含量	维生素 E 含量	多酚含量	黄酮含量	维生素 C 含量
高	a	bc	a	a	a	a
中	b	b	a	a	a	a
低	c	c	a	a	a	a
甜荞	abc	a	a	a	b	a

通过对典型金荞麦植株和甜荞各指标间的 SSR0.05 分析发现（见表 2-6），各类型的金荞麦植株在抗氧化能力方面有差异，但是甜荞与金荞麦各类型间没有差异，暗示甜荞与金荞麦可能使用不同的物质执行抗氧化功能；抗氧化能力高的金荞麦组分别与中等和低等的组在多糖含量方面没有表现出差异，但是中等组与低等组在多糖含量方面有差异，各组金荞麦多糖含量与甜荞均不相同；各组金荞麦植株和甜荞的维生素 E 和维生素 C 含量均没有差异；各组金荞麦植株的黄酮含量没有差异，金荞麦植株的黄酮含量与甜荞的有差异；各组金荞麦植株和甜荞的多酚含量均无差异。

2.3.3　金荞麦和甜荞各指标之间的相关性分析

应用 SPSS 软件对黄酮、维生素 C、维生素 E、多酚及多糖等成分含量与荞麦抗氧化能力进行相关分析，简单相关性分析和偏相关分析结果都表明：黄酮含量、维生素 E 含量与金荞麦和甜荞的抗氧化能力的相关性极显著；维生素 C 含量与多糖含量、多酚含量和黄酮含量相关性极显著。但是简单相关性分析结果与偏相关分析结果也有部分不同，在简单相关分析结果中，多酚含量与黄酮含量的相关性极显著；多酚含量与维生素 E 含量和多糖含量为显著相关。在偏相关分析结果中，黄酮含量与多糖含量相关性极显著（见表 2-7）。

表 2-7 　　　　　　　　　　金荞麦和甜荞叶片各抗氧化性指标之间的相关性分析

相关性	抗氧化能力	维生素 E 含量	多糖含量	多酚含量	黄酮含量	维生素 C 含量
简单相关系数：						
抗氧化能力	1					
维生素 E 含量	0.362**	1				
多糖含量	−0.185	0.240	1			
多酚含量	0.118	0.288*	0.328*	1		
黄酮含量	0.480**	0.101	−0.239	0.418**	1	
维生素 C 含量	0.156	0.249	0.424**	0.788**	0.536**	1
偏相关系数：						
抗氧化能力	1					
维生素 E 含量	0.414**	1				
多糖含量	−0.062	0.178	1			
多酚含量	−0.076	0.176	−0.051	1		
黄酮含量	0.407**	−0.108	−0.532**	0.003	1	
维生素 C 含量	−0.070	−0.016	0.527**	0.623**	0.552**	1

＊：在 0.05 水平（双侧）上显著相关；＊＊：在 0.01 水平（双侧）上显著相关

2.4　讨论

荞麦具有较强的抗氧化活性[86]，而已有的报道普遍认为荞麦中起抗氧化作用成分主要为多酚类及黄酮化合物[87-92]。另有报道称多糖、植物性膳食纤维为荞麦主要抗氧化能力物质[93]。而本研究的结果表明荞麦的抗氧化性与黄酮含量、维生素 E 含量相关性极显著，这可能是由于采用了不同的测量和分析方法造成的，本研究测量的荞麦黄酮的变幅为（6.612%~9.8704%），与已有报道略有不同，可能的原因是本研究所用材料取自全国各地，它们本身的遗传和生态差异以及采集时期和部位与已有报道所用材料不同造成的。

黄酮是一级抗氧化剂，它具有显著的抗氧化能力，且荞麦各部分均富含黄酮化合物，黄酮化合物已成为荞麦功能性成分研究的重点。马志茹（1997）和贾雪峰（2007）分别报道称提取物清除活性氧自由基能力随着黄酮含量的增加而增加[108-109]。张政等（2001）报道了苦荞麦麸皮黄酮与天然 SOD 在清除氧自由基方面有着相同的作用，在紫外吸收光谱上也表现出与天然 SOD 类似的特征[110]。李丹（2000）采用化学体系产生自由基的方法研究发现苦荞黄酮具有较好的清除自由基的能力，并且苦荞黄酮对羟基自由基的清除效果最显著[54]。钱建亚等（2000）发现五个品种的甜荞精粉乙醇提取物都有明显的自由基清除的效果[111]。但是上述研究多侧重于单独考虑荞麦黄酮与抗氧化能力之间的关系，并没有考虑其他成分对荞麦抗氧化能力的影响，本研究发现荞麦黄酮与荞麦抗氧化能力的相关性为极显著，同时荞麦黄酮含量与维生素 C 含量呈极显著相关，暗示维生素 C 与黄酮之间可能存在着协同作用。另外，荞麦抗氧化能力与黄酮含量相关性为极显著，与多酚含量的相关性为不显著，而黄酮与多酚含量的相关性为显著，可能原因是黄酮化合物属于多酚，黄酮化合物在荞麦中为重要的抗氧化能力物质，而多酚类中的其他物质的抗氧化能力可能较低，导致总多酚含量与荞麦抗氧化能力相关性为不显著。

维生素 C 和维生素 E 都是优秀的天然抗氧化剂，维生素 C 在水相中抵御自由基，而维生素 E 则在脂环境中发挥作用，它们有协同作用。本研究发现维生素 E 含量与荞麦抗氧化能力的相关性为极显著，而维生素 C 含量与荞麦抗氧化能力的关系为不显著，但是维生素 C 与多糖含量、多酚含量、黄酮含量的相关性为极显著，这也暗示维生素 C 可能通过这三种物质间接影响荞麦的抗氧化功能的实现，所以维生素 C 也应该是一种重要的抗氧化物质。

第3章 金荞麦黄酮提取工艺研究及其测量方法研究

为了科学合理地利用荞麦黄酮资源，以金荞麦叶为材料，探讨了乙醇浓度、固液比、提取温度、提取时间、提取次数、提取功率对金荞麦叶黄酮提取的影响，并研究了四种常用的分光光度法在测量金荞麦黄酮含量过程中吸光度值的稳定性。结果表明金荞麦叶片黄酮提取的最适提取工艺为60%的乙醇，固液比1∶20、提取温度40℃、每次提取20min、提取3次、提取功率175W，AlCl₃-HAC（缓冲液）显色法（392.5nm）是金荞麦叶黄酮含量测定的最适方法，本研究可以为金荞麦黄酮化合物的开发利用提供理论基础和科学依据。

3.1 前言

黄酮化合物是一类重要的天然有机化合物，是植物在长期自然选择过程中产生的一类次生代谢产物。它能清除生物体内的自由基，具有抗氧化作用[112]。金荞麦叶富含黄酮，近年来，对金荞麦黄酮化合物的研究日益受到国内外医药学界的关注，唐宇等（2011）对金荞麦籽粒的黄酮总含量提取工艺做了研究，并得出所需的最佳工艺条件[113]。而荞麦叶与籽粒属于不同的器官，两者的提取工艺可能有所不同。王庆云等（2008）对苦荞麦叶的黄酮提取做了研究，但研究过程中忽略了超声对提取效果的影响[114]。金荞麦全株富含黄酮化合物，且黄酮含量高于苦荞和甜荞，特别是花、叶中含量更高，有极好的开发应用潜力[115]。随着人类对健康的关注越来越高，以荞麦为主要原料的保健品的开发速度也越来越快，金荞茶、苦荞茶等[116]逐步出现在市场，金荞麦叶富含黄酮成分且药用价值极大，却未得到合理开发。因此，为了更好地利用金荞麦叶富含的黄酮资源，需要对金荞麦叶黄酮提取工艺进行研究。

黄酮化合物在植物界中分布最广，它们常以游离态或与糖结合成苷的形式存在。目前已发现有6 000多种不同的黄酮化合物，而且数量还在增加中[117]，因此对植物中的黄酮含量进行精确测量几乎是不可能的。但是黄酮化合物具有邻二酚羟基或3，5位羟基结构，可与铝盐、铅盐、镁盐等金属盐类试剂反应，生成有色络合物，因此，可以用分光光度法测定其含量。目前植物黄酮含量测定用到的分光光度法主要有NaNO₂-Al（NO₃）₃-NaOH显色法、AlCl₃-KAC显色法两种，这两种方法同时出现在国内外的报道中，笔者对它们的选择也较为随意，究竟那种方法更适合金荞麦黄酮的测量，未见相关报道。本研究考察了四种分光光度法在金荞麦黄酮测量过程中吸光度变化的稳定性，期望确定最适合的金荞麦黄酮测量分光光度法，为将来的荞麦黄酮测量工作提供依据。

3.2　材料与方法

3.2.1　材料

金荞麦叶片采自贵州师范大学植物遗传育种研究所/荞麦产业技术研究中心，取材部位为健康植株初花期主茎的第一展开叶。

3.2.2　方法

3.2.2.1　正交实验因素水平

采用 L18（3^7）正交实验表设计实验方案（见表 3-1），综合考察乙醇浓度、固液比、提取温度、提取时间、提取次数、提取功率对金荞麦叶片黄酮提取的影响。

表 3-1　　　　　　　　金荞麦叶片黄酮提取正交实验因素水平表

水平	因　　素					
	乙醇浓度（%）	固液比	温度（℃）	时间（min）	次数	功率（W）
1	40	1∶10	20	10	1	100
2	60	1∶20	40	20	2	175
3	80	1∶30	60	30	3	250

3.2.2.2　黄酮含量的测定

同 2.2.2 的方法。

3.2.2.3　验证试验

使用正交实验获得的最适提取工艺进行验证试验，重复三次取平均值。

3.2.2.4　四种黄酮测定方法的波长扫描

1. $AlCl_3$-KAC 显色法

$AlCl_3$-KAC 显色法参考李为喜的方法[95]，并稍做改动。准确吸取提取液 1.0 ml，依次加入 0.1 mol/L 三氯化铝 2.0 ml、1.0 mol/L 乙酸钾 3.0 ml，最终用甲醇溶液定容至 10.0 ml，摇匀，室温下放置 30 min。在 4000 r/min 速度下离心 10 min，在 200~1000nm 区间内进行波长扫描，根据最大吸收峰确定测定波长。

2. $NaNO_2$-Al（NO_3）$_3$-NaOH 显色法

$NaNO_2$-Al（NO_3）$_3$-NaOH 显色法参照杨磊的方法[118]，并稍做改动。准确吸取提取液 1.0 ml，依次加入 2.0 ml 去离子水、0.5 ml 5%亚硝酸钠混合，振荡后静止放置 6 min，加入 0.5 ml 10%硝酸铝，振荡后放置 6 min，然后加入 2.5 ml 5%氢氧化钠，振荡后放置 15

min。最后用去离子水定容至 9.0 ml，在 200~1000nm 区间内进行波长扫描，根据最大吸收峰确定测定波长。

3. NaNO$_2$-AlCl$_3$-NaOH 显色法

NaNO$_2$-AlCl$_3$-NaOH 显色法参照 Zhishen J 的方法[119]，并稍做改动。准确吸取提取液 1.0 ml，依次加入 3.0 ml 去离子水、0.3 ml 5%亚硝酸钠混合，振荡后静止放置 5 min，加入 0.3 ml 10%三氯化铝，振荡后放置 6 min，然后加入 2.5 ml 1.0 mol/L 氢氧化钠，振荡后用去离子水定容至 10.0 ml，在 200~1000nm 区间内进行波长扫描，根据最大吸收峰确定测定波长。

4. AlCl$_3$-HAC（缓冲液）显色法

准确吸取提取液 1.0 ml，依次加入 4.0 ml 去离子水，5.0 ml 醋酸缓冲液（pH=3.8），3.0 ml 0.1 mol/L 三氯化铝，振荡后静止放置 30 min，在 200~1000nm 区间内进行波长扫描，根据最大吸收峰确定测定波长。

3.2.2.5 四种黄酮测定方法的稳定性比较

样品和对照依次使用 AlCl$_3$-KAC 显色法、NaNO$_2$-Al（NO$_3$）$_3$-NaOH 显色法、NaNO$_2$-AlCl$_3$-NaOH 显色法和 AlCl$_3$-HAC（缓冲液）显色法加入相应试剂，试剂添加完毕后，进行 600 s 的连续吸光度值测定，测定间隔设定为 0.5 s。对照不添加显色剂，其他试剂与样品测定时添加的相同，将样品在 600 s 的吸光度值减去对照相应的值，绘制四种测定方法在 600 s 内吸光度变化曲线，并对四种方法获得的吸光度值进行统计分析，对比四种方法的优劣。

3.2.2.6 方法学考察

1. 线性关系的考察

精确吸取 0.10 mg/ml、0.20 mg/ml、0.30 mg/ml、0.40 mg/ml 和 0.50 mg/ml 的对照品溶液 1.0 ml，按照上述实验确定的最优显色法测定吸光度。以吸光度（y）对浓度（x）计算标准曲线方程。

2. 加样回收率试验

精确吸取提取液 1.0ml，置于 10.0 ml 比色管中，分别加入 1.0 ml、2.0 ml、3.0 ml 和 4.0 ml 的 0.20 mg/ml 芦丁，用浓度75%乙醇定溶，摇匀，按照最优显色法测定吸光度，并计算回收率和 RSD 值。

3.3 结果与分析

3.3.1 正交实验结果分析

本研究根据 L18（3^7）正交实验表设计了 18 组实验，每组实验重复三次取平均值，实验结果及方差分析见表 3-2 和表 3-3，结果表明：乙醇浓度对试验结果有较显著的影响，固液比、提取温度、提取时间、提取次数和提取功率对提取结果无显著影响，同时，它们对提取的影响强弱依次是：乙醇浓度>固液比>提取功率>提取次数>提取时间>提取温度。

本研究确定的最佳提取工艺为 $A_2B_2C_2D_2E_3F_2$，即使用 60% 的乙醇，固液比 1：20、提取温度 40℃、每次提取 20min、提取 3 次、提取功率 175W。

表 3-2　　　　　　　　　　　金荞麦黄酮提取正交试验设计的结果

因素	乙醇浓度(%)	固液比	温度(℃)	时间(min)	次数	功率(W)	实验结果(mg/g)
1	40	1：10	20	10	1	100	1.3800
2	40	1：20	40	20	2	175	6.9060
3	40	1：30	60	30	3	250	2.5260
4	60	1：10	20	20	2	250	1.4565
5	60	1：20	40	30	3	100	6.4995
6	60	1：30	60	10	1	175	3.8355
7	80	1：10	40	10	3	175	0.0480
8	80	1：20	60	20	1	250	0.0290
9	80	1：30	20	30	2	100	1.4310
10	40	1：10	60	30	2	175	2.4750
11	40	1：20	20	10	3	250	3.3660
12	40	1：30	40	20	1	100	4.2875
13	60	1：10	40	30	1	250	1.7990
14	60	1：20	60	10	2	100	4.9415
15	60	1：30	20	20	3	175	8.2840
16	80	1：10	60	20	3	100	1.0090
17	80	1：20	20	30	1	175	0.0850
18	80	1：30	40	10	2	250	1.0090
均值 1	3.490	1.361	2.667	2.430	1.903	3.258	
均值 2	4.469	3.638	3.425	3.662	3.037	3.606	
均值 3	0.602	3.562	2.469	2.469	3.622	1.698	
极差	3.867	2.277	0.956	1.232	1.719	1.908	

表 3-3　　　　　　　　　　　金荞麦黄酮提取正交试验方差分析

因素	偏差平方和	自由度	F 比	F 临界值
乙醇浓度	48.517	2	14.337[*]	6.940
固液比	20.065	2	5.929	6.940
温度	3.052	2	0.902	6.940
时间	5.884	2	1.739	6.940
次数	9.170	2	2.710	6.940
功率	12.393	2	3.662	6.940
误差	6.77	4		

注：* 表示在 0.01 水平上的显著性

3.3.2 验证试验

使用最适提取工艺的提取条件进行验证试验,即 60% 的乙醇、固液比 1∶20、提取温度 40℃、每次提取 20min、提取 3 次、提取功率 175 W,重复验证三次结果取平均值,提取结果为 8.6510 mg/g,优于正交实验各组的实验结果,表明本研究获得的金荞麦叶片黄酮的最适提取工艺较好。

3.3.3 四种测定方法的波长扫描结果

通过对四种测定方法进行的波长扫描(见图 3-1),AlCl$_3$-KAC 显色法、NaNO$_2$-Al(NO$_3$)$_3$-NaOH 显色法、NaNO$_2$-AlCl$_3$-NaOH 显色法和 AlCl$_3$-HAC(缓冲液)显色法最大吸收峰对应的波长分别为:409.5 nm,480.5 nm,490.5 nm,392.5 nm。

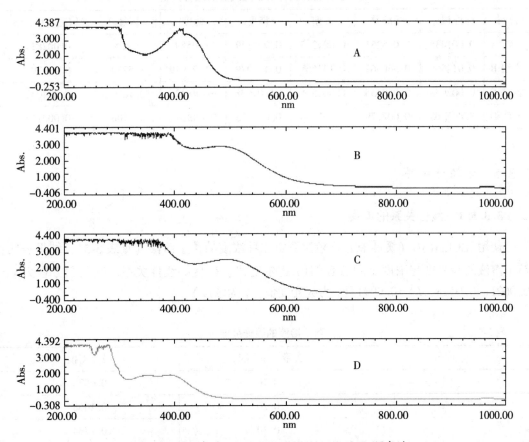

A:AlCl$_3$-KAC 显色法; B:NaNO$_2$-Al(NO$_3$)$_3$-NaOH 显色法;

C:NaNO$_2$-AlCl$_3$-NaOH 显色法; D:AlCl$_3$-HAC(缓冲液)显色法

图 3-1 四种测定方法的波长扫描图

3.3.4 四种测定方法的稳定性比较

由图 3-2 可知：四种方法使用的对照在 600s 内均较好，获得的吸光度值变化较小，表明不添加显色剂，其他试剂照常加入的对照制作方法是可靠的。将四种方法样品吸光度值减去相应对照的吸光度值获得最终的测量值（见图 3-3），由图 3-3 知：使用 $AlCl_3$-HAC（缓冲液）显色法测试金荞麦叶黄酮的吸光度值曲线稳定性最好，另外三种方法获得吸光度值曲线有较多的波峰和波谷。从吸光度值数据上看，$AlCl_3$-HAC（缓冲液）显色法在 600s 内吸光度值的标准误差、标准差、方差、峰度、偏度等指标上均优于其他三种方法（见表 3-4），可见，金荞麦叶黄酮含量测定最适方法为 $AlCl_3$-HAC（缓冲液）显色法。

表 3-4   四种金荞麦测量方法吸光度值的统计分析

序号	标准误差	标准差	方差	峰度	偏度	区域	置信度（95.0%）
方法 A	0.001438	0.035251	0.001243	0.901349	−1.05592	0.185	0.002824
方法 B	0.014969	0.366962	0.134661	0.416979	−1.27979	1.5739	0.029397
方法 C	0.002058	0.050455	0.002546	−1.01038	−0.58426	0.1839	0.004042
方法 D	8.89E-05	0.002179	4.75E-06	0.014313	0.682147	0.0106	0.000175

3.3.5 方法学考察

3.3.5.1 线性关系的考察

使用 $AlCl_3$-HAC（缓冲液）显色法测定 5 种浓度的芦丁溶液（见表 3-5），结果表明：芦丁溶液的吸光度与浓度之间符合朗伯-比尔定律，呈良好线性关系。其回归方程为 $y = 0.0621x - 0.0128$，$R^2 = 0.9991$（x 为吸光度值，y 为浓度）。

表 3-5   芦丁溶液的吸光度值表

序号	含量（mg/ml）	吸光度值
1	0.10	0.0528
2	0.20	0.1068
3	0.30	0.1734
4	0.40	0.2358
5	0.50	0.2989

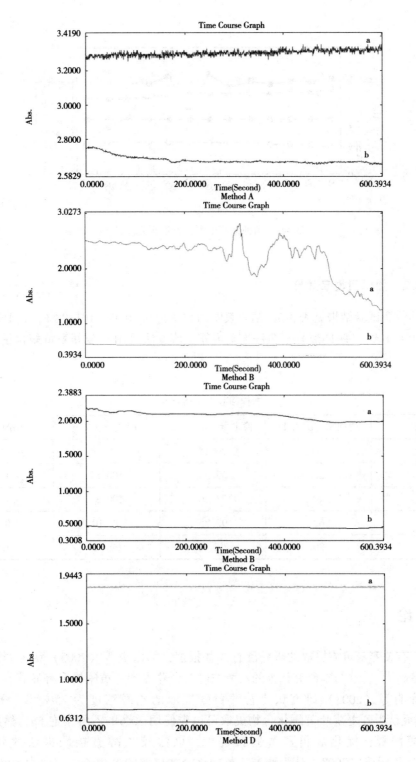

图 3-2　四种金荞麦测量方法吸光度值随时间变化图

a：反应液；b：空白对照

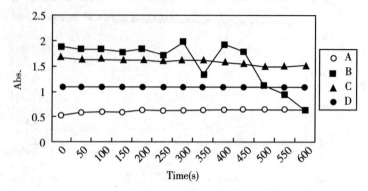

图 3-3 四种金荞麦测量方法吸光度值

3.3.5.2 加样回收率试验

加样回收率试验结果见表 3-6，结果表明回收率为 98.04%~101.02%，且 RSD 值小于 2，表明 AlCl$_3$-HAC（缓冲液）显色法准确可靠，该方法可用于金荞麦黄酮含量的定量测量。

表 3-6   加样回收率实验结果

序号	增加量（μg/ml）	检出量（μg/ml）	回收率（%）	RSD（%）
1	–	33.15	–	
2	20	53.34	100.57	1.50
3	40	73.26	100.33	1.06
4	60	92.85	99.10	0.92
5	80	112.98	99.49	1.67

3.4 讨论

目前，有关荞麦黄酮提取的研究已有一些报道，韩淑英等（2005）认为荞麦黄酮乙醇提取率最高[120]，这与本研究认为的乙醇浓度对金荞麦叶片黄酮提取有显著影响的结论一致。肖诗明等（2003）研究认为苦荞黄酮提取的乙醇浓度为 75%[121]，孙艳华等（2006）研究认为荞麦茎叶黄酮化合物提取可以先使用 30% 的乙醇浸泡 6h，然后再使用 95% 的乙醇浸提，优化后再乙醇间接提取，该法较乙醇直接浸提法的效率提高 12.5%[122]。王云庆（2008）认为荞麦叶黄酮化合物提取的最优乙醇浓度为 50%[123]。杨玉霞等（2011）认为最佳荞麦茎叶中黄酮的提取工艺以 75% 的乙醇为溶剂[124]。李贵花和李伟（2012）研究发现荞麦叶黄酮最佳提取工艺的乙醇浓度为 80%[125]。以上研究使用的乙醇浓度与本研究的结论有差异，这可能的原因为本研究以金荞麦叶片为原料，而他们的研究以甜荞或者苦荞为材料造成的，并且他们所考察的因素水平与本研究所采用也不完全相同，这也是造成他们的研究结论与本研究有差异的原因之一。

比色法是被《中国药典》所采用的最常见的黄酮测定方法，其中又以 $NaNO_2$-Al$(NO_3)_3$-NaOH 比色法较为常用，约占总使用频率的 70%。其基本原理是根据黄酮化合物与 Al$(NO_3)_3$的络合物显色，通过测定其吸光度，以此来计算含量。而本研究通过对四种方法的比较分析认为 392.5 nm 处使用 $AlCl_3$-HAC（缓冲液）显色法是金荞麦叶黄酮含量测定的最适方法，这可能的原因为该显色法是将铝离子和黄酮置于醋酸缓冲液中进行反应，醋酸缓冲液有较强的缓冲作用，可以有效消除试剂添加过程中 pH 值的剧烈变化，因而反应较为平稳。另外，本研究确定的金荞麦叶黄酮含量测定波长为 392.5 nm 处，这个波长可能由于试验材料的不同而发生变化，因此，在使用分光光度法测定材料的黄酮含量的时候都应该首先确定波长再进行测量。

第 4 章 荞麦属植物转录组测序分析

分别对栽培甜荞灌浆期种子、栽培苦荞灌浆期种子、栽培甜荞根部、金荞麦根部、第一片展开叶叶片（等量的甜荞、野生甜荞、苦荞、野生苦荞和金荞麦）和花序（等量的甜荞、野生甜荞、苦荞、野生苦荞和金荞麦）等 6 个样品分别进行转录组测序分析，reads 组装后获得约 9.28 万条荞麦 Unigenes 基因序列，其中有近 5.5 万个 Unigenes 基因序列在注释库中得到了功能注释。通过 Unigenes 序列覆盖评价发现，目前在 NCBI 中的荞麦属植物的 mRNA 序列全部可以在本研究获得的荞麦 Unigenes 数据库中找到同源基因序列，表明转录组测序获得 Unigenes 数据库序列数据库的覆盖度较好，它可以为有关荞麦属植物的研究提供参考基因序列。根据注释结果，本研究共获得黄酮合成相关基因序列 47 条和维生素 E 合成相关基因序列 31 条。其中，47 条荞麦黄酮合成相关基因序列包括 3 条 C4H 基因序列、2 条 CHI 基因序列、9 条 CHS 基因序列、5 条 DFR 基因序列、2 条 F3H 基因序列、6 条 F3′H 基因序列、3 条 FNS 基因序列、3 条 PAL 基因序列、2 条 STS 基因序列、3 条 UFGT 基因序列、6 条 IF2′H 基因序列、3 条 ANS/LDOX 基因序列。31 条荞麦维生素 E 合成相关基因序列包括 1 条 AdeH 基因序列、3 条 GGPS 基因序列、3 条 CHL P 基因序列、1 条 HGGT 基因序列、3 条 HPPD 和 SLR0090 基因序列、1 条 HPT 基因序列、4 条 MPBQ MT 和 SLL0418 基因序列、4 条 PAT 基因序列、1 条 TC 基因序列、2 条 TMT 基因序列、8 条 TAT 基因序列。

4.1 前言

转录组是指一个活细胞在特定的发育阶段或者生理环境中所能转录出来的所有 RNA。转录组测序可以在整体水平上研究特定时期内细胞中基因转录的情况及转录调控规律。目前，转录组测序中广泛采用新一代高通量测序技术，能够全面快速地获得某一物种特定组织或器官在某一状态下的几乎所有转录本序列信息。它已成为了解生物体内功能基因调控和病变机制的重要手段[126]。目前，有关蓼科植物的全基因组测序还未开展，且已报道的荞麦基因序列也较少，导致在荞麦研究中缺少参考基因组，这种情况极大地限制了荞麦的研究，荞麦转录组测序可以迅速获得大量荞麦的基因序列，可以有力地促进荞麦基因序列的研究。本研究分别对不同种不同部位的荞麦样品进行转录组测序分析，期望获得一个较为完整的荞麦转录组数据库，为荞麦研究提供基础数据支持。

4.2 材料与方法

4.2.1 材料

本研究共进行 6 次转录组测序实验，取材部位分别为栽培甜荞灌浆期种子、栽培苦荞灌浆期种子、栽培甜荞根部、金荞麦根部、第一片展开叶叶片（等量的甜荞、野生甜荞、苦荞、野生苦荞和金荞麦）和花序（等量的甜荞、野生甜荞、苦荞、野生苦荞和金荞麦），它们分别被命名为 A、B、C、D、E 和 F（见表 4-1）。供试荞麦材料采自贵州师范大学植物遗传育种研究所/荞麦产业技术研究中心。

表 4-1 　　　　　　　　　　　　　　转录组实验材料信息表

序号	种 类	编 号	代 号	产地	组织
A	*F. Esculentum* Moench	Datian 1	E04	贵州	灌浆期的种子
B	*F. Tataricum*（L.）Gaertner	Wild	T01	西藏	灌浆期的种子
C	*F. Esculentum* Moench	Fengtian 1	E01	贵州	根部
D	*F. Cymosum*	Wild	M01	贵州	根部
E	*F. Esculentum* Moench	Fengtian 1	E01	贵州	叶片
	F. Tataricum（L.）Gaertner	Heikuqiao	T02	贵州	
	F. Cymosum	Wild	M01	贵州	
F	*F. Esculentum* Moench	Fengtian 1	E01	贵州	花序
	F. Tataricum（L.）Gaertner	Heikuqiao	T02	贵州	
	F. Cymosum	Wild	M01	贵州	

4.2.2 方法

4.2.2.1 总 RNA 的提取

分别准确称取 6 个样品的新鲜组织约 0.3 g，液氮中迅速研磨，转入 2.0 ml 的离心管中。加入 65℃ 预热的提取缓冲液 1.0 ml（2% CTAB）；100 mmol/L Tirs-HCl（pH=8.0）；1.4 mol/L NaCl；20 mmol/L EDTA（pH=8.0）；2% PVP；2% β-巯基乙醇（用时加入），充分振荡混匀 1min，65℃ 水浴震荡 15min。冷却后加入 1.0 ml 氯仿/异戊醇（24:1），4℃ 充分振荡混匀 5 min，静置 10 min 后离心 10 min（10000r/min）。取上清液 750.0 μl 移至新的 DEPC 处理过的离心管中，加入 750.0 μl 氯仿/异戊醇（24:1），4℃ 充分振荡混匀 10 min，静置 10 min 后离心 10 min（10000r/min）。将上清液 1.0 ml 移至新的离心管中，加入 10 mol/L LiCl 0.25ml，-20℃ 过夜。4℃ 离心 20 min（12000r/min），弃去上清

液。加入 30.0 μl 0.5% SDS 溶液溶解沉淀，转入新的 DEPC 处理过的离心管中，加入 30.0 μl 氯仿/异戊醇（24∶1），充分颠倒混匀 5 min，4℃静置 10 min 后离心 10 min（10000r/min）。吸取水相 50.0 μl 至新的 DEPC 处理过的离心管中，加入 100.0 μl 的无水乙醇，−20℃静置 1h，4℃ 12000r/min 离心 15 min，弃去上清液，放在超净工作台中，干燥 5 min，加入 10.0 μl DEPC 水溶解 RNA 沉淀。

4.2.2.2　RNA 纯度及完整性鉴定

1. 吸光度分析

取 2.0 μlRNA 样品，用紫外可见分光光度计测定 RNA 样品的 A260/A280 和 A260/A230 的比值及 RNA 的浓度。

2. 电泳检测

取 4.0 μlRNA 溶液，加入 1.0 μl 溴酚蓝上样缓冲液，点样于 1.0% 琼脂糖凝胶上，120V 恒压电泳，电泳后在凝胶成像系统中观察 RNA 的完整性。

4.2.2.3　RNA 纯化

取 5.0 ug RNA 样品放入 200.0 μl PCR 管中，用 RNase-free water 稀释至 50.0 μl，65℃温育 5 min。取 15.0 μl 磁珠，加入 50.0 μl binding buffer 与温育后的样品混匀，室温下静置 10 min 后，弃掉上清液。随后用 200.0 μl washing buffer 将磁珠清洗两次，之后向其中加入 50.0 μl 10.0 mmol/L Tris-HCl，80℃放置 2 min，将 mRNA 从磁珠上洗脱下来，置于磁力架上取上清液（保留磁珠），将上清液与 50.0 μl binding buffer 混匀，65℃放置 5 min，同时用 200.0 μl washing buffer 清洗磁珠两次，将处理后的样品与磁珠混合，吹打后混匀，于室温静置 10 min，以使 mRNA 与磁珠充分结合。之后用 200.0 μl washing buffer 将未结合上的杂质洗两次。加入 19.0 μl 10.0 mmol/L Tris-HCl 后 80℃放置 2 min，将 mRNA 从磁珠上洗脱下来，最终取上清液 18.0 μl。

4.2.2.4　测序处理过程

本研究转录组测序处理过程在北京百迈客生物科技有限公司完成。具体实验过程如下。

1. 打断 mRNA

精确吸取 18.0 μl mRNA 加入 2.0 μl 的 10X Fragmentation Buffer，混匀后，70℃放置 4 min，加入 2.0 μl Fragmentation Stop Solution，迅速置于冰上，将溶液转移到 1.5 ml 无 RNase 离心管中，并依次加入 2.0 μl 的 3 mol/L NaOAC（pH = 5.2）、2.0 μl Glycogen（20.0 mg/ml）、60.0 μl 的无水乙醇，涡旋混匀，放置在−80℃过夜。然后 14000 r/min 4℃离心机 25 min，用移液枪移去无水乙醇，用 300.0 μl 的 70% 乙醇溶液清洗，14000r/min 4℃离心机 25 min，小心吸出 70% 乙醇溶液，室温下风干 10 min，用 11.1 μl 的无 RNase 水悬浮 RNA。

2. 合成 cDNA 的第一条链

（1）在 0.2 ml PCR 管中加入下表溶液，混匀后依次加入：1.0 μl Random Primers，

11.1 μl 的 mRNA。

（2）把样品放到已预热到 65℃ 的 PCR 仪上 5 min，而后立即放置到冰上；

（3）把 PCR 仪调到 25℃；

（4）在一个新的离心管中依次加入：4.0μl 5×First Strand Buffer，2.0 μl 100 mol/L DTT，0.4 μl 25 mol/L dNTP Mix，0.5 μl Rnase Inhibitor。

（5）加 6.9μl 的 Mix 加到步骤 2 的 PCR 管中，混匀；

（6）把样品放置到已预热到 25℃ 的 PCR 仪上 2 min，然后放置在冰上；

（7）在样品中加入 1.0μl 的 SuperScript Ⅱ，混匀后 25℃ 温浴 10 min；

（8）42℃ 温浴 50 min；最后在 70℃ 温浴 10 min；

（9）反应结束后将 PCR 管置在冰上。

3. 合成 cDNA 第二链

（1）预热 PCR 仪到 16℃；

（2）在合成的 cDNA 第一条链产物中依次加入 62.8 μl 超纯水、10.0 μl GEX Second Strand Buffer（NEB Buffer 2）和 1.2 μl 25mmol/L dNTP Mix，总体积 96.0 μl，混匀，混合液冰浴 5 min；

（3）混合液加入 1.0 μl RNaseH 和 5.0 μl DNA PolⅠ，混匀后，混合物放置在已预热到 16℃ 的 PCR 仪中 2.5 h。

（4）用 QIAquick PCR Purification Kit 纯化，42.0 μl。

4. 末端修复

（1）提前将 PCR 仪调至 20℃，在离心管中依次加入：30.0μl DNA Sample；10.0 μl T4 DNA Ligase Buffer（10 mM ATP）；4.0 μl 10mM d NTP Mix；5.0 μl T4 DNA Polymerase；1.0 μl Klenow Enzyme；5.0 μl T4 PNK；45.0 μl Water。

（2）试剂配好后混匀，20℃ 放置 30min。

（3）反应结束后用 QIAGEN 试剂盒纯化，33.0 μl EB 回溶。

5. 3′末端加 A

（1）提前将 PCR 仪调至 37℃ 在离心管中依次加入：32.0 μl DNA Sample；5.0 μl Klenow Buffer；10.0 μl 1.0 mM dATP；3.0 μl Klenow Exo。

（2）试剂配好后混匀，37℃ 放置 30min。

（3）反应结束后用 QIAGEN 试剂盒纯化，10.0 μl EB 回溶。

6. 连接 solexa 接头

（1）提前将 PCR 仪调至 20℃，在离心管中依次加入：10.0 μl DNA Sample；25.0 μl DNA Ligase Buffer 2X；10.0 μl Adapter；5.0 μl DNA Ligase。

（2）试剂配好后混匀，20℃ 放置 15min。

（3）反应结束后用 QIAGEN 试剂盒纯化，30.0 μl EB 回溶。

7. 电泳切胶

（1）提前配好 2% 低熔点琼脂糖并铺好胶块。

（2）将上步纯化后产物加入 6.0 μl Loading Buffer（6x），混匀后加入配好胶块中，加入 10.0 μl ladder，120 V 电泳 60min。

（3）切取目的片段并使用 QIAGEN 胶回收试剂盒回收目的片段。

8. PCR 扩增

取新离心管依次加入：1.5 μl PCR primer PE 2.0；1.5 μl PCR primer PE 1.0；20.0 μl Phusion DNA Polymerase；8.0 μl DNA；9.0 μl Water。

反应程序如下：

序号	操作步骤	
a.		98℃ 30s
b.	12 个循环	98℃ 40s
		65℃ 30s
		72℃ 30s
c.		72℃ 5m
d.		4℃保存

反应结束后用按照 QIAGEN 试剂盒说明进行纯化，30.0μl EB 回溶。

9. 上机测序

将前步处理好的样品进行精确定量（qubit），然后在芯片（flow cell）表面进行桥式 PCR，使 DNA 片段扩增为单分子 DNA 簇（此过程在 Cluster Station 中进行）。单分子 DNA 簇长好后将 flow cell 移入 GA II 中，进行测序。

4.2.2.5　组装分析过程

测序得到的原始图像数据经 base calling 转化为序列数据，即 raw data 或 raw reads，结果以 fastq 文件格式存储，里面存储 reads 的序列以及 reads 的测序质量。然后采用 Trinity 组装软件（基于 reads 之间的 overlap 区）把获取的各样品 reads 进行组装，拼接获得序列的 Contigs（重叠群），再根据先后顺序将 Contigs 组成 Scaffold，即 Transcripts。对样品组装获得的 Transcripts 使用 PERL 脚本进行处理，将同一个基因的多个不同 Transcripts 中最长的序列作为 Unigenes 基因，而其他短的 Transcripts 不出现在 Unigenes 基因库中。

4.2.2.6　注释及目的基因序列获得

首先下载 NCBI NT/NR、Swissprot、TrEML、COG、KEGG 数据库到服务器，然后将转录组测序获得的 Unigenes 数据库序列与它们进行分别比对（阈值为 e^{-5}），根据比对结果确定 Unigenes 序列的名称，并获得注释结果。

4.2.2.7　Unigenes 数据库覆盖度评价

为了搞清楚转录组获得的 Unigenes 数据库覆盖是否全面，首先以"Fagopyrum"为关键词在 NCBI 中筛选已报道的荞麦属 mRNA 序列，然后将搜索获得序列与荞麦 Unigenes 数据库序列进行比对（阈值为 e^{-10}），以分析荞麦 Unigenes 数据库序列覆盖情况。

4.3 结果与分析

4.3.1 RNA 纯度及完整性鉴定

从表 4-2 可以看出，用 CTAB 法提取的荞麦 RNA 的 A260/A280 在 1.83～2.10 之间，而 A260/A230 在 1.91～2.02 之间，由图 4-1 可以看出，6 个样品 RNA 电泳条带清楚，无明显的拖尾现象，说明采用该方法提取 RNA 受多糖、多酚、蛋白质等物质污染的程度较小，纯度较高，能够用于后期的分子实验。

表 4-2 　　　　　　　　　　　　荞麦 RNA 吸光度值

样品序号	OD260/280	OD260/230
A	1.97	1.93
B	2.07	2.01
C	1.83	1.91
D	2.03	1.95
E	2.05	1.98
F	2.10	2.02

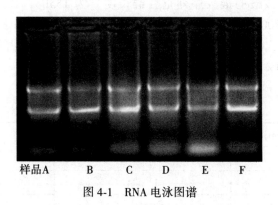

样品A　　　B　　　C　　　D　　　E　　　F

图 4-1　RNA 电泳图谱

4.3.2 Reads 产出统计

测序得到的 6 个样品的 reads，它们的整体统计结果见表 4-3，样品 A、B、C 数据量均约 2.0G，样品 D 数据量约 2.7G，样品 E 数据量约 2.8G，样品 F 数据量约 3.0G。数据 GC 含量较为一致，说明测序数据准确度比较高，数据质量很好，满足后续分析的要求。

表 4-3　　　　　　　　　　　　　**样品的 Reads 整体统计结果**

样品序号	数据量	GC（%）
A	2 002 883 934	48. 38
B	1 978 256 288	48. 64
C	1 986 228 198	47. 46
D	2 697 740 532	47. 83
E	2 806 798 940	49. 51
F	3 034 601 910	49. 44

4.3.3　组装分析

把获取的各样品 Reads 采用 Trinity 软件组装，拼接获得序列 Contigs（重叠群），再将先后顺序已知的 Contigs 组成 Scaffold，即 Transcripts。对样品组装获得的 Transcripts 使用 PERL 脚本进行处理，将同一个基因的多个不同 Transcripts 中最长的序列作为 Unigenes 基因，而其他短的 Transcripts 不出现在 Unigenes 基因库中。

4.3.3.1　样品 A 的组装统计分析

1. 样品 A 的 Contigs 组装结果

对样品 A 组装得到的 Contigs 进行分布统计，统计及分布情况见表4-4。从表中知，样品 A 的 Contigs 总数量为 541 679 条，总长度为 66 316 702bp，平均长度为 122.43bp，N50 长度（覆盖 50%所有核酸的最大序列重叠群长度）为 155bp，长度在 0～300bp、300～500bp、500～800bp、800～1 000bp、1 000～2 000bp 和大于 2 000bp 长度区间的序列数量分别为 510 231、11 524、6 926、2 931、7 796 和 2 271 条，分别占到总数量的 94.19%、2.13%、1.28%、0.54%、1.44% 和 0.42%。

表 4-4　　　　　　　　　　　　　**样品 A 的 Contigs 分布情况表**

Contigs 长度区间（bp）	数量	百分比（%）
0～300	510 231	94. 19
300～500	11 524	2. 13
500～800	6 926	1. 28
8 00～1 000	2 931	0. 54
1 000～2 000	7 796	1. 44
2 000+	2 271	0. 42
总长度（bp）	66 316 702	
数量	541 679	

Contigs 长度区间（bp）	数量	百分比（%）
N50 长度（bp）	155	
平均长度（bp）	122.43	

2. 样品 A 的 Transcripts 组装结果

样品 A 的 Transcripts 统计及分布见表 4-5。从表中知，样品 A 的 Transcripts 总数量为 53 612 条，总长度为 41 466 737bp，平均长度为 773.46bp，N50 长度为 1 158bp，长度在 200～300bp、300～500bp、500～800bp、800～1 000bp、1 000～2 000bp 和大于 2 000bp 长度区间的序列数量分别为 12 429、13 718、9 398、4 019、10 830 和 3 218 条，分别占到总数量的 23.18%、25.59%、17.53%、7.50%、20.20% 和 6.00%。

表 4-5 **样品 A 的 Transcripts 分布情况表**

Transcript 长度区间（bp）	数量	百分比（%）
200～300	12 429	23.18
300～500	13 718	25.59
500～800	9 398	17.53
800～1 000	4 019	7.50
1 000～2 000	10 830	20.20
2 000+	3 218	6.00
总长度（bp）	41 466 737	
数量	53 612	
N50 长度（bp）	1 158	
平均长度（bp）	773.46	

3. 样品 A 的 Unigenes 组装结果

样品 A 的 Unigenes 统计及长度分布见表 4-6，样品 A 的 Unigenes 总数量为 38 663 条，总长度为 28 773 138 bp，平均长度为 744.20bp，N50 长度为 1 141bp，长度在 200～300bp、300～500bp、500～800bp、800～1 000bp、1 000～2 000bp 和大于 2 000bp 长度区间的序列数量分别为 9 963、10 178、6 283、2 660、7 404 和 2 175 条，分别占到总数量的 25.77%、26.32%、16.25%、6.88%、19.15% 和 5.63%。

表 4-6 **样品 A 的 Unigenes 分布情况表**

Unigenes 长度区间（bp）	数量	百分比（%）
200～300	9 963	25.77

Unigenes 长度区间（bp）	数量	百分比（%）
300~500	10 178	26. 32
500~800	6 283	16. 25
800~1 000	2 660	6. 88
1 000~2 000	7 404	19. 15
2 000+	2 175	5. 63
总长度（bp）	28 773 138	
数量	38 663	
N50 长度（bp）	1 141	
平均长度（bp）	744. 20	

4.3.3.2　样品 B 的组装统计分析

1. 样品 B 的 Contigs 组装结果

样品 B 的 Contigs 统计及分布见表4-7。从表中知，样品 B 的 Contigs 总数量为 491 952 条，总长度为 58 574 243bp，平均长度为 119. 06bp，N50 长度为 164bp，长度在 0~300bp、300~500bp、500~800bp、800~1 000bp、1 000~2 000bp 和大于 2 000bp 长度区间的序列数量分别为 463 555、11 094、6 756、2 680、6 391 和 1 476 条，分别占到总数量的 94. 23%、2. 26%、1. 37%、0. 54%、1. 30%和0. 30%。

表 4-7　　　　　　　　　　**样品 B 的 Contigs 分布情况表**

Contigs 长度区间（bp）	数量	百分比（%）
0~300	463 555	94. 23
300~500	11 094	2. 26
500~800	6 756	1. 37
800~1 000	2 680	0. 54
1 000~2 000	6 391	1. 30
2 000+	1 476	0. 30
总长度（bp）	58 574 243	
数量	491 952	
N50 长度（bp）	164	
平均长度（bp）	119. 06	

2. 样品 B 的 Transcript 组装结果

样品 B 的 Transcripts 统计分布见表 4-8，从表中知，样品 B 的 Transcripts 总数量为 47 295 条，总长度为 33 169 863 bp，平均长度为 701.34bp，N50 长度为 1 066bp，长度在 200~300bp、300~500bp、500~800bp、800~1 000bp、1 000~2 000bp 和大于 2 000bp 长度区间的序列数量分别为 14 409、11 339、7 644、3 323、8 347 和 2 233 条，分别占到总数量的 30.47%、23.98%、16.16%、7.03%、17.65%和 4.72%。

表 4-8　　　　　　　　　　　　样品 B 的 Transcripts 分布情况表

Transcript 长度区间（bp）	数量	百分比（%）
200~300	14 409	30.47
300~500	11 339	23.98
500~800	7 644	16.16
800~1 000	3 323	7.03
1 000~2 000	8 347	17.65
2 000+	2 233	4.72
总长度（bp）	33 169 863	
数量	47 295	
N50 长度（bp）	1 066	
平均长度（bp）	701.34	

3. 样品 B 的 Unigenes 组装结果

样品 B 的 Unigenes 统计分布见表 4-9，样品 B 的 Unigenes 总数量为 40 221 条，总长度为 26 127 327 bp，平均长度为 649.59bp，N50 长度为 978bp，长度在 200~300bp、300~500bp、500~800bp、800~1 000bp、1 000~2 000bp 和大于 2 000bp 长度区间的序列数量分别为 13 610、10 045、6 176、2 548、6 275 和 1 567 条，分别占到总数量的 33.84%、24.97%、15.36%、6.33%、15.60% 和 3.90%。

表 4-9　　　　　　　　　　　　样品 B 的 Unigenes 分布情况表

Unigenes 长度区间（bp）	数量	百分比（%）
200~300	13 610	33.84
300~500	10 045	24.97
500~800	6 176	15.36
800~1 000	2 548	6.33
1 000~2 000	6 275	15.60

续表

Unigenes 长度区间（bp）	数量	百分比（%）
2 000+	1 567	3.90
总长度（bp）	26 127 327	
数量	40 221	
N50 长度（bp）	978	
平均长度（bp）	649.59	

4.3.3.3　样品 C 的组装统计分析

1. 样品 C 的 Contigs 组装结果

对样品 C 组装得到的 Contigs 长度统计及分布见表 4-10。从表中知，样品 C 的 Contigs 总数量为 541 679 条，总长度为 66 316 702bp，平均长度 122.43bp，N50 长度为 155bp，长度在 0~300bp、300~500bp、500~800bp、800~1 000bp、1 000~2 000bp 和大于 2 000bp 长度区间的序列数量分别为 510 231、11 524、6 926、2 931、7 796 和 2 271 条，分别占到总数量的 94.19%、2.13%、1.28%、0.54%、1.44% 和 0.42%。

表 4-10　　　　　　　　　　　　　**样品 C 的 Contigs 分布情况表**

Contigs 长度区间（bp）	数量	百分比（%）
0~300	443 600	93.48
300~500	11 453	2.41
500~800	6 739	1.42
800~1 000	2 674	0.56
1 000~2 000	7 078	1.49
2 000+	3 007	0.63
总长度（bp）	64 264 216	
数量	474 551	
N50 长度（bp）	231	
平均长度（bp）	135.42	

2. 样品 C 的 Transcript 组装结果

样品 C 的 Transcripts 的统计及分布见表 4-11，从表中知，样品 C 的 Transcripts 的总数量为 59 297 条，总长度为 52 532 479 bp，平均长度为 885.92 bp，N50 长度为 1 480bp，长度在 200~300bp、300~500bp、500~800bp、800~1 000bp、1 000~2 000bp 和大于 2 000bp 长度区间的序列数量分别为 16 111、12 366、8 724、3 993、12 061 和 6 042 条，分别占到

总数量的 27.17%、20.85%、14.71%、6.73%、20.34% 和 10.19%。

表 4-11   **样品 C 的 Transcripts 分布情况表**

Transcript 长度区间（bp）	数量	百分比（%）
200~300	16 111	27.17
300~500	12 366	20.85
500~800	8 724	14.71
800~1 000	3 993	6.73
1 000~2 000	12 061	20.34
2 000+	6 042	10.19
总长度（bp）	52 532 479	
数量	59 297	
N50 长度（bp）	1 480	
平均长度（bp）	885.92	

3. 样品 C 的 Unigenes 组装结果

样品 C 的 Unigenes 统计长度分布见表 4-12，样品 C 的 Unigenes 的总数量为 42 497 条，总长度为 31 599 278 bp，平均长度为 743.56 bp，N50 长度为 1 253 bp，长度在 200~300bp、300~500bp、500~800bp、800~1 000bp、1 000~2 000bp 和大于 2 000bp 长度区间的序列数量分别为 14 451、9 946、5 894、2 359、6 732 和 3 115 条，分别占到总数量的 34.00%、23.40%、13.87%、5.55%、15.84% 和 7.33%。

表 4-12   **样品 C 的 Unigenes 分布情况表**

Unigenes 长度区间（bp）	数量	百分比（%）
200~300	14 451	34.00
300~500	9 946	23.40
500~800	5 894	13.87
800~1 000	2 359	5.55
1 000~2 000	6 732	15.84
2 000+	3 115	7.33
总长度（bp）	31 599 278	
数量	42 497	
N50 长度（bp）	1 253	
平均长度（bp）	743.56	

4.3.3.4　样品 D 的组装统计分析

1. 样品 D 的 Contigs 组装结果

对样品 D 的组装得到的 Contigs 统计分布见表4-13，从表中知，样品 D 的 Contigs 总数量为 691 283 条，总长度为 83 940 564 bp，平均长度为 121.43bp，N50 长度为 135 bp，长度在 0~300bp、300~500bp、500~800bp、800~1 000bp、1 000~2 000bp 和大于 2 000bp 长度区间的序列数量分别为 655 159、14 419、7 945、3 100、7 824 和 2 836 条，分别占到总数量的 94.77%、2.09%、1.15%、0.45%、1.13% 和 0.41%。

表 4-13　　　　　　　　　　　　　　　　样品 D 的 Contigs 分布情况表

Contigs 长度区间（bp）	数量	百分比（%）
0~300	655 159	94.77
300~500	14 419	2.09
500~800	7 945	1.15
800~1 000	3 100	0.45
1 000~2 000	7 824	1.13
2 000+	2 836	0.41
总长度（bp）	83 940 564	
条数	691 283	
N50 长度（bp）	135	
平均长度（bp）	121.43	

2. 样品 D 的 Transcript 组装结果

样品 D 的 Transcripts 统计分布见表4-14，从表中知，样品 D 的 Transcripts 总数量为 69 095 条，总长度为 56 033 779 bp，平均长度为 810.98bp，N50 长度为 1 290 bp，长度在 200~300bp、300~500bp、500~800bp、800~1 000bp、1 000~2 000bp 和大于 2 000bp 长度区间的序列数量分别为 17 658、17 172、11 221、4 675、12 633 和 5 736 条，分别占到总数量的 25.56%、24.85%、16.24%、6.77%、18.28% 和 8.30%。

表 4-14　　　　　　　　　　　　　　　样品 D 的 Transcripts 分布情况表

Transcript 长度区间（bp）	数量	百分比（%）
200~300	17 658	25.56
300~500	17 172	24.85
500~800	11 221	16.24
800~1 000	4 675	6.77

Transcript 长度区间（bp）	数量	百分比（%）
1 000~2 000	12 633	18.28
2 000+	5 736	8.30
总长度（bp）	56 033 779	
数量	69 095	
N50 长度（bp）	1 290	
平均长度（bp）	810.98	

3. 样品 D 的 Unigenes 组装结果

样品 D 的 Unigenes 统计及长度分布见表 4-15。样品 D 的 Unigenes 总数量为 46 923 条，总长度为 33 337 596 bp，平均长度为 710.47 bp，N50 长度为 1 120 bp，长度在 200~300bp、300~500bp、500~800bp、800~1 000bp、1 000~2 000bp 和大于 2 000bp 长度区间的序列数量分别为 14 267、12 714、7 059、2 790、7 306 和 2 787 条，分别占到总数量的 30.41%、27.10%、15.04%、5.95%、15.57% 和 5.94%。

表 4-15 **样品 D 的 Unigenes 分布情况表**

Unigenes 长度区间（bp）	数量	百分比（%）
200~300	14 267	30.41
300~500	12 714	27.10
500~800	7 059	15.04
800~1 000	2 790	5.95
1 000~2 000	7 306	15.57
2 000+	2 787	5.94
总长度（bp）	33 337 596	
数量	46 923	
N50 长度（bp）	1 120	
平均长度（bp）	710.47	

4.3.3.5 样品 E 的组装统计分析

1. 样品 E 的 Contigs 组装结果

对样品 E 组装得到的 Contigs 统计分布见表 4-16，从表中知，样品 E 的 Contigs 总数量为 1 605 890 条，总长度为 121 916 866bp，平均长度为 75.92bp，N50 长度为 87 bp，长度在 0~300bp、300~500bp、500~800bp、800~1 000bp、1 000~2 000bp 和大于 2 000bp 长

度区间的序列数量分别为 1 571 113、14 712、7 779、2 943、7 242 和 2 101 条，分别占到总数量的 97.83%、0.91%、0.48%、0.18%、0.45% 和 0.13%。

表 4-16　　　　　　　　　　　　**样品 E 的 Contigs 分布情况表**

Contigs 长度区间（bp）	数量	百分比（%）
0~300	1 571 113	97.83
300~500	14 712	0.91
500~800	7 779	0.48
800~1 000	2 943	0.18
1 000~2 000	7 242	0.45
2 000+	2 101	0.13
总长度（bp）	121 916 866	
数量	1 605 890	
N50 长度（bp）	87	
平均长度（bp）	75.92	

2. 样品 E 的 Transcript 组装结果

样品 E 的 Transcripts 统计分布见表 4-17，从表中知，样品 E 的 Transcripts 总数量为 79 577 条，总长度为 61 637 333 bp，平均长度为 774.56 bp，N50 长度为 1 173 bp，长度在 200~300bp、300~500bp、500~800bp、800~1 000bp、1 000~2 000bp 和大于 2 000bp 长度区间的序列数量分别为 20 319、18 277、13 447、6 272、16 565 和 4 697 条，分别占到总数量的 25.53%、22.96%、16.89%、7.88%、20.81% 和 5.90%。

表 4-17　　　　　　　　　　　　**样品 E 的 Transcripts 分布情况表**

Transcript 长度区间（bp）	数量	百分比（%）
200~300	20 319	25.53
300~500	18 277	22.96
500~800	13 447	16.89
800~1 000	6 272	7.88
1 000~2 000	16 565	20.81
2 000+	4 697	5.90
总长度（bp）	61 637 333	
数量	79 577	
N50 长度（bp）	1 173	
平均长度（bp）	774.56	

3. 样品 E 的 Unigenes 组装结果

样品 E 的 Unigenes 统计分布见表 4-18，样品 E 的 Unigenes 总数量为 44 203 条，总长度为 29 454 567 bp，平均长度为 666.35 bp，N50 长度为 1 047 bp，长度在 200~300bp、300~500bp、500~800bp、800~1 000bp、1 000~2 000bp 和大于 2 000bp 长度区间的序列数量分别为 15 124、11 237、6 198、2 568、6 988 和 2 088 条，分别占到总数量的 34.21%、25.42%、14.02%、5.81%、15.81% 和 4.72%。

表 4-18　　　　　　　　　　　　**样品 E 的 Unigenes 分布情况表**

Unigenes 长度区间（bp）	数量	百分比（%）
200~300	15 124	34.21
300~500	11 237	25.42
500~800	6 198	14.02
800~1 000	2 568	5.81
1 000~2 000	6 988	15.81
2 000+	2 088	4.72
总长度（bp）	29 454 567	
数量	44 203	
N50 长度（bp）	1 047	
平均长度（bp）	666.35	

4.3.3.6　样品 F 的组装统计分析

1. 样品 F 的 Contigs 组装结果

对样品 F 组装得到的 Contigs 统计分布见表 4-19，从表中知，样品 F 的 Contigs 总数量为 1 609 261 条，总长度为 129 646 437 bp，平均长度为 80.56 bp，N50 长度为 88 bp，长度在 0~300 bp、300~500 bp、500~800 bp、800~1 000 bp、1 000~2 000 bp 和大于 2 000 bp 长度区间的序列数量分别为 1 568 725、15 997、8 857、3 356、9 046 和 3 280 条，分别占到总数量的 97.48%、0.99%、0.55%、0.21%、0.56% 和 0.20%。

表 4-19　　　　　　　　　　　　**样品 F 的 Contigs 分布情况表**

Contigs 长度区间（bp）	数量	百分比（%）
0~300	1 568 725	97.48
300~500	15 997	0.99
500~800	8 857	0.55
800~1 000	3 356	0.21

续表

Contigs 长度区间（bp）	数量	百分比（%）
1 000~2 000	9 046	0. 56
2 000+	3 280	0. 20
总长度（bp）	129 646 437	
数量	1 609 261	
N50 长度（bp）	88	
平均长度（bp）	80. 56	

2. 样品 F 的 Transcript 组装结果

样品 F 的 Transcripts 统计分布见表 4-20，从表中知，样品 F 的 Transcripts 总数量为 92 833 条，总长度为 83 746 559 bp，平均长度为 902. 12 bp，N50 长度为 1 384 bp，长度在 200~300bp、300~500bp、500~800bp、800~1 000bp、1 000~2 000bp 和大于 2 000bp 长度区间的序列数量分别为 19 581、19 553、15 500、7 427、22 267 和 8 505 条，分别占到总数量的 21.09%、21.06%、16.70%、8.00%、23.99% 和 9.16%。

表 4-20　　　　　　　　　　**样品 F 的 Transcripts 分布情况表**

Transcript 长度区间（bp）	数量	百分比（%）
200~300	19 581	21. 09
300~500	19 553	21. 06
500~800	15 500	16. 70
800~1 000	7 427	8. 00
1 000~2 000	22 267	23. 99
2 000+	8 505	9. 16
总长度（bp）	83 746 559	
数量	92 833	
N50 长度（bp）	1 384	
平均长度（bp）	902. 12	

3. 样品 F 的 Unigenes 组装结果

样品 F 的 Unigenes 统计分布见表 4-21，样品 F 的 Unigenes 总数量为 46 660 条，总长度为 35 518 728 bp，平均长度为 761. 22 bp，N50 长度为 1 255 bp，长度在 200~300 bp、300~500 bp、500~800 bp、800~1 000 bp、1 000~2 000 bp 和大于 2 000 bp 长度区间的序列数量分别为 14 130、11 472、6 579、2 788、8 426 和 3 265 条，分别占到总数量的 30.28%、24.59%、14.10%、5.98%、18.06% 和 7.00%。

表 4-21　　　　　　　　　　　　　**样品 F 的 Unigenes 分布情况表**

Unigenes 长度区间（bp）	数量	百分比（%）
200~300	14 130	30.28
300~500	11 472	24.59
500~800	6 579	14.10
800~1 000	2 788	5.98
1 000~2 000	8 426	18.06
2 000+	3 265	7.00
总长度（bp）	35 518 728	
数量	46 660	
N50 长度（bp）	1 255	
平均长度（bp）	761.22	

4.3.4　Unigenes 数据库统计分析

将 6 个样品转录组测序获得的 Unigenes 数据库合并，即为荞麦属植物的 Unigenes 数据库，对其进行统计分析，结果见表 4-22。荞麦属植物的 Unigenes 数据库的基因总数量为 92 824 条，总长度为 57 885 350 bp，平均长度为 623.60bp，N50 长度为 1 031 bp，长度在 200~300bp、300~500bp、500~800bp、800~1 000bp、1 000~2 000bp 和大于 2 000bp 长度区间的序列数量分别为 37 578、25 593、10 422、3 573、10 692 和 4 966 条，分别占到总数量的 40.48%、27.57%、11.23%、3.85%、11.52% 和 5.35%。

表 4-22　　　　　　　　　　　　　**荞麦 Unigenes 基因数据库统计表**

Unigenes 长度区间（bp）	数量	百分比（%）
200~300	37 578	40.48
300~500	25 593	27.57
500~800	10 422	11.23
800~1 000	3 573	3.85
1 000~2 000	10 692	11.52
2 000+	4 966	5.35
总长度（bp）	57 885 350	
数量	92 824	
N50 长度（bp）	1 031	
平均长度（bp）	623.60	

4.3.5　Unigenes 基因数据库覆盖度评价

以 "Fagopyrum" 为关键词在 NCBI 中筛选已报道荞麦属植物的 mRNA 序列,共搜索到 736 条序列,移除重复序列和小片段后剩下 653 条序列,接下来将上述 653 条序列与转录组测序获得 Unigenes 数据库的所有序列进行一一比对,结果显示在 NCBI 中已报道的荞麦属植物的全部 mRNA 序列都可以在 Unigenes 数据库中找到同源序列,这表明转录组测序获得 Unigenes 库序列覆盖度较好,它可以用于将来的荞麦研究。

4.3.6　Unigenes 功能注释

通过对荞麦的 9.28 万个 Unigenes 基因进行注释,结果共有近 5.5 万个 Unigenes 基因得到了功能注释。其中在 COG、GO、KEGG、Swissprot、TrEMBL、nr 和 nt 分别有 17 795、36 929、14 421、40 086、51 323、51 363 和 35 036 条 Unigenes 序列获得注释(见表 4-23)。

表 4-23　　　　　　　　　　　　**Unigenes 基因注释统计表**

数据库名称	注释 Unigenes 基因数量
COG	17 795
GO	36 929
KEGG	14 421
Swissprot	40 086
TrEMBL	51 323
nr	51 363
nt	35 036
合计	55 015

从注释结果中筛选荞麦黄酮和维生素 E 合成相关基因序列,共获得黄酮合成相关基因序列 47 条和维生素 E 合成相关基因序列 31 条(见附录)。其中,47 条荞麦黄酮合成相关基因序列包括 3 条 C4H 基因序列、2 条 CHI 基因序列、9 条 CHS 基因序列、5 条 DFR 基因序列、2 条 F3H 基因序列、2 条 F3′H 基因序列、4 条 F3′5′H 基因序列、3 条 FNS 基因序列、3 条 PAL 基因序列、2 条 STS 基因序列、3 条 UFGT 基因序列、6 条 IF2′H 基因序列、3 条 ANS/LDOX 基因序列。而 31 条荞麦维生素 E 合成相关基因序列包括 1 条 AdeH 基因序列、3 条 GGPS 基因序列、3 条 CHL P 基因序列、1 条 HGGT 基因序列、3 条 HPPD 和 SLR0090 基因序列、1 条 HPT 基因序列、4 条 MPBQ MT 和 SLL0418 基因序列、4 条 PAT 基因序列、1 条 TC 基因序列、2 条 TMT 基因序列、8 条 TAT 基因序列。

4.4 讨论

　　长期以来、荞麦属植物的研究进展相对于其他作物来讲比较缓慢，一方面荞麦是蓼科植物，除了有部分植物为中药材外，蓼科的大部分植物的经济价值较小，且只有荞麦是粮食作物，相关的研究人员和研究经费较少，导致荞麦的相关研究进展缓慢；另一方面，荞麦属植物的起源相对比较独立，荞麦属与蓼科的其他植物亲缘关系也较远，这也是荞麦属植物在植物分类系统中被多次更改分类地位的原因之一，导致荞麦研究中缺少参考序列，而荞麦全基因测序又需要较长的时间和较多的经费，短时间内难以完成，然而转录组测序可以在短时间内获得大量的 Unigenes 基因序列，且花费低廉，所以、转录组测序是一个获得基因序列的有效手段，可广泛用于新基因发现、目的基因时空表达和转录分析等方面的应用。

　　通过对 SRA 数据（http：//www. ncbi. nlm. nih. gov/sra）搜索发现，目前已公布的荞麦转录组测序项目只有 7 个，这与其他粮食作物的 SRA 数据信息相比相差甚远，表明荞麦转录组测序研究还不够深入，需要进一步的加强。而有关荞麦转录组测序的文章仅见到 2 篇，Logacheva et al.（2011）对甜荞和苦荞的花序进行转录组测序分析，分别获得甜荞和苦荞的 2，500 个 contigs，对 13 个单拷贝基因进行系统发育分析发现荞麦与菊科有较近的亲缘关系[127]。Yasui Y et al.（2012）通过对长柱头和短柱头甜荞转录组测序分析发现 S-LOCUS EARLY FLOWERING 3（S-ELF3）基因与甜荞自交亲和性有关[128]。它们的转录组测序材料均为花序，本研究分别对不同种的不同部位的荞麦样品分别进行了转录组测序，获得了一个较为完整的荞麦转录本数据库，可为将来的荞麦研究提供参考基因序列。

第5章　金荞麦黄酮合成相关基因差异表达研究

采用实时定量 PCR 技术对 47 个转录组测序获得的荞麦黄酮合成基因在 9 株金荞麦叶片组织中的表达情况进行了研究，结果共有 37 个基因的扩增产物特异性较好，对它们的表达情况与黄酮含量间的相关性进行分析，结果表明 C4H2 基因和 F3′5′H2 基因的表达与金荞麦黄酮含量的相关性为显著相关，其他基因的表达与金荞麦黄酮含量的相关性不显著。生物信息学分析表明金荞麦 C4H2 基因序列与苦荞 C4H 基因的亲缘关系最近，符合金荞和苦荞都是荞麦属植物的结论，两个序列在相同区域有 90% 的相同。而金荞麦 F3′5′H2 基因的生物信息分析表明金荞麦 F3′5′H2 基因的 cDNA 全长为 2069bp，其中编码区全长 1599bp，编码 532 个氨基酸，由进化树分析可以看出金荞麦 F3′5′H2 基因属于细胞色素 P450 78A10 家族。

5.1　前言

黄酮化合物的生物合成途径是目前了解最清楚的植物次生代谢途径，尤其是花青素生物合成途径中几乎所有的基因都被克隆。目前，荞麦黄酮合成基因的很多基因已被克隆出来，张艳等（2008）、吴琦等（2010）、胡耀辉等（2011）、李成磊等（2011）、高帆等（2011）分别克隆了荞麦的查尔酮合成酶基因[129-133]；张华玲等（2010）克隆了苦荞黄烷酮 3-羟化酶基因的基因序列[134]；祝婷等（2010）克隆了荞麦的二氢黄酮醇 4-还原酶基因的基因序列[135]；李成磊等（2011）克隆了甜荞的苯丙氨酸解氨酶基因[136]；赵海霞等（2012）克隆了苦荞的类异黄酮还原酶基因[137]；陈鸿翰等（2012）克隆了苦荞的苦荞肉桂酸羟化酶基因[138]。以上研究克隆了荞麦的 5 种黄酮合成基因，但是在这些基因编码的酶类中，究竟哪些酶类起到重要作用尚未有准确的定论，金荞麦富含黄酮化合物，它是研究黄酮化合物合成代谢的良好材料，为了弄清黄酮化合物代谢机理以及合理利用和开发高黄酮含量的金荞麦品种，就必须弄清楚金荞麦黄酮合成代谢途径基因表达情况，但是人们对该方面的研究还不够深入，本研究采用 RT-PCR 技术验证和分析 47 条荞麦黄酮合成途径基因在金荞麦叶片中的差异表达情况，并对关键基因进行了生物信息学分析，为利用基因工程方法提高黄酮含量和改良品质等方面的研究提供技术储备和理论依据。

5.2　材料和方法

5.2.1　材料

根据第二章测量结果选取黄酮含量高、中、低三个类型的代表收集系（品系或品种）

各 3 个，合计 9 个金荞麦收集系材料，见表 5-1。

表 5-1 典型荞麦收集系材料表

序号	编号	序号	编号	序号	编号
1	A1-1-3B	4	A10-1-2B	7	B3-3-6
2	A3-1-1A	5	A11-4-1A	8	B5-8-1B
3	A5-7-2	6	B2-1-3	9	B7-2-2A

5.2.2 方法

5.2.2.1 黄酮含量测量

使用本研究第三章确定的金荞麦叶黄酮含量测定的最适方法，即 AlCl$_3$-HAC（缓冲液）显色法（392.5 nm）。

5.2.2.2 RNA 提取

取 50~100 mg 金荞麦叶片液氮研磨至粉末，置 1.5 ml 离心管中，加入 1.0 ml Trizol 充分匀浆，室温静置 5 min。加入 0.2 ml 氯仿，剧烈振荡 15 s，静置 3min 后 4℃ 12 000 r/min离心 10 min，取上清置于新的离心管中，加入 0.5 ml 异丙醇，混匀，冰上静置 20~30 min。4℃ 12 000 r/min 离心 10 min，弃上清液，加入 1.0 ml 75% 乙醇洗涤沉淀两次。4℃ 12 000 r/min 离心 5 min，弃上清液。室温放置晾干或超净台中吹干 5 min 左右，加入适量的 Rnase-free H$_2$O 溶解。

5.2.2.3 第一链 cDNA 合成

（1）在 0.2 ml PCR 管中依次加入 5.0 μl Total RNA、1.0 μl Random Primer p（dN）6（0.2 μg/μl）和 5.0 μl Rnase-free ddH$_2$O。

（2）70℃ 温浴 5 min。

（3）冰浴 10 s 后依次加入 4.0 μl 5×Reaction Buffer、2.0 μl dNTP Mix（10 mmol/L）、1.0 μl Rnase inhibitor（20U/μl）、2.0 μl AMV Reverse Transcriptase（10U/μl）。

（4）37℃ 温浴 5 min。

（5）42℃ 温浴 60 min。

（6）70℃ 温浴 10 min 后终止反应。

（7）将上述溶液−20℃ 保存。

5.2.2.4 引物设计与合成

本研究选择 Actin 为管家基因。依据实时定量 PCR 引物设计原则，依据转录组测序中获得的荞麦黄酮生物合成过程中的相关基因序列，采用 Primer Premier 5.0 软件设计相关基因的特异性引物（见表 5-2）。

表 5-2　　　　　　　　　　　**金荞麦黄酮生物合成相关基因实时定量 PCR 引物表**

基因名称		引物序列
Actin	F	GACTACGAGCAAGAGCTGGAAA
	R	ATTGAAGGCTGGAAGAGGACC
C4H1	F	CCTTGCAGATTTTCAGGTAGCC
	R	CCTTGAACGGAGAGAGGAGTAGA
C4H2	F	ACACGCAGGGAGTGGAGTT
	R	CGACGAGTGAGGTTCAAAGAA
C4H3	F	CGCAGCATGAAAATGTCCC
	R	GGTTTTCGGGAACTGGCT
CHI1	F	CAAATACCTCAAGAAGGGTGATG
	R	CTCCCACAACCAACTCAATCTC
CHI2	F	CCTTGTCTTTGCTTGGAACAG
	R	TCCTCTTTAGTCTTGGCTGATG
CHS1	F	TCCGTCACCGAACAAAGC
	R	GAGATAACCGCCATTTGCTT
CHS2	F	CCCTGTGTATGCTTCTCCTCTT
	R	CCTTCACCTTGCGTTTTCTG
CHS3	F	GTCCAAATCCAAACAGAACGC
	R	AAGGAAGAGAAACTGAGAGCAACT
CHS4	F	TTTCTCGGCTCTTGACATTGAT
	R	TTCCTCGTTGCTCTAAGTTTCTC
CHS5	F	ATGTCACAACCCACCACCAAC
	R	ATAGCCGAGAACAACAGAGGG
CHS6	F	GCCGTAATCAGACAGCACTTG
	R	GGACTGGAACTCGCTCTTCT
CHS7	F	GGTTCTCATCATCTCATCTATTTGG
	R	TTGGGTTGGGTCAAGATACATT
CHS8	F	ATGGCAATCTCCTATCATCGTT
	R	TGCCTAAGTTATATTGAGTGGTCC
CHS9	F	GCGTCCTTGAACTTATTGGAGTA
	R	AAAACCGTGGGCTGTAGAAG
DFR1	F	ATGGAAGCATCAAAAGAACCC
	R	TCGAAGGCGCATATGAAAGA

基因名称		引物序列
DFR2	F	CAGGAAGTTGTAGAGTTGGGTAGA
	R	CCGCTAATGGTAGGTATTGTTTG
DFR3	F	CGAATAGTTGCGTTGACAGAGT
	R	GGAGGAGAGAAAGGGAGAGTGT
DFR4	F	TGGTTCCGTTTGGGACTAT
	R	AGCCATGAGCCGATAAAGC
DFR5	F	ATGAACCACACTCGCATTGAT
	R	TAAGGAGGTAGGCGTTGACTTG
F3H1	F	ACACAGATTTCAACACCCTCAC
	R	CCCGACATTCACAACAAAAGAT
F3H2	F	GATTTGGGATGAAGAGCAAGAG
	R	TCTGGAGGAGAAACGGAGATAC
F3'H1	F	TAGGGAGGAGAAGTGGGATTG
	R	GGGACGAGACCGAGTTGTAA
F3'H2	F	CGGCTATGAACTTGGGACTC
	R	GAGAATGCGTGACCGTAAAATC
F3'5'H1	F	CGAAATCTTGACCCTTGACATC
	R	CCCCTCGGTGTATGAAAATC
F3'5'H2	F	TCACTTTCCTTTGTTGGGTAGG
	R	CCAGACCTTTTCATCTTGTGTTC
F3'5'H3	F	CACCATATTCAAGTAGCCCAAA
	R	GCATCCAAGAGTGATGAGACAA
F3'5'H4	F	CAATGGTGTTCGCTTTGTCA
	R	TTCTCTTGCGTCTTTGCTACAT
FNS1	F	TTTTCCCTCTTTCTTCACTCCC
	R	CGAGTCATCAACAACAATCCAA
FNS2	F	CTCATCCTGCTCGTGGAACT
	R	CTCGGAAAAGGGAACAACTG
FNS3	F	CATAGCCAATCACCTTCACAAG
	R	GCATCAGCAAACTAAGCACTGT
PAL1	F	TAAGCCCAAGGAGTTCACATCT
	R	TTATGGTTTCAAGGGAGCAGAA
PAL2	F	CAGATAGCTTGGAACACCCTGT
	R	GAGTTGGGAGGAGAGTACCTGA

续表

基因名称		引物序列
PAL3	F	TTGAGGTGCTGACATTCTTCTC
	R	CAAAGTGGTGGACAGGGAGTAT
STS1	F	ATGTCACAACCCACCACCAAC
	R	ATAGCCGAGAACAACAGAGGG
STS2	F	TGAACGACCACTCTTCCAACT
	R	AGCCTTAGTCAAACACTTCTCTATG
UFGT1	F	TACGGGTAACTTGTCTTCATTCAC
	R	GATGTTGTATGTTTGTGAAGGATGT
UFGT2	F	TTGTTCATCTCCTTTGGAAGTG
	R	TCAAGTGGGTTATGCTCACATT
UFGT3	F	AGGTGGAGAGAGTGGTGAGAAT
	R	TTGGGGTTCATAGTAGCATCTTC
IF2′H1	F	GTCCTATTTGAGAAAACCGATGC
	R	GCTATTGTTACCCATTTCATCTGC
IF2′H2	F	ATCCGCCTGAGAAACAATCTAA
	R	CCAACCGTCCTCGCTTTAT
IF2′H3	F	GAGTGGAAGAGGTTGGGAGAA
	R	CAATGGCTTGATCTTAGGCG
IF2′H4	F	TTTTGAGGTGGGTTGGATTTG
	R	CAACGCAAGAAGTTCATCCATC
IF2′H5	F	TCCACTCTTGTCATCCTATTTTCTC
	R	GGCTTTCTGGCATTTCTCAG
IF2′H6	F	CATAGAATGGGCAATGTCACTC
	R	GTTTGGTTTACTCTGCGGTTTT
ANS1	F	CCGAGGATAAACAATAAGGTGAAG
	R	TTGAAGGCTACGGAAGTGATAA
ANS2	F	AGGATTGTTTGATGAGGGAAGA
	R	AAGCAGTATGGTAAGGGCAGAC
ANS3	F	CATCATCGGACATAGGGTAGTT
	R	GCCATTTGAGGAGAGACAGAAG

5.2.2.5 实时荧光定量 PCR

采用 SYBR Green I 荧光染料法以代表株系反转录的 cDNA 为模板进行定量 PCR 扩增，扩增体系为：10.0 µl 2X SybrGreen qPCR Master Mix，上下游引物各 1.0 µl（10µmol/L），1.0 µl cDNA，7.0 µl ddH$_2$O，总体积 20.0 µl。反应程序为：95℃预变性 2 min；95℃ 10 s；60℃ 40 s；40 循环。每个实验设置 3 次重复，相对表达量采用 2$^{-(\Delta\Delta Ct)}$ 计算。

5.2.2.6 相关性分析

根据 9 株金荞麦品系的相对表达量，使用 SPSS17.0 分析各黄酮合成相关基因与黄酮含量间的关系。

5.2.2.7 金荞麦黄酮合成关键基因生物信息学分析

1. 金荞麦 C4H2 基因的生物信息学分析

由于转录组测序获得的金荞麦 C4H2 基因的序列只有 267bp，无法进行深入的生物信息学分析，本研究仅对其进行进化树构建，建树过程如下：同源性序列搜索采用 tblastn（http：//blast.ncbi.nlm.nih.gov/Blast.cgi）在线搜索，然后将搜索获得的序列使用 ClustalX2 进行多序列比对，接着使用 Modelgenerator 0.85 选择进化树构建的模型，最后采用 PhyML 3.0（http：//www.atgc-montpellier.fr/phyml）构建进化树。最终将金荞麦 C4H2 基因序列与进化树中亲缘关系最近的序列使用 DNAMAN 软件进行比对分析。

2. 金荞麦 F3′5′H2 基因的生物信息学分析

采用 NCBI 中的 ORF Finder（http：//www.ncbi.nlm.nih.gov/gorf/gorF.html）寻找可能的 ORF；并采用 ProtParam（http：//web.expasy.org/protparam/）在线预测其理化性质；采用 NetPhos（http：//www.cbs.dtu.dk/services/NetPhos/）在线预测磷酸化修饰位点；采用 NetNGlyc（http：//www.cbs.dtu.dk/services/NetNGlyc/）在线预测 N-糖基化修饰位点；采用 TargetP（http：//www.cbs.dtu.dk/services/TargetP/）在线预测细胞定位，采用 SOPMA（http：//npsa-pbilibcp.fr/cgi-bin/）在线预测蛋白的二级结构；采用 TMHMM（http：//www.cbs.dtu.dk/services/TMHMM/）在线预测跨膜结构；采用 motif scan（http：//myhits.isb-sib.ch/cgi-bin/motif_scan）在线搜索 motif 结构；同源性序列搜索采用 blastp 在线搜索，建树过程同 5.2.2.6 中的方法。

5.3 结果与分析

5.3.1 黄酮含量测定结果

9 株金荞麦的黄酮含量结果见表 5-3。由表 5-3 可以看出，不同品系的金荞麦材料的黄酮含量不相同，它们黄酮含量的范围在 4.6621 ~ 13.5462 mg/g 之间，表明材料的选择较有代表性。

表 5-3 金荞麦黄酮含量测定结果

编号	黄酮含量（mg/g）	编号	黄酮含量（mg/g）	编号	黄酮含量（mg/g）
A1-1-3B	4.6621	A10-1-2B	7.6581	B3-3-6	10.6749
A3-1-1A	5.6167	A11-4-1A	6.4766	B5-8-1B	13.5462
A5-7-2	11.3818	B2-1-3	12.5300	B7-2-2A	12.0459

5.3.2　RNA 提取

采用柱式植物总 RNA 抽提纯化试剂盒提取总 RNA，结果 9 个品系的金荞麦总 RNA 电泳主带清晰，28S rRNA 和 18S rRNA 条带的亮度表明 RNA 非常完整（见图 5-1）。经紫外分光光度计检测，RNA 样品的 A260/280 在 1.9~2.1 之间，表明 RNA 纯度较高，可以用于后续的实验。

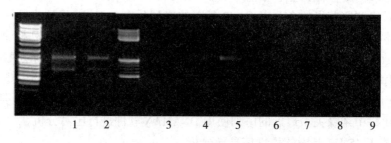

图 5-1　RNA 电泳结果

5.3.3　相对定量结果

本研究比较了 47 个转录组测序获得的荞麦黄酮合成相关基因在 9 株金荞麦植株叶片组织中的表达情况，共有 37 个基因的熔解曲线均为单峰，表明扩增产物特异性较好（见表 5-4），其中包括 3 个 C4H 基因，2 个 CHI 基因，7 个 CHS 基因，4 个 DFR 基因，2 个 F3H 基因，2 个 F3′H 基因，2 个 F3′5′H 基因，3 个 FNS 基因，3 个 UFGT 基因，6 个 IF2′H 基因和 3 个 ANS 基因。

5.3.4　相关性分析

应用 SPSS 软件对 37 个金荞麦黄酮合成基因在 9 个品系中表达情况进行相关性分析（见表 5-5），结果表明 C4H2 基因和 F3′5′H2 基因的表达与金荞麦黄酮含量的相关性为显著相关，其他基因的表达与金荞麦黄酮含量的相关性不显著。但是其他的基因也可以通过影响 C4H2 基因和 F3′5′H2 基因的表达来影响金荞麦黄酮的合成，具体如下：C4H2 基因与 CHS4、F3H1 基因的表达相关性为极显著相关，C4H2 基因与 CHS7、CHS9、F3′H1、FNS2、UFGT2、UFGT3、IF2′H4 等 7 个基因的表达相关性为显著相关；F3′5′H2 基因与 CHS1、CHS8 等 2 个基因的表达相关性为极显著相关，F3′5′H2 基因与 C4H1、C4H3、CHS7、CHS9、DFR3、F3H1、F3′H1、FNS2、UFGT1、UFGT3、ANS3 等 11 个基因的表达相关性为显著相关。

表 5-4

金荞麦黄酮合成途径相关基因 RT-PCR 测量结果

编号	黄酮含量（mg/g）	C4H1	C4H2	C4H3	CHI1	CHI2	CHS1	CHS2	CHS4	CHS5	CHS7	CHS8	CHS9	DFR1	DFR2	DFR3	DFR5	F3H1	F3H2	F3'H1
A1-1-3B	4.66	1.0000	1.0000	1.0000	1.0000	1.0000	1.0000	1.0000	1.0000	1.0000	1.0000	1.0000	1.0000	1.0000	1.0000	1.0000	1.0000	1.0000	1.0000	1.0000
A3-1-1A	5.62	0.2416	1.0356	0.6668	0.4950	2.3968	0.4599	0.5258	2.1083	0.3264	0.5658	0.3110	0.6486	0.4181	0.3841	0.6652	0.8260	0.7367	0.4243	1.0050
A11-4-1A	6.48	0.0700	0.1803	0.0501	0.4507	2.8952	0.5046	0.6263	1.2411	0.3150	0.8452	0.5434	0.5640	0.3951	0.3588	0.6270	0.6868	1.0463	0.4574	0.7990
A10-1-2B	7.66	0.5612	1.3435	3.6188	0.6332	2.5713	1.9523	0.4731	1.7992	1.2597	1.1153	2.3878	1.0907	1.0087	0.6122	1.9144	1.0065	1.1585	1.6280	2.6409
B3-3-6	10.67	0.1356	1.4469	2.8147	0.3319	2.6930	0.4942	0.4519	1.9300	1.4452	0.8723	1.3425	1.0383	0.6416	0.3272	1.1286	0.6404	1.8400	0.4603	2.7294
A5-7-2	11.38	0.2406	1.7558	0.5674	0.3343	2.6119	1.1103	1.0087	1.0254	0.1864	0.4785	0.7530	0.4322	0.3581	0.3772	0.5742	0.6742	0.5439	0.5196	0.6414
B7-2-2A	12.05	0.3897	2.5205	1.1436	1.4654	1.0875	0.9452	1.1153	1.8117	0.5791	1.4323	1.4124	1.0334	0.4631	0.3780	0.9407	0.7519	0.4293	0.8930	1.4948
B2-1-3	12.53	0.0705	5.1997	0.6289	0.6764	2.4436	0.5313	0.5638	2.9056	0.8258	0.9938	0.6320	0.9390	0.5959	0.4698	0.7904	0.8768	1.8346	0.6914	1.3357
B5-8-1B	13.55	2.1082	6.2942	9.6470	1.2160	3.0817	4.1555	0.8409	4.6920	2.4087	3.0154	5.0906	3.9356	1.3041	1.2768	3.3741	3.8856	7.7158	1.0910	9.1518

编号	黄酮含量（mg/g）	F3'H2	F3'5'H1	F3'5'H2	FNS1	FNS2	FNS3	UFGT1	UFGT2	UFGT3	IF2'H1	IF2'H2	IF2'H3	IF2'H4	IF2'H5	IF2'H6	ANS1	ANS2	ANS3
A1-1-3B	4.66	1.0000	1.0000	1.0000	1.0000	1.0000	1.0000	1.0000	1.0000	1.0000	1.0000	1.0000	1.0000	1.0000	1.0000	1.0000	1.0000	1.0000	1.0000
A3-1-1A	5.62	0.4523	0.5310	0.5119	1.0998	0.4013	0.9638	5.0234	1.0818	0.5992	1.0516	0.9300	0.7640	0.8936	0.5617	0.8143	0.3763	0.7074	0.8478
A11-4-1A	6.48	0.4776	0.5521	0.6492	0.7971	0.3946	1.2620	4.6516	1.4076	0.7964	0.2302	0.7610	0.3587	0.5167	0.5057	0.9686	0.2960	1.2242	0.6016
A10-1-2B	7.66	0.8608	0.9953	1.6679	0.5083	1.4388	0.6865	13.7271	0.5505	1.5193	1.0442	2.9919	1.3793	0.9776	0.6529	1.0611	0.8475	1.2176	1.9865
B3-3-6	10.67	0.8056	0.7258	1.3671	0.3046	0.9613	1.9396	3.7243	1.6736	1.2021	0.3663	1.7866	1.3651	1.4149	0.6450	0.8785	0.9299	1.0637	1.7282
A5-7-2	11.38	0.2226	0.1898	0.2605	0.2088	0.3877	0.7184	14.7149	1.1292	0.4953	0.5772	0.5390	0.5185	0.4529	0.3303	0.5030	0.1557	0.9837	0.4412
B7-2-2A	12.05	0.4481	0.5767	1.3231	0.4071	0.7614	1.3240	9.4027	0.6534	0.8001	0.2518	1.6072	1.2294	1.3401	0.5888	0.5484	0.3570	0.3879	1.2834
B2-1-3	12.53	0.7438	0.9537	1.2425	1.3179	0.6469	1.0718	1.2587	2.2088	0.9296	0.6549	0.4725	0.8468	1.1134	1.0618	0.9154	0.3772	0.6929	0.8907
B5-8-1B	13.55	0.9613	1.2473	3.2094	1.2705	4.3666	3.2626	14.1639	1.9340	3.7105	1.9452	9.4064	2.0929	2.5697	1.0481	1.1543	1.3440	0.6419	3.1779

65

表 5-5　　　　　　　　金荞麦黄酮合成相关基因与黄酮含量间的相关性

	含量	C4H1	C4H2	C4H3	CHI1	CHI2	CHS1	CHS2
含量	1.000	0.218	0.768*	0.425	0.289	0.261	0.407	0.204
C4H1	0.218	1.000	0.548	0.858**	0.600	0.048	0.918**	0.331
C4H2	0.768*	0.548	1.000	0.620	0.449	0.289	0.624	0.098
C4H3	0.425	0.858**	0.620	1.000	0.373	0.438	0.936**	-0.034
CHI1	0.289	0.600	0.449	0.373	1.000	-0.564	0.477	0.623
CHI2	0.261	0.048	0.289	0.438	-0.564	1.000	0.307	-0.600
CHS1	0.407	0.918**	0.624	0.936**	0.477	0.307	1.000	0.197
CHS2	0.204	0.331	0.098	-0.034	0.623	-0.600	0.197	1.000
CHS4	0.600	0.658	0.888**	0.808**	0.393	0.424	0.728*	-0.143
CHS5	0.386	0.790*	0.590	0.909**	0.374	0.263	0.792*	-0.125
CHS7	0.508	0.882**	0.757*	0.909**	0.688*	0.160	0.895**	0.225
CHS8	0.467	0.886**	0.633	0.978**	0.502	0.304	0.969**	0.105
CHS9	0.479	0.914**	0.752*	0.957**	0.541	0.284	0.921**	0.122
DFR1	0.089	0.860**	0.439	0.797*	0.446	0.050	0.804**	0.008
DFR2	0.070	0.953**	0.505	0.739*	0.546	-0.038	0.816**	0.287
DFR3	0.381	0.884**	0.615	0.980**	0.454	0.331	0.956**	-0.008
DFR5	-0.291	0.484	0.175	0.247	0.393	-0.287	0.387	-0.020
F3H1	0.550	0.853**	0.805**	0.938**	0.471	0.377	0.879**	0.084
F3H2	0.284	0.806**	0.556	0.528	0.883**	-0.437	0.649	0.608
F3′H1	0.499	0.861**	0.706*	0.988**	0.418	0.413	0.920**	0.002
F3′H2	-0.052	0.592	0.316	0.556	0.312	-0.056	0.459	-0.220
F3′5′H1	0.104	0.681*	0.550	0.665	0.462	0.024	0.607	-0.187
F3′5′H2	0.697*	0.708*	0.646	0.783*	0.291	0.359	0.860**	0.304
FNS1	0.040	0.239	0.417	0.321	-0.033	0.245	0.083	-0.490
FNS2	0.428	0.930**	0.690*	0.979**	0.492	0.313	0.958**	0.095
FNS3	0.516	0.721*	0.659	0.858**	0.393	0.353	0.702*	0.043
UFGT1	0.408	0.397	0.195	0.512	0.146	0.329	0.662	0.262
UFGT2	0.479	0.143	0.689*	0.303	-0.156	0.515	0.143	-0.289
UFGT3	0.421	0.893**	0.694*	0.987**	0.437	0.381	0.936**	0.000

续表

	含量	C4H1	C4H2	C4H3	CHI1	CHI2	CHS1	CHS2
IF2′H1	0.083	0.865**	0.512	0.770*	0.314	0.243	0.831**	−0.002
IF2′H2	0.484	0.884**	0.730*	0.982**	0.471	0.383	0.950**	0.039
IF2′H3	0.450	0.768*	0.547	0.866**	0.557	0.076	0.786*	0.013
IF2′H4	0.547	0.794*	0.730*	0.871**	0.601	0.136	0.768*	0.070
IF2′H5	0.177	0.574	0.655	0.438	0.480	−0.134	0.409	−0.020
IF2′H6	−0.218	0.529	0.288	0.595	0.061	0.337	0.481	−0.478
ANS1	0.064	0.796*	0.324	0.795*	0.349	0.073	0.693*	−0.082
ANS2	−0.520	−0.242	−0.548	−0.121	−0.688*	0.357	−0.173	−0.443

	CHS4	CHS5	CHS7	CHS8	CHS9	DFR1	DFR2	DFR3
含量	0.600	0.386	0.508	0.467	0.479	0.089	0.070	0.381
C4H1	0.658	0.790*	0.882**	0.886**	0.914**	0.860**	0.953**	0.884**
C4H2	0.888**	0.590	0.757*	0.633	0.752*	0.439	0.505	0.615
C4H3	0.808**	0.909**	0.909**	0.978**	0.957**	0.797*	0.739*	0.980**
CHI1	0.393	0.374	0.688*	0.502	0.541	0.446	0.546	0.454
CHI2	0.424	0.263	0.160	0.304	0.284	0.050	−0.038	0.331
CHS1	0.728*	0.792*	0.895**	0.969**	0.921**	0.804**	0.816**	0.956**
CHS2	−0.143	−0.125	0.225	0.105	0.122	0.008	0.287	−0.008
CHS4	1.000	0.752*	0.835**	0.771*	0.877**	0.565	0.563	0.788*
CHS5	0.752*	1.000	0.831**	0.891**	0.885**	0.888**	0.749*	0.916**
CHS7	0.835**	0.831**	1.000	0.935**	0.970**	0.748*	0.778*	0.912**
CHS8	0.771*	0.891**	0.935**	1.000	0.950**	0.824**	0.768*	0.988**
CHS9	0.877**	0.885**	0.970**	0.950**	1.000	0.787*	0.816**	0.944**
DFR1	0.565	0.888**	0.748*	0.824**	0.787*	1.000	0.906**	0.873**
DFR2	0.563	0.749*	0.778*	0.768*	0.816**	0.906**	1.000	0.793*
DFR3	0.788*	0.916**	0.912**	0.988**	0.944**	0.873**	0.793*	1.000
DFR5	0.222	0.365	0.296	0.323	0.294	0.704*	0.643	0.416
F3H1	0.907**	0.851**	0.951**	0.912**	0.986**	0.701*	0.746*	0.900**
F3H2	0.463	0.586	0.764*	0.639	0.689*	0.713*	0.828**	0.611
F3′H1	0.872**	0.906**	0.934**	0.965**	0.982**	0.765*	0.738*	0.961**
F3′H2	0.430	0.809**	0.526	0.548	0.563	0.880**	0.720*	0.628

续表

	CHS4	CHS5	CHS7	CHS8	CHS9	DFR1	DFR2	DFR3
F3′5′H1	0.644	0.834**	0.699*	0.672*	0.706*	0.899**	0.775*	0.747*
F3′5′H2	0.608	0.661	0.715*	0.829**	0.760*	0.571	0.582	0.770*
FNS1	0.569	0.515	0.296	0.186	0.402	0.346	0.320	0.272
FNS2	0.830**	0.904**	0.950**	0.978**	0.989**	0.841**	0.839**	0.977**
FNS3	0.803**	0.808**	0.860**	0.796*	0.895**	0.552	0.587	0.770*
UFGT1	0.239	0.234	0.392	0.587	0.390	0.234	0.201	0.522
UFGT2	0.605	0.374	0.305	0.188	0.393	0.122	0.186	0.206
UFGT3	0.844**	0.922**	0.941**	0.971**	0.981**	0.838**	0.808**	0.979**
IF2′H1	0.702*	0.696*	0.689*	0.758*	0.796*	0.803**	0.853**	0.814**
IF2′H2	0.878**	0.880**	0.952**	0.975**	0.986**	0.783*	0.770*	0.973**
IF2′H3	0.733*	0.929**	0.840**	0.893**	0.855**	0.812**	0.663	0.897**
IF2′H4	0.876**	0.896**	0.919**	0.866**	0.935**	0.715*	0.683*	0.859**
IF2′H5	0.613	0.654	0.580	0.446	0.592	0.711*	0.719*	0.507
IF2′H6	0.479	0.684*	0.491	0.520	0.548	0.762*	0.641	0.627
ANS1	0.532	0.931**	0.698*	0.776*	0.766*	0.929**	0.809**	0.821**
ANS2	−0.492	−0.080	−0.409	−0.188	−0.336	0.039	−0.122	−0.135
	DFR5	F3H1	F3H2	F3′H1	F3′H2	F3′5′H1	F3′5′H2	FNS1
含量	−0.291	0.550	0.284	0.499	−0.052	0.104	0.697*	0.040
C4H1	0.484	0.853**	0.806**	0.861**	0.592	0.681*	0.708*	0.239
C4H2	0.175	0.805**	0.556	0.706*	0.316	0.550	0.646	0.417
C4H3	0.247	0.938**	0.528	0.988**	0.556	0.665	0.783*	0.321
CHI1	0.393	0.471	0.883**	0.418	0.312	0.462	0.291	−0.033
CHI2	−0.287	0.377	−0.437	0.413	−0.056	0.024	0.359	0.245
CHS1	0.387	0.879**	0.649	0.920**	0.459	0.607	0.860**	0.083
CHS2	−0.020	0.084	0.608	0.002	−0.220	−0.187	0.304	−0.490
CHS4	0.222	0.907**	0.463	0.872**	0.430	0.644	0.608	0.569
CHS5	0.365	0.851**	0.586	0.906**	0.809**	0.834**	0.661	0.515
CHS7	0.296	0.951**	0.764*	0.934**	0.526	0.699*	0.715*	0.296
CHS8	0.323	0.912**	0.639	0.965**	0.548	0.672*	0.829**	0.186
CHS9	0.294	0.986**	0.689*	0.982**	0.563	0.706*	0.760*	0.402

续表

	DFR5	F3H1	F3H2	F3′H1	F3′H2	F3′5′H1	F3′5′H2	FNS1
DFR1	0.704*	0.701*	0.713*	0.765*	0.880**	0.899**	0.571	0.346
DFR2	0.643	0.746*	0.828**	0.738*	0.720*	0.775*	0.582	0.320
DFR3	0.416	0.900**	0.611	0.961**	0.628	0.747*	0.770*	0.272
DFR5	1.000	0.175	0.550	0.217	0.667*	0.724*	0.077	0.150
F3H1	0.175	1.000	0.617	0.974**	0.494	0.649	0.757*	0.448
F3H2	0.550	0.617	1.000	0.563	0.567	0.660	0.501	0.117
F3′H1	0.217	0.974**	0.563	1.000	0.537	0.664	0.786*	0.389
F3′H2	0.667*	0.494	0.567	0.537	1.000	0.939**	0.223	0.600
F3′5′H1	0.724*	0.649	0.660	0.664	0.939**	1.000	0.326	0.586
F3′5′H2	0.077	0.757*	0.501	0.786*	0.223	0.326	1.000	−0.071
FNS1	0.150	0.448	0.117	0.389	0.600	0.586	−0.071	1.000
FNS2	0.346	0.961**	0.669*	0.984**	0.594	0.719*	0.792*	0.338
FNS3	−0.090	0.930**	0.486	0.902**	0.437	0.521	0.614	0.532
UFGT1	−0.011	0.357	0.143	0.458	−0.211	−0.085	0.747*	−0.582
UFGT2	−0.186	0.515	0.047	0.390	0.252	0.320	0.248	0.748*
UFGT3	0.328	0.963**	0.616	0.987**	0.621	0.745*	0.762*	0.390
IF2′H1	0.626	0.736*	0.546	0.772*	0.554	0.665	0.594	0.354
IF2′H2	0.298	0.970**	0.609	0.991**	0.529	0.686*	0.790*	0.335
IF2′H3	0.362	0.795*	0.636	0.871**	0.677*	0.735*	0.658	0.334
IF2′H4	0.227	0.920**	0.670*	0.920**	0.599	0.709*	0.640	0.511
IF2′H5	0.643	0.568	0.701*	0.495	0.823**	0.889**	0.225	0.693*
IF2′H6	0.583	0.518	0.292	0.552	0.829**	0.847**	0.129	0.619
ANS1	0.485	0.694*	0.596	0.769*	0.892**	0.830**	0.486	0.497
ANS2	−0.010	−0.344	−0.474	−0.242	0.129	−0.069	−0.179	−0.116
	FNS2	FNS3	UFGT1	UFGT2	UFGT3	IF2′H1	IF2′H2	IF2′H3
含量	0.428	0.516	0.408	0.479	0.421	0.083	0.484	0.450
C4H1	0.930**	0.721*	0.397	0.143	0.893**	0.865**	0.884**	0.768*
C4H2	0.690*	0.659	0.195	0.689*	0.694*	0.512	0.730*	0.547
C4H3	0.979**	0.858**	0.512	0.303	0.987**	0.770*	0.982**	0.866**
CHI1	0.492	0.393	0.146	−0.156	0.437	0.314	0.471	0.557

续表

	FNS2	FNS3	UFGT1	UFGT2	UFGT3	IF2'H1	IF2'H2	IF2'H3
CHI2	0.313	0.353	0.329	0.515	0.381	0.243	0.383	0.076
CHS1	0.958**	0.702*	0.662	0.143	0.936**	0.831**	0.950**	0.786*
CHS2	0.095	0.043	0.262	-0.289	0.000	-0.002	0.039	0.013
CHS4	0.830**	0.803**	0.239	0.605	0.844**	0.702*	0.878**	0.733*
CHS5	0.904**	0.808**	0.234	0.374	0.922**	0.696*	0.880**	0.929**
CHS7	0.950**	0.860**	0.392	0.305	0.941**	0.689*	0.952**	0.840**
CHS8	0.978**	0.796*	0.587	0.188	0.971**	0.758*	0.975**	0.893**
CHS9	0.989**	0.895**	0.390	0.393	0.981**	0.796*	0.986**	0.855**
DFR1	0.841**	0.552	0.234	0.122	0.838**	0.803**	0.783*	0.812**
DFR2	0.839**	0.587	0.201	0.186	0.808**	0.853**	0.770*	0.663
DFR3	0.977**	0.770*	0.522	0.206	0.979**	0.814**	0.973**	0.897**
DFR5	0.346	-0.090	-0.011	-0.186	0.328	0.626	0.298	0.362
F3H1	0.961**	0.930**	0.357	0.515	0.963**	0.736*	0.970**	0.795*
F3H2	0.669*	0.486	0.143	0.047	0.616	0.546	0.609	0.636
F3'H1	0.984**	0.902**	0.458	0.390	0.987**	0.772*	0.991**	0.871**
F3'H2	0.594	0.437	-0.211	0.252	0.621	0.554	0.529	0.677*
F3'5'H1	0.719*	0.521	-0.085	0.320	0.745*	0.665	0.686*	0.735*
F3'5'H2	0.792*	0.614	0.747*	0.248	0.762*	0.594	0.790*	0.658
FNS1	0.338	0.532	-0.582	0.748*	0.390	0.354	0.335	0.334
FNS2	1.000	0.851**	0.461	0.320	0.993**	0.826**	0.991**	0.866**
FNS3	0.851**	1.000	0.195	0.547	0.863**	0.529	0.857**	0.748*
UFGT1	0.461	0.195	1.000	-0.311	0.423	0.361	0.493	0.366
UFGT2	0.320	0.547	-0.311	1.000	0.371	0.191	0.346	0.138
UFGT3	0.993**	0.863**	0.423	0.371	1.000	0.800**	0.990**	0.858**
IF2'H1	0.826**	0.529	0.361	0.191	0.800**	1.000	0.805**	0.657
IF2'H2	0.991**	0.857**	0.493	0.346	0.990**	0.805**	1.000	0.856**
IF2'H3	0.866**	0.748*	0.366	0.138	0.858**	0.657	0.856**	1.000
IF2'H4	0.898**	0.902**	0.228	0.400	0.892**	0.659	0.900**	0.927**
IF2'H5	0.555	0.451	-0.338	0.524	0.565	0.560	0.515	0.535
IF2'H6	0.587	0.435	-0.151	0.340	0.647	0.603	0.561	0.466

续表

	FNS2	FNS3	UFGT1	UFGT2	UFGT3	IF2′H1	IF2′H2	IF2′H3
ANS1	0.804**	0.676*	0.099	0.185	0.811**	0.698*	0.741*	0.847**
ANS2	−0.225	−0.313	−0.042	−0.129	−0.167	−0.170	−0.266	−0.315

	IF2′H4	IF2′H5	IF2′H6	ANS1	ANS2	ANS3		
含量	0.547	0.177	−0.218	0.064	−0.520	0.409		
C4H1	0.794*	0.574	0.529	0.796*	−0.242	0.790*		
C4H2	0.730*	0.655	0.288	0.324	−0.548	0.556		
C4H3	0.871**	0.438	0.595	0.795*	−0.121	0.950**		
CHI1	0.601	0.480	0.061	0.349	−0.688*	0.449		
CHI2	0.136	−0.134	0.337	0.073	0.357	0.282		
CHS1	0.768*	0.409	0.481	0.693*	−0.173	0.856**		
CHS2	0.070	−0.020	−0.478	−0.082	−0.443	−0.103		
CHS4	0.876**	0.613	0.479	0.532	−0.492	0.775*		
CHS5	0.896**	0.654	0.684*	0.931**	−0.080	0.949**		
CHS7	0.919**	0.580	0.491	0.698*	−0.409	0.873**		
CHS8	0.866**	0.446	0.520	0.776*	−0.188	0.949**		
CHS9	0.935**	0.592	0.548	0.766*	−0.336	0.900**		
DFR1	0.715*	0.711*	0.762*	0.929**	0.039	0.830**		
DFR2	0.683*	0.719*	0.641	0.809**	−0.122	0.678*		
DFR3	0.859**	0.507	0.627	0.821**	−0.135	0.962**		
DFR5	0.227	0.643	0.583	0.485	−0.010	0.335		
F3H1	0.920**	0.568	0.518	0.694*	−0.344	0.854**		
F3H2	0.670*	0.701*	0.292	0.596	−0.474	0.548		
F3′H1	0.920**	0.495	0.552	0.769*	−0.242	0.936**		
F3′H2	0.599	0.823**	0.829**	0.892**	0.129	0.663		
F3′5′H1	0.709*	0.889**	0.847**	0.830**	−0.069	0.744*		
F3′5′H2	0.640	0.225	0.129	0.486	−0.179	0.685*		
FNS1	0.511	0.693*	0.619	0.497	−0.116	0.344		
FNS2	0.898**	0.555	0.587	0.804**	−0.225	0.923**		
FNS3	0.902**	0.451	0.435	0.676*	−0.313	0.794*		
UFGT1	0.228	−0.338	−0.151	0.099	−0.042	0.434		

续表

	IF2′H4	IF2′H5	IF2′H6	ANS1	ANS2	ANS3		
UFGT2	0.400	0.524	0.340	0.185	−0.129	0.192		
UFGT3	0.892**	0.565	0.647	0.811**	−0.167	0.933**		
IF2′H1	0.659	0.560	0.603	0.698*	−0.170	0.704*		
IF2′H2	0.900**	0.515	0.561	0.741*	−0.266	0.925**		
IF2′H3	0.927**	0.535	0.466	0.847**	−0.315	0.966**		
IF2′H4	1.000	0.628	0.453	0.769*	−0.488	0.905**		
IF2′H5	0.628	1.000	0.659	0.640	−0.278	0.486		
IF2′H6	0.453	0.659	1.000	0.736*	0.336	0.589		
ANS1	0.769*	0.640	0.736*	1.000	0.069	0.851**		
ANS2	−0.488	−0.278	0.336	0.069	1.000	−0.173		

　　然而金荞麦黄酮合成不单单只有 C4H2 基因和 F3′5′H2 基因起作用，其他基因也可以通过相互的作用来间接影响金荞麦黄酮的合成。例如，C4H1 基因与 C4H3、CHS1、CHS7、CHS8、CHS9、DFR1、DFR2、DFR3、F3H1、F3H2、F3′H1、FNS2、UFGT3、IF2′H1、IF2′H2 等 15 个基因的表达相关性为极显著相关，C4H1 基因与 CHS5、F35H1、F35H2、F31H5、FNS3、IF2′H3、IF2′H4、ANS1、ANS3 等 9 个基因的表达相关性为显著相关；C4H3 基因与 C4H1、CHS1、CHS4、CHS5、CHS7、CHS8、CHS9、DFR3、F3′H1、F3H1、FNS2、FNS3、UFGT3、IF2′H2、IF2′H3、IF2′H4、ANS3 等 17 个基因的表达相关性为极显著相关，C4H3 基因与 DFR1、DFR2、F3′5′H2、IF2′H1、ANS1 等 5 个基因的表达相关性为显著相关；CHI1 基因与 F3H2 基因的表达相关性为极显著正相关，CHI1 基因与 CHS7 基因的表达相关性为显著正相关，而 CHI1 基因与 ANS2 基因的表达相关性为显著负相关；CHI2 基因与所有被测基因的表达均无相关性；CHS1 基因与 C4H1、C4H3、CHS7、CHS8、CHS9、DFR1、DFR2、DFR3、F3H1、F3′H1、F31H5、F3′5′H2、FNS2、UFGT3、IF2′H1、IF2′H2、ANS3 等 17 个基因的表达相关性为极显著相关，CHS1 基因与 CHS4、CHS5、FNS3、IF2′H3、IF2′H4、ANS1 等 5 个基因的表达相关性为显著相关；而 CHS2 基因与所有被测基因的表达均无相关性；CHS4 基因与 C4H2、C4H3、CHS7、CHS9、F31H1、F3H1、FNS2、FNS3、UFGT3、IF2′H2、IF2′H4 等 12 个基因的表达相关性为极显著相关，CHS4 基因与 CHS1、CHS5、CHS8、DFR3、IF2′H1、IF2′H3、ANS3 等 7 个基因的表达相关性为显著相关；CHS5 基因与 C4H3、CHS7、CHS8、CHS9、DFR1、DFR3、F3H1、F3′H1、F3′H2、F3′5′H1、FNS2、FNS3、UFGT3、IF2′H2、IF2′H3、IF2′H4、ANS1、ANS3 等 18 个基因的表达相关性为极显著相关，CHS5 基因与 C4H1、CHS1、CHS4、DFR2、IF2′H1、IF2′H6 等 6 个基因的表达相关性为显著相关；CHS7 基因与 C4H1、C4H3、CHS1、CHS4、CHS5、CHS8、CHS9、DFR3、F3H1、F3′H1、FNS2、FNS3、UFGT3、IF2′H2、IF2′H3、IF2′H4、ANS3 等 17 个基因的表达相关性为极

显著相关，CHS7 基因与 C4H2、CHI1、DFR1、DFR2、F3H2、F3′5′H1、F3′5′H2、IF2′H1、ANS1 等 9 个基因的表达相关性为显著相关；CHS8 基因与 C4H1、C4H3、CHS1、CHS5、CHS7、CHS9、DFR1、DFR3、F3H1、F3′H1、F3′5′H2、FNS2、UFGT3、IF2′H2、IF2′H3、IF2′H4、ANS3 等 17 个基因的表达相关性为极显著相关，CHS8 基因与 CHS4、DFR2、F3′5′H1、FNS3、IF2′H1、ANS1 等 6 个基因的表达相关性为显著相关；CHS9 基因与 C4H1、C4H3、CHS1、CHS4、CHS5、CHS7、CHS8、DFR2、DFR3、F3H1、F3′H1、FNS2、FNS3、UFGT3、IF2′H2、IF2′H3、IF2′H4、ANS3 等 18 个基因的表达相关性为极显著相关，CHS9 基因与 C4H2、DFR1、F3H2、F3′5′H1、F3′5′H2、IF2′H1、ANS1 等 7 个基因的表达相关性为显著相关；DFR1 基因与 C4H1、CHS1、CHS5、CHS8、DFR2、DFR3、F3′H2、F3′5′H1、FNS2、UFGT3、IF2′H1、IF2′H3、ANS1、ANS3 等 14 个基因的表达相关性为极显著相关，DFR1 基因与 C4H3、CHS7、CHS9、DFR5、F3H1、F3H2、F3′H1、IF2′H2、IF2′H4、IF2′H5、IF2′H6 等 11 个基因的表达相关性为显著相关；DFR2 基因与 C4H1、CHS1、CHS9、DFR1、F3H2、FNS2、UFGT3、IF2′H1、ANS1 等 9 个基因的表达相关性为极显著相关，DFR2 基因与 C4H3、CHS5、CHS7、CHS8、DFR3、F3H1、F3′H1、F3′H2、F3′5′H1、IF2′H2、IF2′H4、IF2′H5、ANS3 等 13 个基因的表达相关性为显著相关；DFR3 基因与 C4H1、C4H3、CHS1、CHS5、CHS7、CHS8、CHS9、DFR1、F3H1、F3′H1、FNS2、UFGT3、IF2′H1、IF2′H2、IF2′H3、IF2′H4、ANS1、ANS3 等 18 个基因的表达相关性为极显著相关，DFR3 基因与 CHS4、DFR2、F3′5′H1、F3′5′H2、FNS3 等 5 个基因的表达相关性为显著相关；DFR5 基因与 DFR1、F3′H2、F3′5′H1 等 3 个基因的表达相关性为显著相关；F3H1 基因与 C4H1、C4H2、C4H3、CHS1、CHS4、CHS5、CHS7、CHS8、CHS9、DFR3、F3′H1、FNS2、FNS3、UFGT3、IF2′H2、IF2′H4、ANS3 等 17 个基因的表达相关性为极显著相关，F3H1 基因与 DFR1、DFR2、F3′5′H2、IF2′H1、IF2′H3、ANS1 等 6 个基因的表达相关性为显著相关；F3H2 基因与 C4H1、CHI1、DFR2 等 3 个基因的表达相关性为极显著相关，F3H1 基因与 CHS7、CHS9、DFR1、FNS2、IF2′H4、IF2′H5 等 6 个基因的表达相关性为显著相关；F3′H1 基因与 C4H1、C4H3、CHS1、CHS4、CHS5、CHS7、CHS8、CHS9、DFR3、F3H1、FNS2、FNS3、UFGT3、IF2′H2、IF2′H3、IF2′H4、ANS3 等 17 个基因的表达相关性为极显著相关，F3′H1 基因与 C4H2、DFR1、DFR2、F3′5′H2、IF2′H1、ANS1 等 6 个基因的表达相关性为显著相关；F3′H2 基因与 CHS5、DFR1、F3′5′H1、IF2′H5、IF2′H6、ANS1 等 5 个基因的表达相关性为极显著相关，F3′H2 基因与 DFR2、DFR5、IF2′H3 等 3 个基因的表达相关性为显著相关；F3′5′H1基因与 CHS5、DFR1、F3′H2、IF2′H5、IF2′H6、ANS1 等 6 个基因的表达相关性为极显著相关，F3′5′H1 基因与 C4H1、CHS7、CHS8、CHS9、DFR2、DFR3、DFR5、FNS2、UFGT1、UFGT3、IF2′H2、IF2′H3、IF2′H4、ANS3 等 11 个基因的表达相关性为显著相关；FNS1 基因与 UFGT2、IF2′H5 等 2 个基因的表达相关性为显著相关；FNS2 基因与 C4H1、C4H2、CHS1、CHS4、CHS5、CHS7、CHS8、CHS9、DFR1、DFR2、DFR3、F31H1、F3H1、F3′H1、FNS3、UFGT3、IF2′H1、IF2′H2、IF2′H3、IF2′H4、ANS1、ANS3 等 22 个基因的表达相关性为极显著相关，FNS2 基因与 C4H2、F3H2、F3′5′H1、F3′5′H2 等 4 个基因的表达相关性为显著相关；FNS3 基因与 C4H3、CHS4、CHS5、

CHS7、CHS9、F3H1、F3′H1、FNS2、UFGT3、IF2′H2、IF2′H4 等 11 个基因的表达相关性为极显著相关，FNS3 基因与 C4H1、CHS1、CHS8、DFR3、IF2′H3、ANS1、ANS3 等 6 个基因的表达相关性为显著相关；UFGT1 基因与 F3′5′H2 基因的表达相关性为显著相关；UFGT2 基因与 C4H2、FNS1 等 2 个基因的 CHS9、DFR1、DFR2、DFR3、F3H1、F3′H1、FNS2、FNS3、IF2′H1、IF2′H2、IF2′H3、IF2′H4、ANS1、ANS3 等 21 个基因的表达相关性为极显著相关，UFGT3 基因与 C4H2、F3′5′H1、F3′5′H2、F31H5 等 3 个基因的表达相关性为显著相关；IF2′H2 基因与 C4H1、C4H3、CHS1、CHS4、CHS5、CHS7、CHS8、CHS9、DFR3、F3H1、F3′H1、FNS2、FNS3、UFGT3、IF2′H1、IF2′H3、IF2′H4、ANS3 等 18 个基因的表达相关性为极显著相关，IF2′H2 基因与 C4H2、DFR1、DFR2、F3′5′H1、F3′5′H2、ANS1 等 6 个基因的表达相关性为显著相关；IF2′H3 基因与 C4H3、CHS5、CHS7、CHS8、CHS9、DFR1、DFR3、F3′H1、FNS2、UFGT3、IF2′H2、IF2′H4、ANS1、ANS3 等 14 个基因的表达相关性为极显著相关，IF2′H3 基因与 C4H1、CHS1、CHS4、F3H1、F3′H2、F3′5′H1、FNS3 等 7 个基因的表达相关性为显著相关；IF2′H4 基因与 C4H3、CHS4、CHS5、CHS7、CHS8、CHS9、DFR3、F3H1、F3′H1、FNS2、FNS3、UFGT3、IF2′H2、IF2′H3、ANS3 等 15 个基因的表达相关性为极显著相关，IF2′H4 基因与 C4H1、C4H2、CHS1、DFR1、DFR2、F3H2、F3′5′H1、ANS1 等 8 个基因的表达相关性为显著相关；IF2′H5 基因与 F3′H2、F3′5′H1 等 2 个基因的表达相关性为极显著相关，IF2′H5基因与 DFR1、DFR2、F3H2、FNS1 等 4 个基因的表达相关性为显著相关；IF2′H6 基因与 F3′H2、F3′5′H1 等 2 个基因的表达相关性为极显著相关，IF2′H6 基因与 CHS5、DFR1、ANS2 等 3 个基因的表达相关性为显著相关；ANS1 基因与 CHS5、DFR1、DFR2、DFR3、F3′H2、F3′5′H1、FNS2、UFGT3、IF2′H3、ANS3 等 10 个基因的表达相关性为极显著相关，ANS1 基因与 C4H1、C4H3、CHS1、CHS7、CHS8、CHS9、F3H1、F3′H1、FNS3、IF2′H1、IF2′H2、IF2′H4、IF2′H6 等 13 个基因的表达相关性为显著相关；ANS2 基因与 CHI1 基因的表达相关性为显著相关；ANS3 基因与 C4H3、CHS1、CHS5、CHS7、CHS8、CHS9、DFR1、DFR3、F3H1、F3′H1、FNS2、UFGT3、IF2′H2、IF2′H3、IF2′H4、ANS1 等 15 个基因的表达相关性为极显著相关，ANS3 基因与 C4H1、CHS4、DFR2、F3′5′H1、F3′5′H2、FNS3、IF2′H1 等 7 个基因的表达相关性为显著相关。

5.3.5　金荞麦黄酮合成关键基因的生物信息学分析

5.3.5.1　金荞麦 C4H2 基因的生物信息学分析

1. 金荞麦 C4H2 基因进化树的构建

采用 tblastn 在线搜索同源性序列，共收获 100 条同源序列，去除功能未明确的序列、重复序列和较短的序列后，最终选取 24 条氨基酸序列使用 ClustalX2 进行多序列比对，接着使用 Modelgenerator 0.85 软件选择最好的进化树构建模式，预测结果表明最适合的进化树构建模型为 TN93+I+G，不变点比例（Proportion of invariable sites）为 0.52，γ 形状参数（Gamma shape parameter）选择为 0.85，使用最适模型构建进化树，重复 100 次，结果见图 5-2，由进化树可以看出，金荞麦 C4H2 基因与苦荞 C4H 基因（gi | 408040077 | gb |

JX500528.1｜）的亲缘关系最近，符合金荞和苦荞都是荞麦属植物的结论。

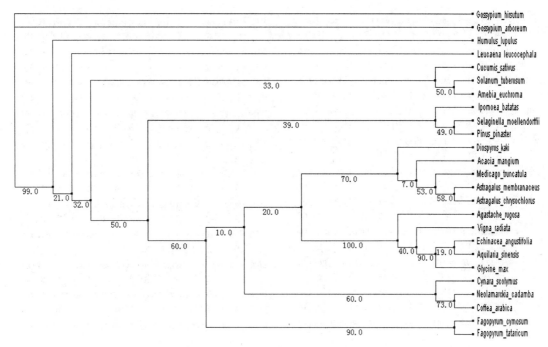

图 5-2　C4H2 基因序列的进化分析

2. 金荞麦 C4H2 基因与同源基因的比对分析

使用 DNAMAN 软件对金荞 C4H2 基因和苦荞 C4H 基因进行比对，结果发现转录组测序获得的金荞麦 C4H2 基因序列与苦荞 C4H 基因的 5′端 273～399bp 之间，两个序列在此区域有 90% 的序列相同（见图 5-3）。

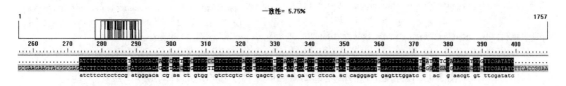

图 5-3　荞麦 C4H2 基因序列和苦荞 C4H 基因序列的比较分析

5.3.5.2　金荞麦 F3′5′H2 基因的生物信息学分析

1. 金荞麦 F3′5′H2 基因 ORF 搜索

采用 NCBI 中的 ORF Finder 寻找金荞麦 F3′5′H2 基因可能的 ORF，共有 7 种可能的 ORF 结果，其长度分别从 165bp 到 1 599bp 不等，其中只有长度为 1 599bp 长度较长且为一条完整序列，其他 6 条长度较短，因此 F3′5′H2 基因 ORF 的长度为 1 599bp，结果见图

5-4。起始密码子为 ATG，终止密码子为 TAG，共翻译 532 个氨基酸。

```
61   atgtcgaccgcccacgattactgctttcttttcctctgccctgcc
     M  S  T  A  H  D  Y  C  F  L  F  L  C  P  A

106  cttctcggccacccacttcttttccactcatcctcgttgccatc
     L  L  G  H  P  L  L  F  P  L  I  L  V  A  I

151  accactgcttttcgtctatcccggcggtctagcttgggccctc
     T  T  A  F  L  V  Y  P  G  G  L  A  W  A  L

196  actaaaaaacgccatcctctcttttcaaaccaaatcggaaacccat
     T  K  K  R  P  S  L  F  Q  T  K  S  E  T  H

241  tcggccattcctgaccggtcggagctccgtttcttggtttggtc
     S  A  I  P  G  P  V  G  A  P  F  L  G  L  V

286  tctgcctttaccggtcctcttgctcatcgggttctcgccggcctg
     S  A  F  T  G  P  L  A  H  R  V  L  A  G  L

331  gccaaagccaccgatgctccatctcatggccttttcaatcggg
     A  K  A  T  D  A  L  H  L  M  A  F  S  I  G

376  tccacccgatttataatctcaagtaaaccggatactgcaaaagag
     S  T  R  F  I  I  S  S  K  P  D  T  A  K  E

421  attctaggatctacttcttttgcagatcgtccagttaaggagtct
     I  L  G  S  T  S  F  A  D  R  P  V  K  E  S

466  gcctacgagttactgtttcacagggccatgggatttgctccttac
     A  Y  E  L  L  F  H  R  A  M  G  F  A  P  Y

511  ggtgaatattggaggaatctgaggagaatccggcgacccatttg
     G  E  Y  W  R  N  L  R  R  I  S  A  T  H  L

556  tttagtcctttggatcggggcgtttggtggattcaggagtgaa
     F  S  P  L  R  I  G  A  F  G  G  F  R  S  E

601  attgggaaaaagatggtgaaggagataaggggtgtgatgaacaaa
     I  G  K  K  M  V  K  E  I  K  G  V  M  N  K

646  aatggtgttgttcaagttaagaaggttttgcattttgggtctttg
     N  G  V  V  Q  V  K  K  V  L  H  F  G  S  L

691  aataatgtaatgaagagtgtgtttggtaaggagtatgagtttaat
     N  N  V  M  K  S  V  F  G  K  E  Y  E  F  N

736  ggtaatgaggaaggtgaagagctggaagttcttgtgagtgaaggg
     G  N  E  E  G  E  E  L  E  V  L  V  S  E  G

781  tatgagcttcttggatctttaactggagtgatcactttcctttg
     Y  E  L  L  G  I  F  N  W  S  D  H  F  P  L

826  ttgggtaggttggatttgcaaggggtgagaaggaggtgtaagaat
     L  G  R  L  D  L  Q  G  V  R  R  R  C  K  N
```

```
871  cttgttggcaaagttaatgtgtttgtggggaaggattttggatgaa
     L  V  G  K  V  N  V  F  V  G  R  I  L  D  E

916  cacaagatgaaaaggtctgggaatggtgcttctgagcaacaagtg
     H  K  M  K  R  S  G  N  G  A  S  E  Q  Q  V

961  actgagagttcaaaggactttgtggatgtattgcttgatctggat
     T  E  S  S  K  D  F  V  D  V  L  L  D  L  D

1006 ggtgaaaacaagcttacagatggtgatatgattgctgttctgtgg
     G  E  N  K  L  T  D  G  D  M  I  A  V  L  W

1051 gagatgatcttcagaggaacggacacagttgcaattctcctggag
     E  M  I  F  R  G  T  D  T  V  A  I  L  L  E

1096 tgggttcttgcaaggatggttctccaccctgacatacaagctaag
     W  V  L  A  R  M  V  L  H  P  D  I  Q  A  K

1141 gctcaagctgaaatcgacaccggtgtgggggccacacgagatgtt
     A  Q  A  E  I  D  T  V  V  G  A  T  R  D  V

1186 gaagattccgatctcccaaatttgccatacgttaccgccatcatc
     E  D  S  D  L  P  N  L  P  Y  V  T  A  I  I

1231 aaggaaaccctgagggtgcaccccaccgggtccgcttctgtcgtgg
     K  E  T  L  R  V  H  P  P  G  P  L  L  S  W

1276 gcccggctttcaactgaggacacccacgtgggcccacactttgtc
     A  R  L  S  T  E  D  T  H  V  G  P  H  F  V

1321 cctgctggaacgacggccatggtgaacatgtgggccatcacccat
     P  A  G  T  T  A  M  V  N  M  W  A  I  T  H

1366 gactcgagcatttgggctgaagcggagaagttcaacccggagagg
     D  S  S  I  W  A  E  A  E  K  F  N  P  E  R

1411 tttatggagaatgaggtggcaataatggggtccgatcttcgtctt
     F  M  E  N  E  V  A  I  M  G  S  D  L  R  L

1456 gcacctttcggggcgggtaggcgggtttgccccggaaaggctatg
     A  P  F  G  A  G  R  R  V  C  P  G  K  A  M

1501 ggaatggtgactgttcaactatggcttgcacaaatgcttcaaaac
     G  M  V  T  V  Q  L  W  L  A  Q  M  L  Q  N

1546 ttcaagtgggttgctagtgagagtggtgttgacttgtctgagact
     F  K  W  V  A  S  E  S  G  V  D  L  S  E  T

1591 ttgaagctgtccatggagatgaagagctctttggtttgcaaggca
     L  K  L  S  M  E  M  K  S  S  L  V  C  K  A

1636 cttgcaaggaatgtttgtgtttag
     L  A  R  N  V  C  V  *
```

图 5-4　金荞麦 F3′5′H2 基因的编码区全长序列和推定的氨基酸序列

2. 理化性质

使用 ProtParam 进行对 F3′5′H2 基因的编码的氨基酸序列进行在线蛋白质理化性质预测，推测其分子式为 $C_{2651}H_{4178}N_{708}O_{745}S_{25}$，分子量为 58 690.1，等电点为 6.96，推测属于稳定蛋白。氨基酸组成为 Ala（8.5%）、Arg（4.9%）、Asn（3.4%）、Asp（4.3%）、Cys（1.1%）、Gln（1.9%）、Glu（6.4%）、Gly（8.1%）、His（2.8%）、Ile（4.3%）、Leu（11.7%）、Lys（5.6%）、Met（3.6%）、Phe（5.3%）、Pro（4.7%）、Ser（6.6%）、Thr（5.1%）、Trp（1.9%）、Tyr（1.5%）、Val（8.5%）；且不含硒半胱氨酸（Sec）和吡咯赖

氨酸 (Pyl)。其正电荷残迹为 56 (Arg 和 Lys 的总和), 负电荷残迹为 57 (Asp 和 Glu 的总和)。脂肪指数 (aliphatic index) 为 95.30, 该蛋白总平均亲水性 (Grand average of hydropathicity) 为 0.067, 表明该蛋白具有疏水性, 采用 ProtScale 分析金荞麦 F3′5′H2 氨基酸序列的疏水性/亲水性, 结果表明亲水性最强分值为 -2.422, 疏水性最强分值为 3.067 (见图 5-5)。结合一级结构分析结果认为, 此蛋白总体表现为疏水性, 但是由于总平均亲水性分值较低, 故该蛋白总体表现为中性。

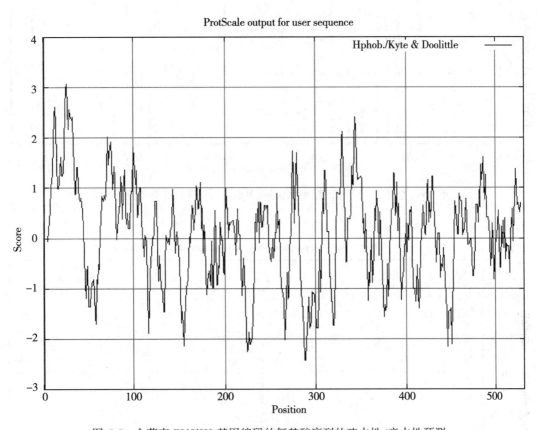

图 5-5   金荞麦 F3′5′H2 基因编码的氨基酸序列的疏水性/亲水性预测

3. 磷酸化修饰预测

蛋白质在核糖体上合成后, 需要经过一系列的修饰作用才能折叠为正确的三维空间结构, 并输送到特定部位发挥作用, 这些修饰作用主要包括磷酸化、甲基化、糖基化等, 研究蛋白质翻译后的修饰情况有助于认识和理解蛋白质的正确构想。本研究采用 NetPhos 对金荞麦 F3′5′H2 基因氨基酸序列的翻译后磷酸化修饰位点进行预测, 结果见图 5-6。结果表明金荞麦 F3′5′H2 基因氨基酸序列有 14 个丝氨酸需进行磷酸化, 分别位于 51bp、61 bp、112 bp、113 bp、124 bp、126 bp、135 bp、161 bp、167 bp、303 bp、378 bp、409 bp、503 bp 和 514 bp 处; 9 个苏氨酸需进行磷酸化, 分别位于 32 bp、46 bp、55 bp、117 bp、337 bp、367 bp、393 bp、413 bp 和 424 bp 处; 4 个酪氨酸需要进行磷酸化, 分别位于 137 bp、222 bp、241 bp 和 385 bp 处。采用 NetNGlyc 对金荞麦 F35H 基因氨基酸序列的翻译后磷酸化修饰位点进行预测（结果见图 5-7），N-糖基化修饰位点在 248 bp 处。

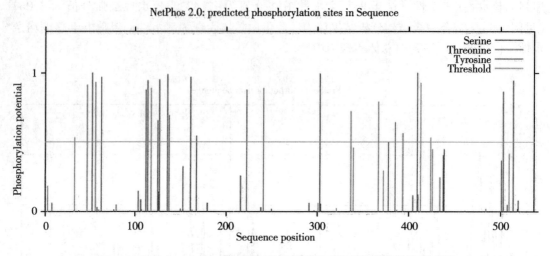

图 5-6　金荞麦 F3′5′H2 基因编码的氨基酸序列的磷酸化修饰位点预测

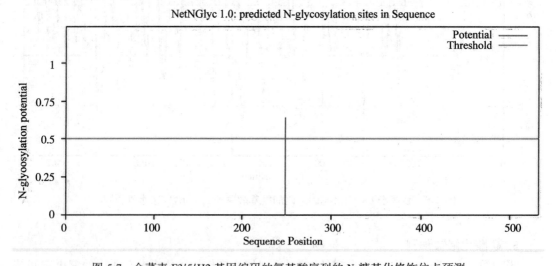

图 5-7　金荞麦 F3′5′H2 基因编码的氨基酸序列的 N-糖基化修饰位点预测

4. 亚细胞定位

分泌蛋白及细胞膜蛋白均以前体物质多肽的形式合成，其 N 末端含有作为通过膜时信号的氨基酸序列，这种氨基酸序列称信号肽或信号序列，由 15～25 个氨基酸所组成。通过 Target P 在线工具分析表明（见图 5-8），金荞麦 F3′5′H2 基因氨基酸既不是叶绿体转运蛋白（分值为 0.007），也不是线粒体定位蛋白（分值为 0.069），该蛋白质含有信号肽。

```
### targetp v1.1 prediction results #########################################
Number of query sequences: 1
Cleavage site predictions not included.
Using PLANT networks.

Name              Len    cTP    mTP    SP     other  Loc  RC
---------------------------------------------------------------------
Sequence          532    0.007  0.069  0.775  0.066  S    2
---------------------------------------------------------------------
cutoff                   0.730  0.860  0.430  0.840
```

图 5-8　金荞麦 F3′5′H2 基因编码的氨基酸序列的亚细胞定位预测

5. 二级结构的预测和分析

多肽链借助氢键排列成沿一维方向而呈现有规则的重复构象的二级结构，是氨基酸顺序与三维构象之间的桥梁。二级结构借助范德华力、氢键、静电和疏水等相互作用形成蛋白质的三级结构，从而发挥正常的生物学功能。用 SOPMA 对此蛋白的二级结构预测表明（图 5-9），此蛋白 α 螺旋占 47.74%，无规则卷曲占 30.26%，β 转角和延伸分别占 8.27 和 13.72%。

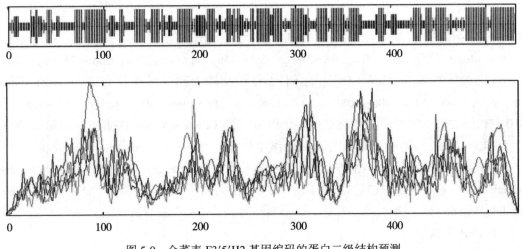

图 5-9　金荞麦 F3′5′H2 基因编码的蛋白二级结构预测

6. 跨膜结构域预测

采用 TMHMM 预测金荞麦 F3′5′H2 蛋白的跨膜结构域，结果见图 5-10，结果表明该蛋白存在一个跨膜结构，位置在 21~45bp 之间，但是在 62~79 bp 之间存在一段疑似跨膜结构，猜测其可能是将蛋白质序列锚定在膜上的结构。

7. motif 结构分析

采用 motif scan 对金荞麦 F3′5′H2 的氨基酸进行扫描，结果显示金荞麦 F3′5′H2 的氨基酸序列中存在九种 motif 结构模式。它们分别为：位于 181-184bp、470~473bp 之间的两

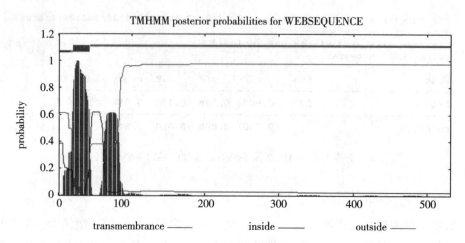

图 5-10　金荞麦 F3′5′H2 基因编码的氨基酸序列的跨膜结构域预测

个酰胺化位点（Amidation site）；位于 248~251 bp 之间的 N 端糖基化位点（N-glycosyla-tion site）；位于 48~51 bp 和 158~161bp 之间的两个依赖于 cAMP 和 cGMP 的蛋白激酶磷酸化位点（cAMP-and cGMP-dependent protein kinase phosphorylation site）；位于 3 ~ 6bp、55~58bp、113~116bp、117~120bp、126~129bp、135~138bp、303~306bp、321~324bp、409~412bp 和 503~506bp 之间的十个酪蛋白激酶 II 磷酸化位点（Casein kinase II phospho-rylation site）；位于 40 ~ 45bp、73~78bp、89~94bp、172 ~ 177bp、208 ~ 213bp、226 ~ 231bp、292 ~ 297bp 和 504 ~ 509bp 之间的八个 N 端十四烷酰化位点（N-myristoylation site）；位于 46~48bp、106~108bp、112~114bp、117~119bp、303~305bp、393~395bp 和 510~512bp 之间的七个蛋白激酶 C 磷酸化作用位点（Protein kinase C phosphorylation site）；位于 130~137bp 间的酪氨酸激酶磷酸化作用位点（Tyrosine kinase phosphorylation site）；位于 468~477bp 间的半胱氨酸亚铁血红素配体信号区（Cytochrome P450 cysteine heme-iron ligand signature）；位于 313 ~ 325bp 间的 EF-hand 钙离子结合结构域（EF-hand calcium-binding domain）。

　　8. 进化树构建

　　采用 blastp 在线搜索同源性序列，在开花植物（flowering plants）分类下共收获 94 条同源序列，去除功能未最终明确的序列、重复序列和较短的序列后，最终选取 17 条氨基酸序列使用 ClustalX2 进行多序列比对，接着使用 Modelgenerator 0.85 软件选择最好的进化树构建模式，结果最适合的进化树构建模型为 LG+G，γ 形状参数（Gamma shape parame-ter）选择为 0.49，使用最适模型构建进化树，重复 100 次，结果见图 5-11，由进化树可以看出，金荞麦 F3′5′H2 基因属于细胞色素 P450 78A10 家族。

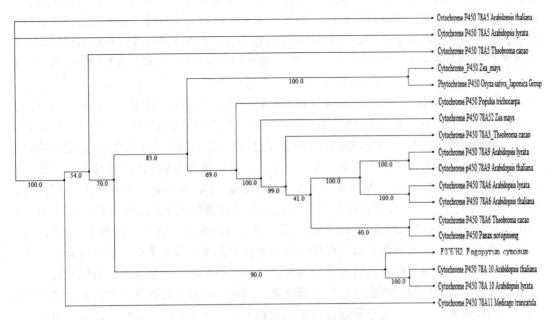

图 5-11　金荞麦 F3′5′H2 基因蛋白进化分析

5.4　讨论

随着社会发展，人民生活水平的提高，高血糖、高血压、高血脂"三高"群体、糖尿病等人群的数量逐年增高，如何经济有效地降低这类疾病的发生率是人类面临的重大问题。研究表明黄酮化合物有多种生物功能，它具有抗菌、降血压、清热解毒、消炎、抗氧化、防癌抗癌等功效，研究表明：荞麦具有防治糖尿病、高血压、高血脂、冠心病、抗癌、防止内出血，延缓衰老等多种生理功能，这些生理功能和药用价值与金荞麦中富含的黄酮化合物有十分密切的关系。而黄酮化合物的生物合成途径是目前了解最清楚的植物次生代谢途径，尤其是花青素生物合成途径中几乎所有的基因都已被克隆，但是在这些酶类中，究竟那些酶类起到重要作用尚未有定论，大多认为苯丙氨酸解氨酶（phenylalanine ammonialyase，PAL）和查耳酮合酶（chalcone synthase，CHS）是黄酮化合物合成中的关键酶，其中 PAL 基因可以催化直接脱掉 L-苯丙氨酸上的氨而生成反式桂皮酸的酶，但它是一种诱导酶，它的表达受到多种因素的影响，如温度、光照条件、机械损伤、病原微生物感染等。另外，已有研究认为 PAL 的酶活性变化并非恒与黄酮总量相关，如在 UV-B 辐射处理条件下，大豆叶片 PAL 基因的 mRNA 合成量及酶活性逐渐增加，然而黄酮的积累量却有所下降，表明大豆黄酮合成过程中 PAL 基因转录与酶活性对黄酮积累的影响不大。CHS 催化三个来自乙酰辅酶 A 和一分子的香豆酰辅酶反应，生成查尔酮，但是查尔酮只是一个中间产物，它能够被 CHI 瞬间转化形成袖皮素，所以推测认为 CHS 是黄酮合成代谢过程中的关键酶，但是在反应体系中没有被检测到，CHS 在黄酮合成代谢中是否起到最关键作用还有待于进一步研究确认。本研究对转录组测序获得的 47 个金荞麦黄酮合成相关基因在 9 株金荞麦植株叶片组织中的表达情况进行了定量分析，并使用统计学软件分析了它们在金荞麦叶片表达情况与黄酮含量的相关性，结果表明：转录组测序获得的 47 个金荞麦黄酮合成相关基因中有 37 个基因获得实时定量 PCR 结果，在这 37 个基因中有 33 个基因（除了 DFR5、IF2′H6 和 ANS2）的表达对金荞麦黄酮含量影响是正值，且各基因间又广泛存在着相互作用，这表明金荞麦黄酮合成途径中各基因间存在着复杂的调控关系。本研究发现 C4H2 基因和 F3′5′H2 基因的表达与金荞麦黄酮含量的相关性为显著相关，其他基因的表达与金荞麦黄酮含量的相关性不显著。C4H 是苯丙酮酸途径中的第二个酶，但它是黄酮合成途径中的第一个氧化反应，它在氧和 NADPH 的参与下，催化反式肉桂酸的羟基化反应生成 4-香豆酸。F3′5′H 属于细胞色素 P450 单加氧酶家族，它在氧和 NADPH 的参与下，它可以催化柚皮素和二氢山萘酚分别生成 Pntahydroxyflavanone 和二氢杨梅素，Pntahydroxyflavanone 在 FSⅡ的作用下生成五羟黄酮，它也可以被 FHT 催化最终生成二氢杨梅素，二氢杨梅素最终催化生成表没食子儿茶素没食子酸，它是金荞麦的药效成分之一。二氢杨梅素抗氧化能力十分突出，它的抗氧化能力高于大多数黄酮化合物，许多具有抗氧化能力的植物普遍含有二氢杨梅素，因此，金荞麦具有较强的抗氧化能力可能与二氢杨梅素有关。然而金荞麦的抗氧化能力相关化合物不一定就是药效成分，槲皮素类化合物是金荞麦中一类重要的药效成分，由于槲皮素类化合物的抗氧化能力要弱于二氢杨梅素，所以与槲皮素类化合物合成相关的 F3′H 基因没有表现出表达的显著性。

本研究发现除 C4H2 基因和 F3′5′H2 外的其他基因表达与金荞麦黄酮含量的相关性不显著，这点是在现有转录组测序基础上获得的结果，转录组测序技术还处于发展完善阶段，相信随着未来转录组测序技术的发展，转录组测序可以提供更加丰富、准确的结果。

第6章　金荞麦维生素 E 合成相关基因差异表达研究

采用实时定量 PCR 技术对 31 个转录组测序获得的荞麦维生素 E 合成相关基因在 9 株金荞麦叶片组织中的表达情况进行了研究，结果共有 26 个基因的扩增产物特异性较好，对它们的表达情况与维生素 E 含量间的关系进行相关性分析，相关分析表明 CHL P3 基因和 TC 基因的表达与金荞麦维生素 E 含量的相关性为显著相关，其他基因的表达与金荞麦维生素 E 含量的相关性不显著。进化树分析表明金荞麦 CHL P3 基因的氨基酸序列与橡胶树和蓖麻 CHL P 基因的氨基酸序列亲缘关系最近，但在 blastn 分析却发现仅有葡萄 CHL P 序列与金荞麦 CHL P3 基因的核酸序列同源，两个基因相同区域序列有 99% 是相同的。而金荞麦 TC 基因的生物信息分析表明金荞麦 TC 基因的 cDNA 全长为 2070bp，其中编码区全长 1500bp，编码 499 个氨基酸，由进化树可以看出金荞麦 TC 基因与桉树和葡萄的 TC 基因亲缘关系较近。

6.1　前言

维生素 E 能促进性激素分泌，使男子精子活力和数量增加；使女子雌性激素浓度增高，提高生育能力，预防流产；还可防治更年期综合征，由此得名为生育酚。此后医学研究表明，作为一种重要的抗氧化剂，维生素 E 不仅仅与生殖系统有关，而且与中枢神经系统、消化系统、心血管系统和肌肉系统的正常代谢都有密切关系，并参与细胞膜的构建和维持，延缓细胞的衰老[139]。维生素 E 还是治疗冠心病、动脉粥样硬化等心脑血管疾病的重要辅助性药物，有助于降低血脂和血胆固醇含量，抗凝血、抗氧化并且消除自由基，从而起到预防及治疗血管栓塞的作用。维生素 E 还可以提高机体免疫能力、增强抗衰老的功能、消除细胞色素沉淀、改善皮肤弹性、减弱性腺萎缩，因而被广泛使用于保健品和美容用品中。

目前，关于维生素 E 合成途径已经研究的比较透彻，维生素 E 的合成是通过非甲羟戊酸途径和酪氨酸降解途径来获得合成前体物，然后在 AdeH 基因、GGPS 基因、GGH 基因、HGGT 基因、HPPD 基因、HPT 基因、MPBQ MT 基因、PAT 基因、TC 基因、TMT 基因、TAT 基因的作用下合成维生素 E。维生素 E 由生育酚和生育三烯酚 2 大类组成，每类均由 a、β、γ、δ 等 4 种同系物组成[140]。这 8 种维生素 E 成分均具有很强的抗氧化能力，由于生育三烯酚在侧链上具有 3 个不饱和双键，它的抗氧化能力大约为生育酚的 50 倍[141]，但是维生素 E 的各组成分被人类和高等哺乳动物吸收需要生育酚结合蛋白（to-copherol-binding protein，TBP）的参与，而 TBP 仅对 a-生育酚具有高度的专一性，TBP 对其他三种生育酚和四种生育三烯酚的结合能力较差，所以、a-生育酚是人类和其他高等哺乳动物主要利用的维生素 E 成分，因此，提高 a-生育酚的含量成为维生素 E 相关育种工作的首选。人们为了提高生育酚的含量做了大量的工作，例如：过量表达 HPPD 基因的拟南芥，种子中生育酚总量只提高了 0.28 倍[142,143]；过量表达大麦 HPPD 基因的烟草生育酚总量也没有显著提高[144]；在同时过量表达 TyrA 和 HPPD 的拟南芥和大豆中，它们种子维生素 E 的含量分别提高了 1.8 倍和 2.6 倍，但是维生素 E 含量的变化主要体现在生育三烯酚含量的提高，而生育酚的含量几乎不变化[143]；在过量表达 TyrA 和 HPPD 基因的烟草中，叶子的维生素 E 总量可达野生型的 10 倍左右，这个变化同样主要是由生育三烯酚含量的提高引起的[145]。从以上报道可以看出，现有的工作不能显著提高生育酚的含量，反而生育三烯酚的含量却可以得到大幅提高，暗示在植物中存在一种保持生育酚含量相对稳定的机制，这也可能与叶绿体膜上的生育酚在低浓度的情况下表现出很高的生物学活性，过多的生育酚积累反而会产生负面效应，增强膜的流动性，破坏光合系统膜的稳定性有关[146]。金荞麦富含维生素 E，它是研究维生素 E 合成代谢的良好材料，为了合理利用和开发高维生素 E 含量的金荞麦品种，就必须弄清楚金荞麦维生素 E 合成代谢途径关键基因差异表达情况，但是人们对该研究还不够深入，本研究采用半定量 RT-PCR 技术验证和分析维生素 E 合成途径相关基因的差异表达情况，目的是从功能基因组层面上，通过对不同维生素 E 含量的金荞麦的维生素 E 合成相关基因表达的情况进行分析，探讨金荞麦维生素 E 合成的分子机理，为利用基因工程方法提高维生素 E 含量和改良品质提供技术储备和理论依据。

6.2　材料和方法

6.2.1　材料

同 5.2.1。

6.2.2　方法

6.2.2.1　维生素 E 测量

维生素 E 测量采用高效液相法，流动相：0.05mol/l 磷酸二氢钾：甲醇（96∶4），检测波长：285nm，流速：1.0ml/min，柱温：30℃，进样量为 20.0μl（a-生育酚）。

6.2.2.2　RNA 提取及第一链 cDNA 合成

方法同 5.1.2.1 和 5.1.2.2。

6.2.2.3　引物设计与合成

选择 Actin 为管家基因，依据实时定量 PCR 引物设计原则，依据转录组测序中获得的荞麦维生素 E 生物合成途径中的相关基因序列，采用 Primer Premier 5.0 软件设计相关基因的特异性引物（见表 6-1）。

表 6-1　　　　　　　　　　**金荞麦维生素 E 合成相关基因实时定量 PCR 引物表**

基因名称		引物序列
Actin	F	GACTACGAGCAAGAGCTGGAAA
	R	ATTGAAGGCTGGAAGAGGACC
AdeH	F	GGACTACTCCAATCAATACAAAGG
	R	TAACCATCTCAAATGCCAACC
GGPS1	F	AGTGATGATTCCGTGTCT
	R	TTTCGTTTAAACAGTATT
GGPS2	F	TTGTGGAGGACGATAAGTAGCG
	R	TCGTTTCATTTCCGTGTCCTT
GGPS3	F	GTGGATGTGATGAGGATGTTGA
	R	ACTAAATCTTTCCCAGCCGTT
CHL P1	F	CCATTCTCTCTCCTCTGCTTCG
	R	CCACAGGGTTTACAGTTGTCCAT
CHL P2	F	CACCCCAGATTTTCCGTCATA
	R	AAAGCCGCACGAATACATAGG
CHL P3	F	GAACACCCACCCGTAAAAGTC
	R	CGATTGCCTTTCAGGAGAGA
HGGT	F	GCTTCCATCTGAACATAGGCA
	R	GTCAGTTCAGTTGTGGGTTCG
HPPD1	F	TCTATGGCGATGCCGTTC
	R	GGGTAAGAACCAGGAACTAGGG
HPPD2	F	GTCAAAGCCAGATGTTGGAGTC
	R	GCTCCAGCGTTGAGTTATGTT
HPPD3	F	GGTGTTGCTGCCGTTGAAT
	R	CCCTCATTGTGCTCCAAATAC
HPT	F	TATCTTGAACTGTCTATCTCCCTCC
	R	CATCTATTCGGTTCCTCCTTTT
MPBQ MT1	F	GCTTCCTTGATTCCTCGCTG
	R	TCAAGGGCGTCACCATCAT
MPBQ MT2	F	CTTTAGGGAAGAGCATCCACATA
	R	CATCAGGGAAGCATACAGGGT
MPBQ MT3	F	TTTGACCTGACAAGACCTAGCC
	R	GGCTTCTTCAATGCTTAGTGGT
MPBQ MT 4	F	TGAATCCTATCACCTTCCTCTTC
	R	GGGCACAATCTGGTCCTTTAT
PAT 1	F	GTTTTGTTCAAGCCCGTGTAG
	R	AATGGAAACAGGAGATGGAAGA

续表

基因名称		引物序列
PAT 2	F	TACTCAAACCCTCCTGTTCACG
	R	AGTCCTTTCCGCTCTTGTCTT
PAT 3	F	AAGTCTAGCTTACCTTATCCCCAT
	R	ACTGACATACACTCCTGAGCAAAT
PAT 4	F	CTGTGCTTTGTTCAGTCCTATGTT
	R	AATTGTGATGATGGTAGCGAGA
TC	F	AAGAACTCTGGGCGAAGATAACT
	R	ATGTCCTCTCTGCTACCATCAAC
TMT1	F	AGCCGTCGTCAAATGCTAATC
	R	CCAATCCCAAATCCATCTAACA
TMT2	F	GGGGAAGATTTGTGATGCCTAT
	R	CAAAGCAGAGCGTATGACAGC
TAT1	F	AGTCTGTCATAATCCTTCCTGGTG
	R	GATCCTTTCAAATGCTTCCTCA
TAT2	F	CGAGTCCCTGGAAACACCTAT
	R	GGATGAGTCAGCGTCGTCTT
TAT3	F	AGCCTGTCAAATGCTTCTTCG
	R	TGGAATCAAAGATGACACGGA
TAT4	F	GGAAACTCGGGCAAACTAAAG
	R	CAGTATTGGCGTCTCAAAGGA
TAT5	F	TCCTCTACAATCACATTCCCAAGT
	R	TGGTGTCTGAGATTACGAGGGT
TAT6	F	ACAAGCCAACCAAGTCTCCAG
	R	CTCGGGATAGTAGTAGTTGCTGAT
TAT7	F	GTAACGCTGTGACAACTGAAAGG
	R	GGTTGATTTGGTTGAGATGGAG
TAT8	F	TGTTACCAAGACCAGGCTATCC
	R	GGTCAACTTCCCATCCTCTTT

6.2.2.4 荧光定量 PCR 检测及相关性分析

方法同 5.1.2.3 和 5.1.3。

6.2.2.5 金荞麦维生素 E 合成关键基因生物信息学分析

1. 金荞麦 CHL P3 基因的生物信息学分析

由于转录组测序获得的金荞麦 CHL P3 基因的序列只有 212bp，所以本研究仅对其进行进化树构建和序列比对研究，建树过程如下：同源性序列搜索采用 blastp 在线搜索，建树过程同 5.2.2.6 中 1. 的方法。采用 blastn 在线搜索同源序列，并分析它们间的相似性。

2. 金荞麦 TC 基因的生物信息学分析

方法同 5.2.2.6。

6.3 结果与分析

6.3.1 维生素 E 测量结果

金荞麦的维生素 E 含量结果见表 6-2，由表 6-2 可以看出，不同品系的金荞麦材料的维生素 E 含量不相同，它们维生素 E 含量的范围在 0.09~0.19 mg/g 之间，表明材料的选择较有代表性。

表 6-2 　　　　　　　　　　　**维生素 E 含量测定结果**

编号	维生素 E 含量（mg/g）	编号	维生素 E 含量（mg/g）	编号	维生素 E 含量（mg/g）
A1-1-3B	0.09	A10-1-2B	0.16	B3-3-6	0.19
A3-1-1A	0.15	A11-4-1A	0.11	B5-8-1B	0.13
A5-7-2	0.12	B2-1-3	0.18	B7-2-2A	0.15

6.3.2 相对定量结果

本研究比较了转录组测序获得的 31 个荞麦维生素 E 合成相关基因在 9 株金荞麦植株叶片组织中的表达情况，共有 26 个基因的熔解曲线均为单峰，表明扩增产物特异性较好（见表 6-3），其中包括 1 条 AdeH 基因序列、3 条 GGPS 基因序列、2 条 CHL P 基因序列、1 条 HGGT 基因序列、1 条 HPPD 和 SLR0090 基因序列、1 条 HPT 基因序列、2 条 MPBQ MT 和 SLL0418 基因序列、4 条 PAT 基因序列、1 条 TC 基因序列、2 条 TMT 基因序列、8 条 TAT 基因序列。

表 6-3　金荞麦维生素 E 合成途径相关基因 RT-PCR 测量结果

编号	VE 含量 (mg/g)	AdeH	GGPS2	GGPS3	CHL P1	CHL P2	CHL P3	HGGT	HPPD2	HPT	MPBQ MT 1	MPBQ MT 2	PAT1	PAT2
A1-1-3B	0.09	1.0000	1.0000	1.0000	1.0000	1.0000	1.0000	1.0000	1.0000	1.0000	1.0000	1.0000	1.0000	1.0000
A11-4-1A	0.11	0.5393	2.0399	0.1868	2.5044	0.8182	0.9756	1.0596	1.1550	0.6696	1.1013	0.1024	0.3194	1.1958
A5-7-2	0.12	0.2265	0.8394	0.3139	1.4663	3.6187	0.3499	0.2185	0.6197	0.5746	1.1225	0.0226	0.6049	1.2438
B5-8-1B	0.13	0.5412	0.6301	4.6044	0.7398	5.6797	0.7927	1.3636	0.9347	0.5482	0.5948	0.0249	0.9707	1.1195
A3-1-1A	0.15	3.3461	1.4863	0.9078	1.2974	0.6876	0.2123	0.8152	0.8143	0.5511	0.4609	0.1793	0.2399	1.2824
B7-2-2A	0.15	1.0103	0.7324	0.1654	1.0453	1.1388	0.3524	0.3748	0.7065	0.4154	0.1329	0.0260	1.1862	0.8901
A10-1-2B	0.16	3.5483	1.3828	7.6047	1.1547	3.5454	0.5280	0.7980	0.8031	0.1775	3.3031	2.3734	0.6476	1.0365
B2-1-3	0.18	1.8356	1.3025	0.3986	1.8003	1.3875	0.3349	0.7726	0.9374	0.9142	1.0858	0.2941	0.0618	1.0655
B3-3-6	0.19	0.7737	1.8580	0.7543	1.6191	1.8416	0.3439	1.1590	1.3577	0.9592	0.7252	0.6463	0.2966	1.3385

编号	VE 含量 (mg/g)	PAT3	PAT4	TC	TMT1	TMT2	TAT1	TAT2	TAT3	TAT4	TAT5	TAT6	TAT7	TAT8
A1-1-3B	0.09	1.0000	1.0000	1.0000	1.0000	1.0000	1.0000	1.0000	1.0000	1.0000	1.0000	1.0000	1.0000	1.0000
A11-4-1A	0.11	0.8727	0.3357	1.3615	0.0399	0.8284	0.4167	0.8595	0.6473	0.3526	0.4825	0.9613	0.6546	0.3381
A5-7-2	0.12	0.7846	0.2803	1.0166	0.1769	1.5062	0.2204	0.3839	0.9303	0.4477	1.1077	1.0429	0.6505	0.3386
B5-8-1B	0.13	13.1945	4.7501	0.8010	3.0829	1.5526	5.9644	2.8020	2.6457	2.4448	3.1223	1.8590	4.8462	3.6924
A3-1-1A	0.15	1.2060	0.5545	0.9024	0.0837	1.0416	0.6118	1.1432	0.7123	0.4683	0.8374	0.3448	0.8480	0.5306
B7-2-2A	0.15	2.1382	0.9791	1.2248	1.3128	1.3368	9.4161	1.4136	0.6925	0.6997	0.8933	0.5541	0.9339	1.2206
A10-1-2B	0.16	4.4788	2.2711	1.6772	0.3947	1.4035	2.9699	3.8841	3.6666	1.0026	2.0055	1.2059	2.2503	2.6227
B2-1-3	0.18	1.6604	0.9071	1.6580	0.2995	1.6914	1.3889	1.6565	0.9923	0.6549	0.7921	0.6280	1.2218	0.5452
B3-3-6	0.19	2.4748	1.7319	1.8430	1.4205	1.0371	1.1108	1.5830	1.5025	0.6142	1.6566	0.7469	2.0258	1.2696

6.3.3 相关性分析

应用 SPSS 软件对 26 个荞麦维生素 E 合成基因在 9 个金荞麦植株中的表达情况进行相关性分析（结果见表 6-4），结果表明 CHL P3 基因和 TC 基因的表达与金荞麦维生素 E 含量的相关性为显著相关，其中 CHL P3 基因的表达与金荞麦维生素 E 含量的相关性为显著负相关，TC 基因的表达与金荞麦维生素 E 含量的相关性为显著正相关，其他基因的表达与金荞麦维生素 E 含量的相关性不显著。但是 CHL P3 基因和 TC 基因与所有被测基因的表达均无相关性，暗示这两个基因具有相对独立的调控机制，这也可能是维生素 E 含量较难通过基因工程的方式提高的原因。

表 6-4 　　　　　　　　　金荞麦维生素 E 合成相关基因与生素 E 含量间相关性

	含量	AdeH	GGPS2	GGPS3	CHL P1	CHL P2	CHL P3	HGGT	HPPD2
含量	1	0.379	0.275	0.108	0.069	−0.024	−0.740*	0.001	0.197
AdeH	0.379	1	0.210	0.489	−0.164	−0.163	−0.374	−0.045	−0.239
GGPS2	0.275	0.210	1	−0.147	0.785*	−0.505	0.032	0.336	0.686*
GGPS3	0.108	0.489	−0.147	1	−0.454	0.656	0.152	0.293	−0.143
CHL P1	0.069	−0.164	0.785*	−0.454	1	−0.477	0.075	0.008	0.433
CHL P2	−0.024	−0.163	−0.505	0.656	−0.477	1	0.090	0.172	−0.236
CHL P3	−0.740*	−0.374	0.032	0.152	0.075	0.090	1	0.533	0.340
HGGT	0.001	−0.045	0.336	0.293	0.008	0.172	0.533	1	0.761*
HPPD2	0.197	−0.239	0.686*	−0.143	0.433	−0.236	0.340	0.761*	1
HPT	−0.031	−0.438	0.241	−0.613	0.285	−0.395	0.192	0.336	0.625
MPBQ MT 1	0.080	0.509	0.208	0.744*	0.041	0.281	0.121	−0.015	−0.102
MPBQ MT 2	0.146	0.593	0.18	0.733*	−0.205	0.118	0.114	0.112	0.042
PAT1	−0.474	−0.287	−.740*	0.231	−.712*	0.323	0.351	−0.116	−0.37
PAT2	0.195	−0.068	0.545	−0.203	0.407	0.033	−0.247	0.235	0.401
PAT3	0.027	−0.097	−0.432	0.622	−0.536	0.821**	0.237	0.541	0.014
PAT4	0.114	−0.038	−0.369	0.686*	−0.575	0.790*	0.235	0.605	0.124
TC	0.692*	0.192	0.597	0.096	0.461	−0.224	−0.244	0.053	0.475
TMT1	0.008	−0.386	−0.501	0.290	−0.612	0.597	0.244	0.515	0.185
TMT2	0.328	0.039	−0.632	0.307	−0.371	0.600	−0.376	−0.315	−0.539
TAT1	0.113	−0.094	−0.594	0.213	−0.550	0.257	−0.063	−0.112	−0.322

续表

	含量	AdeH	GGPS2	GGPS3	CHL P1	CHL P2	CHL P3	HGGT	HPPD2
TAT2	0.371	0.508	-0.093	0.932**	-0.414	0.550	0.033	0.357	-0.013
TAT3	0.216	0.373	-0.128	0.974**	-0.43	0.719*	0.113	0.336	-0.028
TAT4	-0.134	-0.131	-0.555	0.586	-0.655	0.762*	0.371	0.544	-0.011
TAT5	0.129	-0.024	-0.382	0.735*	-0.609	0.884**	0.130	0.488	0.046
TAT6	-0.356	-0.321	-0.371	0.621	-0.34	0.863**	0.578	0.446	0.022
TAT7	0.142	-0.065	-0.325	0.652	-0.514	0.806**	0.207	0.626	0.159
TAT8	0.086	0.096	-0.395	0.820**	-0.641	0.780*	0.232	0.488	-0.004

	HPT	MPBQ MT 1	MPBQ MT 2	PAT1	PAT2	PAT3	PAT4	TC	TMT1
含量	-0.031	0.08	0.146	-0.474	0.195	0.027	0.114	0.692*	0.008
含量	-0.438	0.509	0.593	-0.287	-0.068	-0.097	-0.038	0.192	-0.386
AdeH	0.241	0.208	0.180	-0.740*	0.545	-0.432	-0.369	0.597	-0.501
GGPS2	-0.613	0.744*	0.733*	0.231	-0.203	0.622	0.686*	0.096	0.290
GGPS3	0.285	0.041	-0.205	-0.712*	0.407	-0.536	-0.575	0.461	-0.612
CHL P1	-0.395	0.281	0.118	0.323	0.033	0.821**	0.790*	-0.224	0.597
CHL P2	0.192	0.121	0.114	0.351	-0.247	0.237	0.235	-0.244	0.244
CHL P3	0.336	-0.015	0.112	-0.116	0.235	0.541	0.605	0.053	0.515
HGGT	0.625	-0.102	0.042	-0.37	0.401	0.014	0.124	0.475	0.185
HPPD2	1	-0.434	-0.297	-0.309	0.255	-0.284	-0.22	0.132	0.034
HPT	-0.434	1	.879**	-0.12	-0.12	0.017	0.106	0.442	-0.325
MPBQ MT 1	-0.297	0.879**	1	0.053	-0.229	0	0.163	0.461	-0.161
MPBQ MT 2	-0.309	-0.120	0.053	1	-0.658	0.375	0.372	-0.476	0.570
PAT1	0.255	-0.120	-0.229	-0.658	1	-0.101	-0.115	0.064	-0.177
PAT2	-0.284	0.017	-0.291	0.375	-0.101	1	0.974**	-0.283	0.847**
PAT3	-0.220	0.106	0.163	0.372	-0.115	0.974**	1	-0.140	0.864**
PAT4	0.132	0.442	0.461	-0.476	0.064	-0.283	-0.14	1	-0.269
TC	0.034	-0.325	-0.161	0.570	-0.177	0.847**	0.864**	-0.269	1
TMT1	-0.257	0.159	-0.019	0.100	-0.313	0.418	0.376	0.006	0.243
TMT2	-0.458	-0.244	-0.117	0.715*	-0.667*	0.484	0.459	-0.157	0.607

续表

	HPT	MPBQ MT 1	MPBQ MT 2	PAT1	PAT2	PAT3	PAT4	TC	TMT1
TAT1	-0.526	0.633	0.677*	0.162	-0.291	0.644	0.730*	0.293	0.376
TAT2	-0.508	0.722*	0.716*	0.195	-0.133	0.657	0.743*	0.215	0.375
TAT3	-0.153	-0.003	0.049	0.510	-0.251	0.956**	0.948**	-0.379	0.872**
TAT4	-0.284	0.207	0.241	0.355	0.013	0.926**	0.962**	-0.128	0.796*
TAT5	-0.206	0.294	0.163	0.421	-0.092	0.806**	0.786*	-0.267	0.630
TAT6	-0.182	0.082	0.109	0.287	-0.018	0.976**	0.993**	-0.132	0.849**
TAT7	-0.413	0.275	0.348	0.482	-0.251	0.922**	0.963**	-0.106	0.781*

	TMT2	TAT1	TAT2	TAT3	TAT4	TAT5	TAT6	TAT7	TAT8
含量	0.328	0.113	0.371	0.216	-0.134	0.129	-0.356	0.142	0.086
AdeH	0.039	-0.094	0.508	0.373	-0.131	-0.024	-0.321	-0.065	0.096
GGPS2	-0.632	-0.594	-0.093	-0.128	-0.555	-0.382	-0.371	-0.325	-0.395
GGPS3	0.307	0.213	0.932**	0.974**	0.586	0.735*	0.621	0.652	0.820**
CHL P1	-0.371	-0.55	-0.414	-0.43	-0.655	-0.609	-0.34	-0.514	-0.641
CHL P2	0.600	0.257	0.550	0.719*	0.762*	0.884**	0.863*	0.806**	0.780*
CHL P3	-0.376	-0.063	0.033	0.113	0.371	0.130	0.578	0.207	0.232
HGGT	-0.315	-0.112	0.357	0.336	0.544	0.488	0.446	0.626	0.488
HPPD2	-0.539	-0.322	-0.013	-0.028	-0.011	0.046	0.022	0.159	-0.004
HPT	-0.257	-0.458	-0.526	-0.508	-0.153	-0.284	-0.206	-0.182	-0.413
MPBQ MT 1	0.159	-0.244	0.633	0.722*	-0.003	0.207	0.294	0.082	0.275
MPBQ MT 2	-0.019	-0.117	0.677*	0.716*	0.049	0.241	0.163	0.109	0.348
PAT1	0.100	0.715*	0.162	0.195	0.510	0.355	0.421	0.287	0.482
PAT2	-0.313	-0.667*	-0.291	-0.133	-0.251	0.013	-0.092	-0.018	-0.251
PAT3	0.418	0.484	0.644	0.657	0.956**	0.926**	0.806**	0.976**	0.922**
PAT4	0.376	0.459	0.730*	0.743*	0.948**	0.962**	0.786*	0.993**	0.963**
TC	0.006	-0.157	0.293	0.215	-0.379	-0.128	-0.267	-0.132	-0.106
TMT1	0.243	0.607	0.376	0.375	0.872**	0.796*	0.630	0.849**	0.781*
TMT2	1	0.345	0.377	0.360	0.398	0.403	0.301	0.384	0.361
TAT1	0.345	1	0.369	0.203	0.472	0.358	0.182	0.393	0.533

续表

	TMT2	TAT1	TAT2	TAT3	TAT4	TAT5	TAT6	TAT7	TAT8
TAT2	0.377	0.369	1	0.937 **	0.587	0.717 *	0.490	0.694 *	0.836 **
TAT3	0.360	0.203	0.937 **	1	0.609	0.806 **	0.661	0.719 *	0.847 **
TAT4	0.398	0.472	0.587	0.609	1	0.885 **	0.821 **	0.932 **	0.902 **
TAT5	0.403	0.358	0.717 *	0.806 **	0.885 **	1	0.804 **	0.961 **	0.944 **
TAT6	0.301	0.182	0.490	0.661	0.821 **	0.804 **	1	0.787 *	0.772 *
TAT7	0.384	0.393	0.694 *	0.719 *	0.932 **	0.961 **	0.787 *	1	0.933 **
TAT8	0.361	0.533	0.836 **	0.847 **	0.902 **	0.944 **	0.772 *	0.933 **	1

　　然而金荞麦维生素 E 的合成代谢也表现出一定的复杂性，各相关基因之间通过相互作用对金荞麦维生素 E 的合成代谢进行调控。例如，AdeH 基因与所有被测基因的表达均无相关性；GGPS2 基因与 CHL P1、HPPD2、PAT1 等 3 个基因的表达相关性为显著相关，其中与 PAT1 显著负相关；GGPS3 基因与 TAT2、TAT3、TAT8 等 3 个基因的表达相关性为极显著相关，GGPS3 基因与 MPBQ MT 1、MPBQ MT 2、PAT4、TAT5 等 4 个基因的表达相关性为显著相关；CHL P1 基因与 GGPS2、PAT1 基因的表达相关性为显著正相关，与 PAT1 基因显著负相关；CHL P2 基因与 PAT3、TAT5、TAT6、TAT7 等 4 个基因的表达相关性为极显著相关，CHL P2 基因与 PAT4、TAT3、TAT4、TAT8 等 4 个基因的表达相关性为显著相关；HGGT 基因与 HPPD2 基因的表达相关性为显著相关；HPPD2 基因与 GGPS2、HGGT 的表达相关性为显著相关；HPT 基因与所有被测基因的表达均无相关性；MPBQ MT 1 基因与 MPBQ MT 2 基因的表达相关性为极显著相关，MPBQ MT 1 基因与 GGPS3、TAT3 基因的表达相关性为显著相关；MPBQ MT 2 基因与 MPBQ MT 1 基因的表达相关性为极显著相关，MPBQ MT 2 基因与 GGPS3、TAT2、TAT3 基因的表达相关性为显著相关；PAT1 基因与 GGPS2、CHL P2、TAT1 基因的表达相关性为著负相关，其中与 GGPS2、CHL P2 基因的表达相关性为显著负相关；PAT2 基因与 TAT1 基因的表达相关性为显著负相关；PAT3 基因与 CHL P2、PAT4、TMT1、TAT4、TAT5、TAT6、TAT7、TAT8 等 8 个基因的表达相关性为极显著相关；PAT4 基因与 PAT3、TMT1、TAT4、TAT5、TAT7、TAT8 等 6 个基因的表达相关性为极显著相关，PAT4 基因与 GGPS3、CHL P2、TAT2、TAT3、TAT6 等 5 个基因的表达相关性为显著相关；TMT1 基因与 PAT3、PAT4、TAT4、TAT7 等 4 个基因的表达相关性为极显著相关，TMT1 基因与 TAT5、TAT8 等 2 个基因的表达相关性为显著相关；TMT2 基因与所有被测基因的表达均无相关性；TAT1 基因与 PAT1、PAT2 基因的表达相关性为显著相关，其中与 PAT2 基因的表达相关性为显著负相关；TAT2 基因与 GGPS3、TAT3、TAT8 等 3 个基因的表达相关性为极显著相关，TAT2 基因与 MPBQ MT 2、PAT4、TAT5、TAT7 等 4 个基因的表达相关性为显著相关；TAT3 基因与 GGPS3、TAT2、TAT5、TAT8 等 4 个基因的表达相关性为极显著相关，TAT3 基因与 CHL P2、MPBQ MT 1、MPBQ MT 2、PAT4、TAT7 等 5 个基因的表达相关性为显

著相关；TAT4 基因与 PAT3、PAT4、TMT1、TAT5、TAT6、TAT7、TAT8 等 7 个基因的表达相关性为极显著相关，TAT4 基因与 CHL P2 基因的表达相关性为显著相关；TAT5 基因与 CHL P2、PAT3、PAT4、TAT3、TAT4、TAT6、TAT7、TAT8 等 8 个基因的表达相关性为极显著相关，TAT5 基因与 GGPS3、TMT1、TAT2 等 3 个基因的表达相关性为显著相关；TAT6 基因与 CHL P2、PAT3、TAT4、TAT5 等 4 个基因的表达相关性为极显著相关，TAT6 基因与 PAT4、TAT7、TAT8 等 3 个基因的表达相关性为显著相关；TAT7 基因与 CHL P2、PAT3、PAT4、TMT1、TAT4、TAT5、TAT8 等 7 个基因的表达相关性为极显著相关，TAT7 基因与 TAT2、TAT3、TAT6 等基因的表达相关性为极显著相关；TAT8 基因与 GGPS3、PAT3、PAT4、TAT2、TAT3、TAT4、TAT5、TAT7 等基因的表达相关性为极显著相关，TAT8 基因与 CHL P2、TMT1、TAT6 等基因的表达相关性为显著相关。

6.3.4 金荞麦维生素 E 合成关键基因生物信息学分析

6.3.4.1 金荞麦 CHL P3 基因的生物信息学分析

1. 金荞麦 CHL P3 基因进化树构建

采用 tblastn 在线搜索同源性序列，共收获 100 条同源序列，去除功能未最终明确的序列、重复序列和较短的序列后，最终选取 17 条氨基酸序列使用 ClustalX2 进行多序列比对，接着使用 Modelgenerator 0.85 软件选择进化树构建模型，结果最适合的进化树构建模型为 JTT+G+F 模型，γ 形状参数（Gamma shape parameter）选择为 0.11，使用最适模型构建进化树，重复 100 次，结果见图 6-1，由进化树可以看出，金荞麦 CHL P3 基因与橡胶树和蓖麻的 CHL P 基因的亲缘关系最近。

2. 金荞麦 CHL P3 基因与相似基因的比对

使用转录组测序获得的金荞麦 CHL P3 基因序列在 blastn 中筛选同源序列，搜索发现金荞麦 CHL P3 基因序列与葡萄 CHL P 序列（gi｜225457404｜ref｜XM_ 002284870.1｜）同源，比对发现金荞 CHL P3 基因序列位于葡萄 CHL P 基因序列的 617-828bp 之间，两个序列在此区域有 99% 的序列是相同的（见图 6-2）。

6.3.4.2 金荞麦 TC 基因的生物信息学分析

1. 金荞麦 TC 基因 ORF 搜索

采用 NCBI 中的 ORF Finder 寻找金荞麦 TC 基因可能的 ORF，共有 8 种可能的 ORF 结果，其长度分别从 105bp 到 1500bp 不等，其中只有长度为 1500bp 长度大于 500bp，其他 7 条长度较短，因此 TC 基因 ORF 的长度为 1500bp，结果见图 6-3。起始密码子为 ATG，终止密码子为 TAG，共翻译 499 个氨基酸。

2. 理化性质

使用 ProtParam 软件进行蛋白质理化性质预测，推测其分子式为 $C_{2523}H_{3781}N_{681}O_{728}S_{14}$，分子量为 55749.7，等电点为 6.58，推测属于不稳定蛋白。氨基酸组成为 Ala（6.4%）、Arg（6.0%）、Asn（3.4%）、Asp（3.2%）、Cys（1.4%）、Gln（3.0%）、Glu（7.4%）、Gly（10.0%）、His（2.0%）、Ile（4.2%）、Leu（5.8%）、Lys（4.2%）、Met（1.4%）、

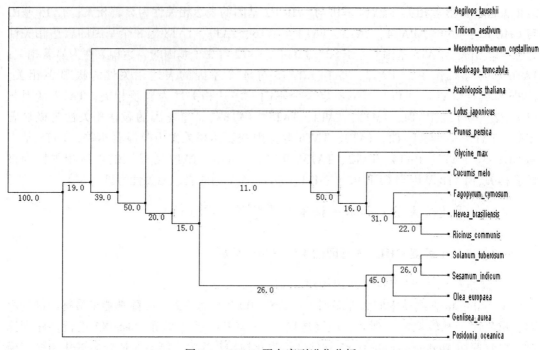

图 6-1 CHL P 蛋白序列进化分析

Range 1: 617 to 828 GenBank Graphics   ▼ Next Match ▲ Previous Match

Score	Expect	Identities	Gaps	Strand
375 bits(203)	6e-101	209/212(99%)	0/212(0%)	Plus/Minus

```
Query  1    GTGGTCGCATTTCGGGAACACCCACCCGTAAAAGTCCGGCGACACGTCGTCACCGACGTA   60
            ||||||||||||||||||||||||||||||||||||||||||||||||||||||||||||
Sbjct  828  GTGGTCGCATTTCGGGAACACCCACCCGTAAAAGTCCGGCGACACGTCGTCACCGACGTA   769

Query  61   CATTTCAGCCAAATTCTCGTAGTACACCATTTTGTCGTCCGGGATTTTAATTCTCTCCTG   120
            ||||||||||||||||||||||||||||||||||||||||||||||||||||||||||||
Sbjct  768  CATTTCAGCCAAATTCTCGTAGTACACCATTTTGTCGTCCGGGATTTTAATTCTCTCCTG   709

Query  121  AAAGGCAATCGCGTAGTCGTAATCACCGGCGCCGATGAACTTCGCCACCCGCGAGTTGGC   180
            ||||||||||||||||||||||||||||||||||||||||||||||||||||||||||||
Sbjct  708  AAAGGCAATCGCGTAGTCGTAATCACCGGCGCCGATGAACTTCGCCACCCGCGAGTTGGC   649

Query  181  ACCGTCAGCGCCGATGAAGGCGTACACATCCA   212
            ||||||||||||||||||||||||||| ||||
Sbjct  648  ACCGTCAGCGCCGATGACGGCGTCCACCTCCA   617
```

图 6-2 金荞麦 CHL P3 基因序列与葡萄 CHL P 序列比对结果

Phe（5.6%）、Pro（7.2%）、Ser（8.6%）、Thr（6.0%）、Trp（3.8%）、Tyr（3.4%）、Val（6.8%）；且不含硒半胱氨酸（Sec）和吡咯赖氨酸（Pyl）。蛋白质正电荷残疾（Arg和 Lys 的总和）为 51，蛋白质负电荷残疾（Asp 和 Glu 的总和）为 53。脂肪指数（Aliphatic index）为 65.25，该蛋白总平均亲水性为－0.409，暗示该氨基酸亲水强。采用ProtScale 分析此蛋白的疏水性/亲水性结果表明（见图 6-4），亲水性最强分值为-3.089，疏水性最强分值为 1.700，结合一级结构分析结果认为，此氨基酸序列中疏水性区域分布比亲水区域广，此蛋白总体表现为亲水性。

76 atgactatctctccactctccactgaattaggggtcttcgagtg
M T I S P L S T E L G G L R V

121 ccatcctccatggctgtcgatcggccgaaagtcctttcatatct
P S S M A V R S A E S P F I S

166 acacactcaccatctttctgcggtggtcgccgacgcatccacccc
T H S P S F C G G R R R I H P

211 actcatcgagttatcttcgcccagagttcttcgtcggaaggaggc
T H R V I F A Q S S S S E G G

256 tatttgacggtcgataagctggaggaaagcagcggatctggatca
Y L T V D K L E E S S G S G S

301 gttcgcccggtttaccgccccacacctcccaatcgggagctccga
V R P V Y R P T P P N R E L R

346 acacctcacagcgggtaccattttgataggagcgtcgcccgttt
T P H S G Y H F D R S A R P F

391 tttgagggttggtacttaaggtgtcaattccagagaagaagcag
F E G W Y F K V S I P E K K Q

436 aacttctgtttcatgtattctgttgaaaatcctgcattccggaag
N F C F M Y S V E N P A F R K

481 aaattaacccttttgaagaaatacaatacggtcgtcggtttact
K L T P F E E I Q Y G R R F T

526 ggagttggggcacagatacttggtgcccatgacaagtatatatgc
G V G A Q I L G A H D K Y I C

571 cagtactctcaggaatcttataatttctggggaagtagacatgag
Q Y S Q E S Y N F W G S R H E

616 ctaatgctgggaagtacctttactgctcgaaaagattcacggcct
L M L G S T F T A R K D S R P

661 ccagacaaagaggttccacctgaggatttcaacagaagagtagtg
P D K E V P P E D F N R R V V

706 gaaggatttcaagtgactccactttggaatcaaggtttcattcgc
E G F Q V T P L W N Q G F I R

751 aatgatggaaggtcagattatgttgagacagtgaatacagctcgg
N D G R S D Y V E T V N T A R

796 tgggagtacagtacccagcctgtttatggctgggcaatgttggc
W E Y S T Q P V Y G W G N V G

841 tcaaagcagaaggcaactgctggatggcttgcggcatttcctgtt
S K Q K A T A G W L A A F P V

886 tttgagcctcattggcaaatatgcatggctggtggactttcaaca
F E P H W Q I C M A G G L S T

931 ggttggatagaatgggagggagaaagatttgagttccaaaatgct
G W I E W E G E R F E F Q N A

976 cctttcatattccgagaagaactggggaggagcattccccaaaag
P S Y S E K N W G G A F P K K

1021 tggtttttgggtgcagtcaatgtctttgagggtgcaaaggagaa
W F W V Q C N V F E G A K G E

1066 gtttcattgactgcagctggaggtgtgagagagctacctggagga
V S L T A A G G V R E L P G G

1111 atatacgaaaatgcagcattgattggagttcactacgccggagtt
I Y E N A A L I G V H Y A G V

1156 ttctatgaatttgtaccctggaacgggatcgtcgagtgggacatt
F Y E F V P W N G I V E W D I

1201 gatccatgggggcactggcaaatgtcagcagtcaatgatacatac
D P W G H W Q M S A V N D T Y

1246 aaggttgagttagagcaacaacaacaaatccaggtacaaccttg
K V E L E A T T T N P G T T L

1291 cgtgctcctactcttgaagggggtcttgctcctgcttgtaaggat
R A P T L E G G L A P A C K D

1336 acttgttcaggtgttctcagattgcgaatatgggagaaaagatct
T C S G V L R L R I W E K R S

1381 gacggcagcacgggaaaggttatattagacgtgacaagtgacatg
D G S T G K V I L D V T S D M

1426 gcagctgtagaggttgggggaggaccatggttcaactcatggagc
A A V E V G G G P W F N S W S

1471 gggaaaactatcacacccgagatccttagtcgcgccttgcagctc
G K T I T P E I L S R A L Q L

1516 cctattgatgtagagtcggcctttcagcttggcccaatactaaaa
P I D V E S A F S L A P I L K

1561 cctcccggtctttag 1575
P P G L *

图 6-3 金荞麦 TC 基因的全长 cDNA 序列和推定的氨基酸序列

3. 磷酸化修饰预测

本研究采用 NetPhos 对金荞麦 TC 基因氨基酸序列的翻译后磷酸化修饰位点进行预测（见图 6-5）。结果表明金荞麦 TC 基因氨基酸序列有 24 个丝氨酸需进行磷酸化，分别位于 7bp、17 bp、23 bp、26 bp、33 bp、35 bp、55 bp、56 bp、57 bp、70 bp、71 bp、73 bp、75 bp、94 bp、101 bp、127 bp、193 bp、230 bp、284 bp、302 bp、304 bp、435 bp、438 bp 和 448 bp 处；12 个苏氨酸需进行磷酸化，分别位于 31 bp、46 bp、63 bp、83 bp、138 bp、150 bp、188 bp、238 bp、389 bp、399 bp、404 bp 和 468 bp 处；8 个酪氨酸需要进行磷酸化，分别位于 61 bp、110 bp、163 bp、172 bp、232 bp、303 bp、347 bp 和 390 bp 处。

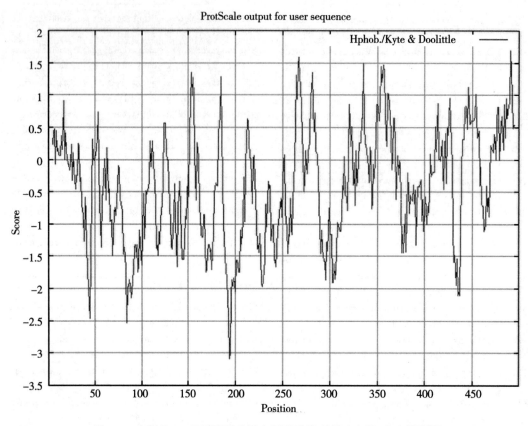

图 6-4 金荞麦 TC 基因编码的蛋白氨基酸序列的疏水性/亲水性预测

采用 NetNGlyc 对金荞麦 TC 基因氨基酸序列的翻译后磷酸化修饰位点进行预测，结果见图 6-5。N-糖基化修饰位点在 387 bp 处（见图 6-6）。

4. 信号肽预测和分析

用 TargetP1.1Server 分析表明（见图 6-7），此蛋白为叶绿体转运蛋白（分值为 0.859），非线粒体定位蛋白（分值为 0.069），不是信号肽，符合维生素 E 在叶绿体内膜上合成的结论。

5. 二级结构的预测和分析

采用 SOPMA 对 TC 基因编码蛋白的二级结构预测表明（见图 6-8），此蛋白 α 螺旋占 12.63%，无规则卷曲占 48.10%，β 转角和延伸分别占 12.63% 和 26.65%。

6. 跨膜结构域预测

采用 TMHMM 预测金荞麦 TC 蛋白的跨膜结构域（见图 6-9），结果表明该蛋白不存在跨膜结构。

7. motif 结构分析

采用 motif scan 对金荞麦 TC 基因的氨基酸进行扫描，结果显示金荞麦 TC 的氨基酸序列在 63~524bp 之间存在七种 motif 结构模式。它们分别为：位于 38~41bp、145~148 bp

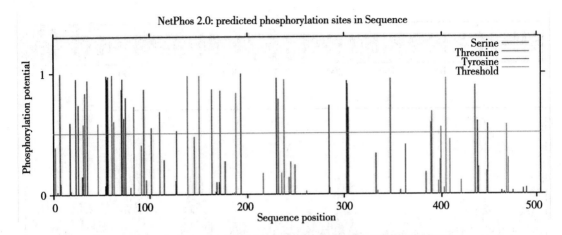

图 6-5　金荞麦 TC 基因编码的氨基酸序列的磷酸化修饰位点预测

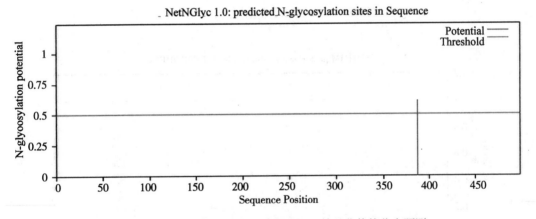

图 6-6　TC 基因编码的氨基酸序列的 N-糖基化修饰位点预测

```
### targetp v1.1 prediction results ############################
Number of query sequences:  1
Cleavage site predictions not included.
Using PLANT networks.

Name           Len    cTP    mTP    SP    other   Loc  RC

Sequence       499   0.859  0.069  0.012  0.118   C    2

cutoff               0.730  0.860  0.430  0.840

Explain the output.  Go back.
```

图 6-7　金荞麦 TC 基因编码的氨基酸序列的亚细胞定位预测

之间的两个酰胺化位点；位于 387~390bp 之间的 N 端糖基化位点；位于 135~138 bp、147~150 bp 和 190~193bp 之间的三个依赖于 cAMP 和 cGMP 的蛋白激酶磷酸化位点；位于 55~58 bp、114~117 bp、138~141 bp、177~180 bp 和 302~305bp 之间的五个酪蛋白激

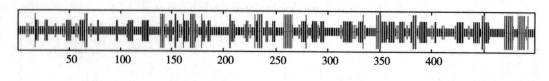

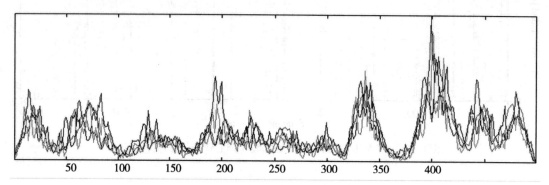

图 6-8　TC 基因编码的蛋白二级结构预测

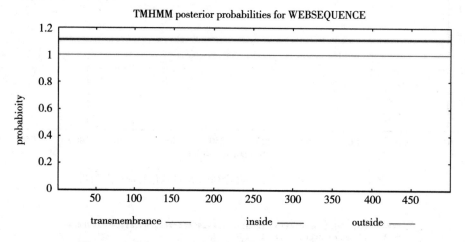

图 6-9　金荞麦 TC 基因编码的氨基酸序列的跨膜结构域预测

酶 Ⅱ 磷酸化位点；位于 59~64 bp、184~189 bp、252~257 bp、281~286 bp、345~350 bp、354~359 bp 和 413~418bp 之间的七个 N 端十四烷酰化位点；位于 46~48 bp、75~77 bp、101~103 bp、188~190 bp、238~240 bp、304~306 bp、389~391 bp、404~406 bp、439~441 bp 和 465~467bp 之间的十个蛋白激酶 C 磷酸化作用位点；位于 103~110bp 间的酪氨酸激酶磷酸化作用位点。

　　8. 进化树构建结果

　　采用 blastp 在线搜索同源性序列，在种子植物（seed plants）分类下共收获 49 条 TC 基因氨基酸序列，去除功能未最终确定的疑似序列、重复序列和不完整的序列后，最终选取 23 条氨基酸序列使用 ClustalX2 进行多序列比对，接着使用 Modelgenerator 软件选择最好的进化树构建模式，结果最适合的进化树构建模型为 JTT+G，γ 形状参数（Gama shape parameter）选择为 0.51，最终使用最适模型构建进化树，重复 100 次，结果见图 6-10，由进化树可以看出，金荞麦 TC 基因与桉树和葡萄的 TC 基因亲缘关系较近。

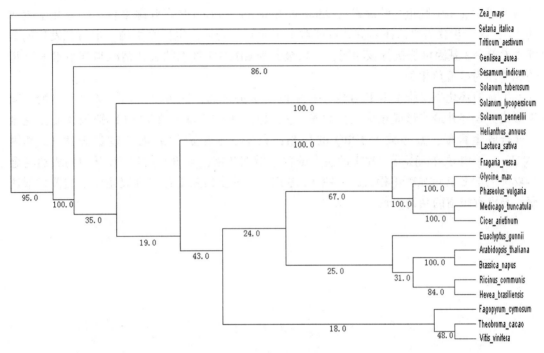

图 6-10　TC 蛋白进化分析

6.4　讨论

维生素 E 是脂溶性天然抗氧化剂，具有重要的生理功能，它参与防止动脉硬化、抗衰老、防癌、促进胆固醇代谢，稳定血脂等生理过程。由于维生素 E 具有酚羟基，导致维生素 E 具有很强的抗氧化能力，所以、维生素 E 对植物、动物和人类自身都具有十分重要的作用。而维生素 E 与其他脂溶性维生素又有些不同，它在人体内贮存的时间比较短，维生素 E 摄取量的 60%～70% 将在 24h 内随着排泄物排出体外，而金荞麦富含维生素 E，它是研究维生素 E 合成代谢的好材料，但在金荞麦维生素 E 合成过程中那种基因起到关键作用，还鲜有报道，本研究比较了 31 个转录组测序获得的荞麦黄酮合成相关基因在 9 株金荞麦植株叶片组织中的表达情况，结果表明 CHL P3 基因和 TC 基因的表达与金荞麦维生素 E 含量的相关性为显著相关，其中，CHL P3 基因的表达与金荞麦维生素 E 含量的相关性为显著负相关，TC 基因的表达与金荞麦维生素 E 含量的相关性为显著正相关，其他基因的表达与金荞麦维生素 E 含量的相关性不显著。因此，为了有效提高金荞麦维生素 E 的含量可以考虑从 CHL P3 和 TC 两个基因入手。

一般认为 CHL P 基因催化 GGDP 和 3 个 NADPH 生成 PDP，而 PDP 是生育酚合成的必要前体[147]，所以 CHL P 基因应该可以促进维生素 E 的合成。然而 Henry E. Valentin et al. （2005）研究认为 CHL P 基因一方面可以催化 GGDP 生成 PDP，同时 CHL P 基因还可以催化香叶酰香叶酰叶绿素 a（geranylgeranyl chlorophyllide a）生成叶绿素 a，而香叶酰香叶酰叶绿素 a 是由脱植基叶绿素（chlorophyllide a）和 GGDP 在叶绿素合成酶催化下生成的[148]，这个步骤需要消耗 GGDP 可能对维生素 E 的合成产生负面影响，本研究发现的金荞麦 CHL P3 基因可能执行该功能，导致金荞麦 CHL P3 基因的表达情况与维生素 E 含量的相关性为显著负相关。

生育酚环化酶是维生素 E 合成途径中的一个关键酶，它可以催化植基对苯二酚中间物形成芳香环并最终形成相应的生育酚，在拟南芥中 TC 基因（VTE1）缺失突变体完全不能合成生育酚，并导致 DMPBQ 的积累；利用 35S 组成型启动子过量表达 TC 基因（VTE1）可以导致拟南芥叶片中的生育酚含量增加 7 倍，本研究发现 TC 基因的表达与金荞麦维生素 E 含量显著正相关，表明 TC 基因编码的蛋白是生育酚合成途径中的关键限速酶，与已有报道的结论一致。

参 考 文 献

［1］ 马璇. 藻蓝蛋白对糖尿病大鼠胰岛、肝脏、心肌细胞 iNOS 表达的影响［D］. 青岛：青岛大学，2010.

［2］ 边云飞. 氧化应激与动脉粥样硬化［M］. 北京：军事医学科学出版社，2012：2-7.

［3］ 郑荣梁，Lesko S A，Ts'o POP. 活性氧引起哺乳动物细胞 DNA 损伤［J］. 中国科学（B 辑 化学 生物学 农学 医学 地学），1988（4）：378-386.

［4］ 郑荣梁，黄中洋. 自由基医学与农学基础［M］. 北京：高等教育出版社，2001：1-10.

［5］ 乔凤云，陈欣，余柳青. 抗氧化因子与天然抗氧化剂研究综述［J］. 科技通报，2006，3：332-336.

［6］ 姚林，王广增，赵伯阳，等. 泡利芬对大鼠脂质过氧化及抗氧化能力的影响［J］. 中国实验动物学杂志，1998，3：17-19.

［7］ Arora A，Byrem TM，Nair MG，*et al*. Modulation of liposomal membrane fluidity by flavonoids and isoflavonoids［J］. Arch Biochem Biophys，2000（373）：102-109.

［8］ 孙世利，庞式，凌彩金等. 不同浸提条件对绿茶多糖清除自由基活性的影响［J］. 广东农业科学，2012（24）：101-103.

［9］ 王伟，刘世军，安法娥等. 黄连多糖提取、分离纯化鉴定及清除羟基自由基能力测定［J］. 山东医药，2013，10：79-82.

［10］ 王晓宇. 葡萄酒抗氧化活性及其检测方法的研究［D］. 杨凌：西北农林科技大学，2008.

［11］ 徐静. 水果抗氧化活性与成分分析以及对衰老机体抗氧化功能的干预作用［博士学位论文］. 北京：中国人民解放军军事医学科学院，2006.

［12］ 程天德，戴必胜，梁延省. 富硒大豆低聚肽的抗氧化活性研究［J］. 现代食品科技，2013，2：277-279，283.

［13］ 余芳，安辛欣. 富硒绿茶中茶多酚及水提物的抗氧化活性研究［J］. 江苏农业科学，2012，8：298-300.

［14］ 金黎明，郝苗，赵小菁等. 硒化壳寡糖的合成及抗氧化作用研究［J］. 大连民族学院学报，2012，5：445-448.

［15］ 付思美，畅芬芬，车影等. 维生素 C 磷酸酯镁的稳定性及其清除超氧离子自由基的动力学［J］. 化学研究，2013（2）：180-184.

[16] Zenoni S, Ferrarini A, Giacomelli E, *et al.* Characterization of Transcriptional Complexity during Berry Development in Vitis vinifera Using RNA-Seq [J]. Plant Physiology, 2010, 152: 1787-1795.

[17] Bleeker PM, Spyropoulou EA, Diergaarde PJ, *et al.* RNA-seq discovery, functional characterization, and comparison of sesquiterpene synthases from Solanum lycopersicum and Solanum habrochaites trichomes [J]. Plant Mol Biol, 2011, 77: 323-336.

[18] Feng C, Chen M, Xu CJ, *et al.* Transcriptomic analysis of Chinese bayberry (Myrica rubra) fruit development and ripening using RNA-Seq [J]. BMC Genomics. 2012 (13): 19.

[19] Meyer E, Logan TL, Juenger TE. Transcriptome analysis and gene expression atlas for Panicum hallii var. filipes, a diploid model for biofuel research [J]. The Plant Journal, 2012, 705: 879-900.

[20] Yuan Y, Song L, Li M, *et al.* Genetic variation and metabolic pathway intricacy govern the active compound content and quality of the Chinese medicinal plant Lonicera japonica thumb [J]. BMC Genomics, 2012 (13): 195.

[21] Marquez Y, Brown JWS, Simpson CG, *et al.* Transcriptome survey reveals increased complexity of the alternative splicing landscape in Arabidopsis [J]. Genome Res. 2012, 22: 1184-1195.

[22] Mizrachi E, Hefer CA, Ranik M, *et al.* De novo assembled expressed gene catalog of a fast-growing Eucalyptus tree produced by Illumina mRNA-Seq [J]. BMC Genomics. 2010, 11: 681.

[23] Villar E, Klopp C, Noirot C, *et al.* RNA-Seq reveals genotype-specific molecular responses to water deficit in eucalyptus [J]. BMC Genomics. 2011, 12: 538.

[24] Filichkin SA, Priest HD, Givan SA, *et al.* Genome-wide mapping of alternative splicing in Arabidopsis thaliana [J]. Genome Res. 2010, 20: 45-58.

[25] Kaur S, Cogan NO, Pembleton LW, *et al.* Transcriptome sequencing of lentil based on second-generation technology permits large-scale Unigenes assembly and SSR marker discovery [J]. BMC Genomics. 2011, 12: 265.

[26] Xia Z, Xu H, Zhai J, *et al.* RNA-Seq analysis and de novo transcriptome assembly of Hevea brasiliensis [J]. Plant Mol Biol. 2011, 77: 299-308.

[27] Dugas DV, Monaco MK, Olson A, *et al.* Functional annotation of the transcriptome of Sorghum bicolor in response to osmotic stress and abscisic acid [J]. BMC Genomics. 2011, 12: 514.

[28] Gille S, Cheng K, Skinner ME, *et al.* Deep sequencing of voodoo lily (Amorphophallus konjac): an approach to identify relevant genes involved in the synthesis of the hemicellu-

lose glucomannan. Planta［J］. 2011, 234（3）: 515-26.

［29］ Yang SS, Tu ZJ, Cheung F, *et al.* Using RNA-Seq for gene identification, polymorphism detection and transcript profiling in two alfalfa genotypes with divergent cell wall composition in stems［J］. BMC Genomics. 2011, 12: 199.

［30］ Qiu Q, Ma T, Hu Q, *et al.* Genome-scale transcriptome analysis of the desert poplar, Populus euphratica［J］. Tree Physiology. 2011, 31: 452 – 461.

［31］ Mutasa-Göttgens ES, Joshi A, Holmes HF, *et al.* A new RNASeq-based reference transcriptome for sugar beet and its application in transcriptome-scale analysis of vernalization and gibberellin responses［J］. BMC Genomics. 2012, 13: 99.

［32］ Guo S, Liu J, Zheng Y, *et al.* Characterization of transcriptome dynamics during watermelon fruit development: sequencing, assembly, annotation and gene expression profiles ［J］. BMC Genomics. 2011, 12: 454.

［33］ Triwitayakorn K, Chatkulkawin P, Kanjanawattanawong S, *et al.* Transcriptome Sequencing of Hevea brasiliensis for Development of Microsatellite Markers and Construction of a Genetic Linkage Map ［J］. DNA Research. 2011, 18（6）: 1-12.

［34］ 霍达, 张恒, 戴绍军. 盐生植物盐碱胁迫应答转录组学分析 ［J］. 现代农业科技, 2011, 5: 11-12.

［35］ Bancroft I, Morgan C, Fraser F, *et al.* Dissecting the genome of the polyploid crop oilseed rape by transcriptome sequencing ［J］. Nat Biotechnol. 2011, 29（8）: 762-766.

［36］ 任苏玲. 荞麦壳色素提取纯化及稳定性研究 ［博士学位论文］. 合肥: 合肥工业大学, 2007.

［37］ Gross H. Remarques surles Polygonees de l' Asie Orientale ［J］. Bulletin de Geographie Botanique, 1913, 23: 7-32.

［38］ Steward D. The Polygonaceae of eastern Asia ［M］. Contributions from Gray Herbarium of Harvard University. 1930, 88: 1-129.

［39］ Ye NG, Gou GQ. Classification, origin and evolution of genus Fagopyrum in China ［J］. Buckwheat Trend. 1993, 18（1）: 3-12.

［40］ 李安仁. 中国植物志 ［M］. 北京: 科学出版社, 1998, 25（1）: 108-117.

［41］ 吴征镒. 云南植物志（第十一卷）［M］. 北京: 科学出版社, 2000: 301-370.

［42］ Ohsako T, Yamane K, Ohnishi O. Two new Fagopyrum（Polygonaceae）species, Egracilipedoides and F. finshaense form Yunnan, China ［J］. Genes Gene Syst. 2002, 77 （6）: 399-408.

［43］ Chen QF. A study of resource of Fagopyrum（Polygonaceae）native to China ［J］. BOT J LINN SOC. 1999a, 130（1）: 53-64.

［44］ Chen QF. Hybridization between Fagopyrum（Polygonaceae）species native to China ［J］.

BOT J LINN SOC. 1999b, 131：177-185.

［45］ Chen QF. Hsam SLK, Zeller FJ. A study of cytology, isozyme, and interspecific hybridization on the big-achene group of buckwheat species (Fagopyrum, Polygonaceae) ［J］. Crop Sciences. 2004, 44 (5)：1511-1518.

［46］ 夏明忠，王安虎，蔡光泽等．中国四川荞麦属（蓼科）一新种——花叶野荞麦 ［J］．两昌学院学报（自然科学版），2007，2 (2)：11-12.

［47］ Liu JL, Tang Y, Xia MZ, et al. Morphological. Characteristics and the Habitats of Three new Species of the Fagopyrum (Polygonaceae) in Panxi Area of Sichuan, China. Proceedings ofthe 10th International. Symposium on Buckwheat, Advances in Buckwheat Research ［A］. 2007：46-49.

［48］ 刘建林，唐宇，夏明忠等．中国荞麦属（蓼科）一新种——密毛野荞麦 ［J］．植物研究，2008，28 (5)：530-533.

［49］ 赵钢，唐宇，王安虎．金荞麦的营养成分分析及药用价值研究 ［J］．中国野生植物资源，2002，5：39-41.

［50］ 余霜，李光，陈庆富．中国荞麦种业发展的 SWOT 分析 ［J］．种子，2012，3：84-87.

［51］ 孙达旺，黄剑胗，伍东等．磺化木麻黄单宁配合物稳定常数的研究 ［J］．林产化学与工业，1992，3：175-178.

［52］ 宋立江，狄莹，石碧．植物多酚研究与利用的意义及发展趋势 ［J］．化学进展，2000，2：161-170.

［53］ 赵扬帆，郑宝东．植物多酚类物质及其功能学研究进展 ［J］．福建轻纺，2006，11：107-110.

［54］ 李丹，丁霄霖．荞麦生物活性成分的研究进展（2）——荞麦多酚的结构特性和生理功能 ［J］．西部粮油科技，2000，6：38-41.

［55］ 涂华，陈碧琼，张燕军．天然类黄酮物质的提取工艺研究进展 ［J］．中国实验方剂学杂志，2011，6：277-279.

［56］ 芦淑娟．苦荞种籽抗氧化特性与麸皮膳食纤维研究 ［D］．杨凌：西北农林科技大学，2010.

［57］ 杨红叶，杨联芝，柴岩等．甜荞和苦荞籽中多酚存在形式与抗氧化活性的研究 ［J］．食品工业科技，2011，5：90-94，97.

［58］ 李丹，丁霄霖．苦荞黄酮抗氧化作用的研究 ［J］．食品科学，2001，4：22-24.

［59］ 张政，周源，王转花等．苦荞麦麸皮中类黄酮的抗氧化活性研究 ［J］．药物生物技术，2001，4：217-220.

［60］ 董新纯，赵世杰，郭珊珊等．增强 UV-B 条件下类黄酮与苦荞逆境伤害和抗氧化酶的关系 ［J］．山东农业大学学报（自然科学版），2006，2：157-162.

[61] 于智峰，付英娟，王敏等．苦荞黄酮提取物体外清除自由基活性的研究［J］.食品科技，2007，3：126-129.

[62] 周一鸣．苦荞麸皮中黄酮类化合物的提取、分离及其抗氧化活性的研究［D］.西安：陕西师范大学，2008.

[63] 郭刚军，何美莹，邹建云等．苦荞黄酮的提取分离及抗氧化活性研究［J］.食品科学，2008，12：373-376.

[64] 谭萍，方玉梅，王毅红等．苦荞种子黄酮类化合物的抗氧化作用［J］.贵州农业科学，2009，3：30-32.

[65] 许效群，刘志芳，霍乃蕊等．苦荞糠皮总黄酮的抗氧化活性及免疫调节活性［J］.中国食品学报，2012，6：42-47.

[66] 杨德全，程兴安，王晓瑜等．吴旗苦荞麦粉营养成分分析［J］.延安大学学报（自然科学版），1995，1：52-58.

[67] 吕桂兰，张荫麟，李英等．金荞麦营养成分的研究Ⅱ、金荞麦不同部位及制剂中蛋白质、氨基酸及维生素含量的测定及分析［J］.中国兽药杂志，1996，1：19-21.

[68] 高翔，武佳业，张直峰等．翅果油树不同部位多糖含量及抗氧化活性比较研究［J］.植物研究，2011，3：363-366.

[69] 孟繁磊，陈瑞战，张敏等．刺五加多糖的提取工艺及抗氧化活性研究［J］.食品科学，2010，10：168-174.

[70] 陈海霞，谢笔钧．富硒茶叶中茶多糖的某些化学性质及对羟自由基的清除作用［J］.卫生研究，2001，1：58-59.

[71] 聂少平，谢明勇，曹树稳．纯化茶多糖的抗氧化活性及其对两种结肠癌细胞增殖抑制作用［J］.中外医疗，2008，5：74-76.

[72] 谈锋，邓君．牛膝多糖的组分分析及抗衰老活性研究（英文）［J］. Acta Botanica Sinica. 2002，7：795-798.

[73] 张德华．夏枯草多糖的分离纯化与抗氧化活性研究［J］.云南植物研究，2006，4：410-414.

[74] 曾靖，张黎明，江丽霞等．荞麦多糖对小鼠实验性肝损伤的保护作用［J］.中药药理与临床，2005，05：31-32.

[75] 孙元琳，陕方，李秀玲等．苦荞醋及其多糖物质的抗氧化性能研究［J］.食品工业科技，2011，05：123-125.

[76] 赖芸，肖海，黄真．荞麦多糖对小鼠睡眠功能和自发活动的影响［J］.赣南医学院学报，2009，1：5-6.

[77] 许辉，田福利，曹世明．内蒙古产荞麦和莜麦中淀粉及非淀粉多糖的含量研究［J］.内蒙古农牧学院学报，1998，4：85-88.

[78] 达胡白乙拉，乌仁，任晓娟等．荞麦花多糖的提取及含量测定［J］.光谱实验室，

2007，02：116-118.

[79] 达胡白乙拉，唐木兰，满都拉等. 荞麦皮多糖的提取及多糖含量测定 [J]. 中国民族医药杂志，2007，12：44-45.

[80] 柴瑞娟，马加红，徐的琴. 水溶液提取荞麦水溶性多糖的研究 [J]. 食品工业科技，2007，4：163-164.

[81] 柴瑞娟，马加红，徐的琴. 碱性溶液提取荞麦水溶性多糖的研究 [J]. 中国林副特产，2008，5：32-33.

[82] 魏永生，郑敏燕，曹蕾. 苯酚-硫酸法测定荞麦蜂花粉多糖含量 [J]. 咸阳师范学院学报，2008，4：32-34.

[83] 谭萍，张萍，王玉珠等. 荞麦多糖的提取方法及含量测定 [J]. 湖北农业科学，2008，8：955-956.

[84] 刘慧娇，白政忠，王清华. 金荞麦多糖最佳提取条件研究 [J]. 内蒙古中医药，2010，12：43.

[85] 余霜，李光，陈庆富. 基于钻石模型的西南地区荞麦产业发展研究 [J]. 广东农业科学，2012，39（1）：168-170.

[86] 周洁云. 金荞麦的化学成分研究 [D]. 武汉：湖北中医药大学，2008.

[87] 芦淑娟，柴岩，王青林等. 不同粒径苦荞粉多酚物质分布及其抗氧化性研究 [J]. 粮油加工，2010，5：53-58.

[88] 李丹，肖刚，丁霄霖. 苦荞黄酮抗氧化作用的研究 [J]. 无锡轻工大学学报，2001，（01）：44-47.

[89] Kwon SM，Jong IP，Byoung JP，*et al*. 苦荞的黄酮含量和抗氧化活性 [A]. 山西省食品科学学会. 苦荞产业经济国际论坛论文集 [C]. 北京：中国农业科学技术出版社，2006：98-100.

[90] 于智峰. 苦荞黄酮大孔树脂精制工艺及抗氧化特性研究 [D]. 杨凌：西北农林科技大学，2007.

[91] 周一鸣. 苦荞麸皮中黄酮类化合物的提取、分离及其抗氧化活性的研究 [D]. 西安：陕西师范大学，2008.

[92] 郭刚军，何美莹，邹建云等. 苦荞黄酮的提取分离及抗氧化活性研究 [J]. 食品科学，2008，12：373-376.

[93] 周小理，钱韻芳，周一鸣等. 不同处理工艺对苦荞麸皮膳食纤维体外抗氧化活性的影响 [J]. 食品科学，2011，8：1-4.

[94] 莫开菊，柳圣，程超等. 生姜黄酮的抗氧化能力研究 [J]. 食品科学，2006，27（9）：110-115.

[95] 李为喜，刘方，王述民等. NY/T. 1295-2007. 荞麦及其制品中总黄酮含量的测定. 北京：中国农业出版社，2007.6.

[96] 曹炜，索志荣. Folin-Ciocalteu 比色法测定蜂蜜中总酚酸的含量 [J]. 食品与发酵工业，2003，29（12）：80-82.

[97] 李合生. 植物生理生化实验原理和技术 [M]. 北京：高等教育出版社，2000：96.

[98] 胡亮，黄培池. 生长条件对黄豆芽中 Vc 含量的影响 [J]. 现代食品科技，2006，22（4）：113-114，106.

[99] 张延威，韩燕峰，梁建东等. 5 种虫生拟青霉高产 VE 菌株的筛选及优化 [J]. 安徽农业科学，2008，36（4）：1314-1315，1591.

[100] 陈庆富. 生物统计学 [M]. 北京：高教出版社，2011：143-168.

[101] 彭德川，唐宇，孙俊秀等. 苦荞和几种野生荞麦中黄酮含量的测定和比较 [A]. 山西省食品科学学会. 苦荞产业经济国际论坛论文集 [C]. 北京：中国农业科学技术出版社，2006：91-94.

[102] 冯晓英，陈庆富. 大野荞不同器官中总黄酮含量的测定 [J]. 贵州农业科学，2007，4：15-16.

[103] 田世龙，张永茂，李守强等. 苦荞中黄酮微波提取方法及其动态变化研究 [J]. 食品与机械，2008，4：149-152.

[104] 白宝兰，曹柏营，郑鸿雁等. 苦荞叶黄酮的提取及精制 [J]. 食品科学，2008，9：181-185.

[105] 刘娜. 金荞和苦荞黄酮含量变异及其特色保健茶的开发研究 [D]. 贵阳：贵州师范大学，2009.

[106] 朱友春，田世龙，王东晖等. 不同生育期苦荞黄酮含量与营养成分变化研究 [J]. 甘肃农业科技，2010，6：24-27.

[107] 凌永霞，黄凯丰，陈庆富. 2 种提取方法测定大野荞植物叶中的黄酮含量（英文）[J]. Agricultural Science & Technology. 2010，Z2：10-12，24.

[108] 马志茹. 芦丁清除活性氧自由基作用的电化学研究 [J]. 分析化学. 1997，25（12）：1465-1465.

[109] 贾雪峰. 苦荞麦叶黄酮提纯及其功能活性研究 [D]. 重庆：西南大学，2007.

[110] 张政，周源等. 苦荞麦麸皮中类黄酮的抗氧化能力研究 [J]. 药物生物技术，2001，8（4）：217-220.

[111] 钱建亚，Mayer D. 荞麦精粉中的黄酮及其自由基清除活性 [J]. 食品与发酵工业，2000，26（3）：24-30.

[112] 延玺，刘会青，邹永青等. 黄酮类化合物生理活性及合成研究进展 [J]. 有机化学，2008，28（9）：1534-1544.

[113] 唐宇，彭德川，孙俊秀等. 金荞麦籽粒中总黄酮提取工艺研究 [J]. 食品与发酵科技，2011，47（6）：54-57.

[114] 王云庆. 苦荞麦叶中总黄酮的乙醇提取工艺研究 [J]. 特产研究，2008，30（3）：

59-64.

［115］李文生，王峥，韩淑英. 水提取荞麦叶总黄酮的工艺研究［J］. 华北煤炭医学院学报，2008，04：476-477.

［116］刘光德，李名扬，祝钦泷等. 资源植物野生金荞麦的研究进展［J］. 中国农学通报，2006，22（10）：380-389.

［117］董娟娥，张康健，梁宗锁. 植物次生代谢与调控［M］. 杨凌：西北农林科技大学出版社，2009.7-22.

［118］杨磊，贾佳，祖元刚. 山楂属果实提取物的体外抗氧化活性［J］. 中国食品学报，2009，9（4）：28-32.

［119］Jia Z，Tang M，Wu J. The determination of flavonoid contents in mulberry and their scavenging effects on superoxide radicals［J］. Food Chemistry. 1999，64：555-559.

［120］韩淑英，王志路，朱丽莎等. 荞麦花、叶总黄酮提取工艺的研究［J］. 中成药，2005，06：730-731.

［121］肖诗明，李勇，张忠等. 苦荞麦茎叶中黄酮的提取工艺研究［J］. 西昌农业高等专科学院学报，2003，4：16-18.

［122］孙艳华，刘永彬. 乙醇预处理法提取荞麦茎叶中黄酮类化合物的研究［J］. 天津医科大学学报，2006，3：375-377，387.

［123］王云庆. 苦荞麦叶中总黄酮的乙醇提取工艺研究［J］. 特产研究，2008，03：59-60，64.

［124］杨玉霞，蒋召雪，王安虎等. 荞麦茎叶中总黄酮的提取工艺研究［J］. 安徽农业科学，2011，16：9587，9589.

［125］李贵花，李伟. 超声提取甘肃荞麦茎、叶总黄酮工艺研究［J］. 西北民族大学学报（自然科学版），2012，2：14-20，39.

［126］王斌. 基于 RNA-Seq 技术的米曲霉 RIB40 转录组学研究［D］. 广州：华南理工大学，2010.

［127］Logacheva MD，Kasianov AS，Vinogradov DV，*et al*. De novo sequencing and characterization of floral transcriptome in two species of buckwheat（Fagopyrum）［J］. BMC Genomics. 2011，12：30.

［128］Yasui Y，Mori M，Aii J，*et al*. S-LOCUS EARLY FLOWERING 3 is exclusively present in the genomes of short-styled buckwheat plants that exhibit heteromorphic self-incompatibility［J］. PLoS One. 2012，7（2）：e31264.

［129］张艳，柴岩，冯佰利等. 苦荞和甜荞查尔酮合成酶基因的克隆及序列比较［J］. 西北植物学报，2008，3：447-451.

［130］吴琦，李成磊，陈惠等. 苦荞查尔酮合酶基因 CHS 的结构及花期不同组织表达量分析［J］. 中国生物化学与分子生物学报，2010，12：1151-1160.

［131］ 胡耀辉，王冠，刘凯等．苦荞中查尔酮合成酶全长基因的克隆及其序列分析 ［J］．生物技术通报，2011，7：65-68，72.

［132］ 李成磊，张晓伟，吴琦等．甜荞查尔酮合酶基因 Chs 的克隆及序列分析 ［J］．广西植物，2011，3：383-387.

［133］ 高帆，张宗文，李艳琴等．苦荞中查尔酮合成酶基因（CHS）的克隆 ［J］．中国农学通报，2011，21：207-214.

［134］ 张华玲，黄元射，杨春贤等．苦荞黄烷酮 3-羟化酶基因 F3H 的克隆及序列分析 ［J］．西北植物学报，2010，3：447-452.

［135］ 祝婷，李成磊，吴琦等．苦荞和甜荞二氢黄酮醇 4-还原酶基因（dfr）的克隆及序列分析 ［J］．食品科学，2010，13：219-223.

［136］ 李成磊，蒙华，张晓伟等．甜荞苯丙氨酸解氨酶基因 PAL 的克隆及序列分析 ［J］．食品科学，2011，7：255-257.

［137］ 赵海霞，李成磊，白悦辰等．苦荞类异黄酮还原酶基因（FtIRL）的克隆及序列分析 ［J］．食品科学，2012，11：210-214.

［138］ 陈鸿翰，袁梦求，李双江等．苦荞肉桂酸羟化酶基因（FtC4H）的克隆及其 UV-B 胁迫下的组织表达 ［J］．农业生物技术学报，2013，02：137-147.

［139］ Traber MG，Sies H. Vitamin E in humans：Demand and delivery ［J］．Annu. Rev. Nutr. 1996, 16：321-347.

［140］ Kamal Eldin A，Appelqvist LA. The chemistry and antioxidant properties of tocopherols and tocotrienols ［J］．Lipids. 1996, 31：671-701.

［141］ 范丽萍，靳雅欣，赵福永．生育三烯酚生物合成与生理功能研究进展 ［J］．长江大学学报（自然科学版），2012，04：41-45，51.

［142］ Tsegaye Y，Shintani DK，DellaPenna D. Overexpression of the enzyme p-hydroxyphenylpyruvate dioxygenase in Arabidopsis and its relation to tocopherol biosynthesis ［J］．Plant Physiol Biochem. 2002. 40：913-920.

［143］ Karunanandaa B，Qi Q，Hao M, *et al.* Metabolically engineered oilseed crops with enhanced seed tocopherol ［J］．Metab eng. 2005. 7：384-400.

［144］ Falk J，Brosch M，Schafer A, *et al.* Krupinska K. Characterization of transplastomic tobacco plants with a plastid localized barley 4-hydroxyphenylpyruvate dioxygenase ［J］．JPlant Physiol. 2005. 162：738-742.

［145］ Rippert P，Scimemi C，Dubald M, *et al.* Engineering plant shikimate pathway for production of tocotrienol and improving herbicide resistance ［J］．Plant Physiol. 2004. 134：92-100.

［146］ Hincha DK. Efects of u-tocopherol（vitamin E）on the stability and lipid dynamics of model membranes mimicking the lipid composition of plant chloroplast membranes ［J］．

FEBS Lett, 2008, 582: 3687-3692.

[147] Rohmer M. Mevalonate-independent methylerythritol phosphate pathway for isoprenoid bi-osynthesis. Elucidation and distribution [J]. Pure Appl Chem. 2003. 75: 375-387.

[148] Valentin HE, Lincoln K, Moshiri F, *et al*. The Arabidopsis vitamin E pathway gene5-1Mutant Reveals a Critical Role for Phytol Kinase in Seed Tocopherol Biosynthesis [J]. Plant Cell. 2006, 18 (1): 212-24.

主要缩写词表

缩写	英 文	中 文
CHS	chalcone synthease	查尔酮合成酶
CHI	chalcone isomerase	查尔酮异构酶
F3H	flavanone 3-hydroxylase	黄烷酮 3-羟化酶
F3′H	flavanone 3′-hydroxylase	黄烷酮 3′-羟化酶
F3′5′H	flavanone 3′5′-hydroxylase	黄烷酮 3′5′-羟化酶
DFR	dihydroflavonol 4-reductase	二氢黄酮醇 4-还原酶
ANS／LDOX	anthocyanidin synthase	花色素合成酶
PAL	phenylalanine ammonia-lyase	苯丙氨酸氨解酶
C4H	cinnamate 4-hydroxylase	肉桂酸 4-羟化酶
STS	stilbene synthase	芪合成酶
FNS	flavone synthase	黄酮合成酶
UFGT	UDP-glucose：flavonoid 3-O-glucosyltransferase	UDP-葡萄糖：黄酮类 3-0-葡萄糖基转运酶
IF2′H	isoflavone 2′-hydroxylase	异黄酮 2′羟化酶
AdeH	arogenate dehydrogenase	分支酸脱氨酶
GGPS	geranylgeranyldiphosphate synthase	牻牛儿基牻牛儿基二磷酸合酶
CHL P	geranylgeranyl reductase	牻牛儿基牻牛儿基还原酶
HGGT	homogentisic acid geranylgeranyl transferase	尿黑酸拢牛儿基牛儿基转移酶
HPPD 和 SLR0090	4-hydroxyphenylpyruvate dioxygenase	4-羟苯丙酮酸二加氧酶
HPT	homogentisate phytyltransferases	尿黑酸植基转移酶
MPBQ MT 和 SLL0418	2-methyl-6-phytylbenzoquinol methyltransferase	2-甲基-6-植基苯醌甲基转移酶
PAT	prephenate amino transferase	预苯酸氨基转移酶
TC	tocopherol cyclase	生育酚环化酶
TMT	tocopherol methyltransferase	生育酚甲基转移酶
TAT	tyrosine amino transferase	酪氨酸转移酶

缩写	英文	中文
RNA	ribonucleic acid	核糖核酸
mRNA	messenger ribonucleic acid	信使核糖核酸
PCR	polymerase chain reaction	聚合酶链式反应
cDNA	complementary deoxyribonucleic acid	互补（链）脱氧核糖核酸
DNA	deoxyribonucleic acid	脱氧核糖核酸
CTAB	cetyl trimethyl ammonium bromide	十六烷基三甲基溴化胺
DEPC	diethylpyrocarbonate	焦碳酸二乙酯
RT-PCR	Real-time quantitative PCR	实时定量 PCR

附　　录

黄酮合成相关基因序列

>C4H1

GTAAAGGACGTTGTCCTCGTTGATCTCACCCTTCTGCTGAGCATCCAAAATATGATCAACGGCG
CATTTCAGACTGTTGTGATCTGCGCTCTTTGTGCTTGCCAGCTTCTTCCTCTCCTCAAGAAAATG
GTCCTTGAAGAGCTGCAACCTTCTCTCCTTAACTTCCTTGCAGATTTTCAGGTAGCCTCTCAAAA
ATGGTCTCAAAATGGGAATGAAGTCTCC ATAATTGTACTCGAAGCTCTGAGCCAGTCTACTCCTC
TCTCCGTTCAAGGCTTTGAGCTTCACGAACAACGGATCCTCCTCACTA

>C4H2

GGACAGTCCTCCGTCTTCCACATATATCGTCTCTCATTCATCTTCCTCCTCCGTATGGGACAACG
CAATCTCGTGGCCGTCTCGTCACCGGAGCTTGCAAAAGAAGTCCTCCACACGCAGGGAGTGGA
GTTTGGATCTCATACTCGAAACGTTGTGTGGAGTTTGGATCTCAGACTCGAAACGTTGTTTTCGA
TATCTTCCTCCGCCGCAGTTGCCGCTTTTGCTAACTGGATTCAGGGTTTGTTTTTCTTTGAACCT
CACTCGTCG

>C4H3

AGTGTGCAAAACGTCCTTCGCCAGGTCCGGCGACGACACCACCACCAGGTTTCGCTGCCCCAT
TCGCAGCATGAAAATGTCCCCGAATTTCTTCGCTAAGTCGGAGAGGTTCCGGTGGTTCAAGTCA
TCCCCAACCTGCAGCCAGTTCCCGAAAACCGGCACCGGCAGAGGACCTGGAGGCAGCTTAAAT
TTCTTCCCCAGCAGCTTAGAGAT

>CHI1

GCTAGCTGCCTCTTCTCCAAACAACAACTTAAATATCATCGTCTTCTCCAAACCCTTCATCTTCA
TCCTCCGCTTCTCACATTCTTCAACTCATCACTCGCGATTCCAATCAATCCTTCTTCAATTAACA
ATGGGAACTGATGTGATCGTTGAAGAAGTTGTTATCCCACAAGAGTTCTCATACACAAAGCCAC
TTCCTCGCCTTGCTCATGGAGTAACAGAGATCGAAATCCACTTCTTGCATATCATCCACACAGC
AATCGGAGTCTACGCTGAGCCTTCAGTCGCTTCTCATTTGCACAAATGGAAGGGCAAATCCGC
CAACGAACTCGCCGAGGACGACGACTTCTTCGATGCTCTCGCCGCTGCGCCGGTGGAGTCGGT
GATCTGGGTGGCGGTGATAAAGGAGATCAAAGCGTCGCAATTCGGAACCCAACTCGAAGGAAA
GGTTCGTGATCGTTTGGTTGAAGCCGACAAGTACGAGGATGAAGAAGAAGCAGTTCTTGAGAAG
GTTGCAGCATTTTTCCCTACCAAATACCTCAAGAAGGGTGATGCCTTTATTTTCAAGTTCCCCGC

GTCTGGTCATGCAGAGATTGAGTTGGTTGTGGGAGGAAAGGTAGATGCAAAGATGACCGTGGA
GAATGCGAATGTGTCGGATACGATCAAGAAGTGGTACTTGGGAGGTACTAGGGGAATTTCGCC
TACTCTCGTCGGGAATGTAGCGAACAACCTATCCGCGGAGCTCGCTAAATGAGTGAGTTGATT
GAAGAGAGATCTCATGTAGTAGATGGATGTTGTTGTGTGTTCACATGTTTGTGTTTGTTATGGTT
TGAGAAGTTCACGTTTGGCTCTTAGCTTGTTTAAGATCGATCCTAGATGAGTCTTTGTTTTCCGA
GATCTCATGTATTACAATGATCAATGTCATAAAGCGGCCTGTATTGGCTTATGAATTATACCATAT
TGTTCCACTGGAGTTCCTCATTTTGAGCAATTCATCTTTCAATGAGCCCGTCCATTGCTCGAAAT
CTAAGAAAATAAACCGA

>CHI2

TTTTACACTTCCCACCTGCAATTCGAAGCGTTCTCTACCAGATTCTAGCAAGTTTTGTCTAGTTA
TACTACTCAAGAAAATGTTGGCGCTTACAGTTGGCCGAATCACAATGCCAGTCCTTCCACCATT
ACCAAATTCAGTCGAAATTACTTGTGCAAATCCTAAATCTAGATTCTTTTTTCTTAAGAAAACCCC
GAAATTTCCGTATCTAGGGCGCTTGGCGGCTTCTCCACTTCATTATGGAAGGAGCCATTTTGCT
CCCATGGCGGCTTCTTCAGCTTCAGTTGCAAGTGCGGACTATGTTGAGGAACCTGGGACAAAG
GTGAAGTTTCTCAAGTCCTTGAATGTTCCTGGGTGTTCAACGTCCTTGTCTTTGCTTGGAACAGG
ATACAGGGAGAAAGTGTTTGCAATCATTGGAGTTAAGGTATATGCAGCTGGCCTGTATGCAAAC
CCATCCGTTTTCAAGGAAATGAGCTCATCCGTAGGCGATTCATCAGCCAAGACTAAAGAGGAT
CTGTCCCTGTTTGCTTCGCTGTACACATCCCCTTTGGAGAAATCGTTGCAGATTGTTTTGGTGA
GAGATATTGATGGTGAAACCTTTTGGAATGCATTGAATGATGCTCTTTCAGCCAAATTGAAAA
CACCAACTCCTGTTGATGAAGCTGCACTCACTACCTTCAAGGGCATCTTTGAAGGACGGCCTC
TCAAGAAAGGAACTCTCATATATTTGACTTGGCTTGAACCCTCCAAAATGCTGGTTTCTGTGTC
ATCAGATGCAACAACTGCAGGAGTGGATGGCCAAGTGATGTCATTGAATGTGACCAAGGCTCT
CTTTGATGTGTTTTTCGGCAATTTCCCTGTTTCTCCTACCTTGAAGGATTCTGTGTCTAGTAGTT
TTGGCAAGTGATCTCCAACCTCAAATTCTGTCCCGCTTCGTGCAAACTTTCAGCATTATGAAGC
ACCTCTAATATAACTATATAAGTGTGGAAATGTGGCCCAAGTGTAACAGATGAACAAATCATCTT
TTTA

>CHS1

CCAGACGAGCTCGAAGATCGGTTTCTCGATCGACAAGTCCGGATCAGCTCCGACAATAACCGC
TCCTGCTCCGTCACCGAACAAAGCCTGACCCACCATGGAGTCGAGATGAGTCTCGGAGGGACC
GCGGAAGCAAATGGCGGTTATCTCGGAGCAAACGACGAGGACACGCGCGCCTCGGTTGTTCTC
GGCGAGATCCTTGGCGAGACGGAGAACGGTTCCTCCGGCGAAACAACCTTGTTGGTACATC

>CHS2

TGGATAACCATGGAAAGTTATATCCAATCTTAACCATTGCTGTCTTTTTCTTGGATCAGACACTT
CACAATTTCAGGCAATAATGAACTATAACAGCAAAACGTGTGACATCCATGAGGTAGAAATCCT

TATTGATATAACAACATCAGCTGATTTAGCTGTTTAACTATGAACATACCATACCACTACTGCAA
TCGGTGAAAAAGGAAGATATTTAGTGCAAAAACTAACCAGTAAAAACTCGAATAGCTATTTACA
CGGGGAAGCATTGAGTTGTTTATTCATCAGCAGCAGATTCGTTCTTCTGTCGGCGCATTCGAGCA
CCCCAGGATGAGTTCCCTTTGGTATCCCTGTGTATGCTTCTCCTCTTCAGTTCTGATAACTGGC
TCTGCCACCTGTTTTTCCATTCAGTTTTGCCTTCCATGATATCCACATCAGATTGATAAATCTTC
CGAGCAGAAAACGCAAGGTGAAGGCCTTTCGCCATATCCCTATCATAAAGAGCTCTTCTCCTG
GGATCCGATAGAGTCTCGTAAGCTTCCTGGACCCGAATAAACCGCTGAGTGAACTCCTCGACC
CGATCCGGAGGCGACACATCTGGGTGATACTTTCGGGCCAAACTCTTGTACGCTTGTTTAATTT
CCGGCAGAGTTCCGGTCTCAGAGATGCCCAAGAGCTCGTAGAACGTCATATCGGATCTAACAG
ATCCATTGTTGACGGCTCTTATGGGCCTTAATCGAGTCGGGTTGGAGAATTTTGTAAGGAAGGA
GACCCGGAAAGATGAGCAACTTGAGCTGCCGGGTAAAGCTGGGAGTGGAGAAAACGGCAATT
TAGTCGTCGCCGGCGAGATTAAGCCGTCGAAGTGAACTTGCATCTCCTGCCCACTGTTTGATTC
TGAGATTTTGTGGGTTGCGAATTCGAAGGGCTATGATCGAATTTGGGAATCTGTGGAAGAAGA
ATTATTGTGGCAGTTGGAAAGATTGAGGATCTAGGGCATTTTTAGTGGTTGGAATTTGGGGTT
AATTTAATTTGTAATGCAGTTGTCAATGCATGACCATTCCAAGTTTAGATTTTG

>CHS3

GTGACTCAGTGAGTCGATTGTGTAGCAAGGCTGTGCAACACAACGGTTTCAACGGTGAGACCT
GGTCCAAATCCAAACAGAACGCCCCATTCCAGGCCTTCCCCTGTGGTGCCCTTTCCTTCTTCGA
TCGACTTTTTCCTCATTTCGTCCAGGATAAACAGCACGCATGCACTCGACATGTTCCCATACTC
GCTCAGAACGTGTCGAGTTGCTCTCAGTTTCTCTTCCTTCAGACCCAGTTTCAACTCAACCTGG
TCTAAAATTGCTGGGCCACCGGGGTGAGCGATCCAGAACAAGGAGTTCCAGTCGCTGATGCC
GATCGGCTTGAAGGCTT

>CHS4

AAACCTTTACTCATAAATCTCCACCTAGTATCAAAATGGCAGAATCAGTCGACGGAGCCGCCG
CCATCCTCGCTATCGGCACCGCCAACCCTCAGCACTGCATCTACCAAGCCGACTTCCCAGAGC
GCTACTTCCGTGCCCACGAGCATGAACAAATATCGGATAATACCAAACTCAAGTTCAAGCGCAT
ATGTGAGAACTCGATGATTGAAAAGCGTTACAGTCATTTTACGGAAGATATTATAAAGGAAACAG
GAAACATTTTTGGGTTCGACTCACCGTCATTTAACGTAAGACAAGAACTAGCAAACCGTGAAGT
GCCTAAGCTTGGAAAAATCGCAGCTCAAAAGGCCATTGATGAGTGGGGTCAACCCATATCCAA
CATTACTCACCTCGTCATGACAACAAACTCTGGCATCGATATGCCTGGCTCTGATTATTACCTT
GCCAAACTCATTGGCTTAAGTCCTTCGGTTAAACGTCTTATGATTTACCAACCAGGTTGCCATG
GTGGTAGTACCGTCCTTCGTCTTGCAAAAGACTTGGCTGAAAACAACAAAGGAGCTCGTGTTC
TCGTAGTGTCCGTGGAACTGGTTACCCACGGCTATCGCGGGTTGACAGAGTCGAACATCGCG
ACCATTGTGCAACAAGTACTATTTGGTGAAGGAGCATCCGCTGCCATAGTCGGTGCAAACCCA

AATCCAACTATTGAGAAGCCTATTGTTGAGTTAATTTGGACATCCCAATACATCGTACCTAACTC
CGATGGAGCAATAATCGGTCATATATGTGACGCGGGGCTCATTCTTGAGTTAAGTCCAAATATC
CCCAACCTAATCGCTAATAATTTAGAGGCATGTCTCAAGGAGGCTTTCTCGGCTCTTGACATTG
ATGATTGGAACTCAATTTTTTGGGTTGCACATCCCGGAGGCGGAGCAATCGTAGATCAAATTGA
GGCTAAGCTTGGGCTCAAACCGGAGAAACTTAGAGCAACGAGGAAGATATTGAATGATTATGGA
AACCTATCAACCGCGTCATTGTTGTTCGTCATGGATGAAATGAGAAGGAACTCACTCGAAAAGG
GTCAAGGAACCACCGGAGAAGGATTAGATTGGGGTGTTATGTTTGGATTTGGACCGGGTCTTA
CAGTTGATACGTTGGTCTTGCGTAGCGTACCAATCACTAAGTGAAAGGTTTGTTACGTGATAAT
GAACTATTACATATTTGGTGTGAGGTTCATGTAACAAGGGCTGTGATTTTCTACTTGTGATTAGT
TTATGTTATATTCTTGTTATGAGCAAAGTTATAGCTATAGCAAGAGACATAGACCTTTGTACTACT
GTCATAGTGTCATTGTGGTTACTTTTCTAGTGCAATTTGGATATGTTTGAAGAAATAAAATAATTA
TTGTGTTACTTTAAAAAAAA
>CHS5
TCAAATGCAACTGCATTGTATGCAGCGTGTCCGGTATCGTCGTCTGACACGCCGACACTAGCTC
GAAAATAGGCTTTTCGAGTTTTTCGTCGATGTCACAACCCACCACCAACGCCGCAGCTCCGTCG
CCGAATAGGAGCTGTCCGATGAGGGAGTCGATATGGTCCTCATGGGCCCCGCGGAATGCGAAT
GCGACGATCTCAGAGCAGACGACGAGAACCCGGGCCCCTCTGTTGTTCTCGGCTATG
>CHS6
GCACGCCCCACTCCAGTCCTTCCCCAGTTGTTCTGAGTCCTTTCTCAGCAGACTTCCTCCTCACT
TCGTCCAAAATAAACAAGACACATGCACTCGACATGTTGCCGTAATCAGACAGCACTTGCCTT
GTAGCTTCTAGTTTCTCCGGCTTAAGTGCCAACTTGGACTCTACTTGGTCCAGAATAGCAGGGC
CACCTGGGTGTGCAATCCAGAAGAGCGAGTTCCAGTCCGAAATGCCTATAGGCTTGAAGGCCT
CGTTAAGGCTCTTTTCGATATTCATGGAAATAAGGCCGGGAACGTCCTTACGGGGGTGAAACG
TAA
>CHS7
TGTTACATAATCTGCATATATCAATCTCAGATACTTTGTTTTTTCGGTTCTCATCATCTCATCTAT
TTGGCATATATGATATTAAAGTAACGATTTAGTGTTAACATTAATTACCAAGTCAGATAAACAAA
TTCTTCTAAAAATGTATCTTGACCCAACCCAAGTCAAGAGTTGAAGTTCACATCTGACCAGTTG
CTGGATGATCGAAGTTTCAATCCCTTTAGTTTCACCTACCATAATTAAAATTGCAAATTACAATT
CTAATCTGTGAACTAATTAATGGGTTAATGAATTTACAGGCGACAAATCACAGATTGAGAAG
>CHS8
GGGACATTGTAATGTTACGAAAGCCATAACACCATAGATAGTGCGGTGAGAGACCAATATGG
CAATCTCCTATCATCGTTCAACAATAATACATAACACTATATATCAAATTATACTTGATCGAGC
ACTTAGAATACGTACGTTTGGTACGTAGCACTTGAATTTATTACAATACACTTATAAAACTATA

TATATTGGACCACTCAATATAACTTAGGCAGTTACTTAGCGATTGGTACGCTGCGTAAAACCA
CAGTTTCGACCGTAATACCCGGCCCGAACCCGAAAAGGACTTAATAGAGCAATAGATCATAG
GCCATTTACTTAGCGATTGACACACTACGTAAAACCACAGTTTCAACGGTAATACCCGGTCCA
AACCCGAAAAGGACACCCCAATCTAGCCCTTCACCGGTTGTTGCATGACCATTTTCGATGGAT
TTCTTCCTCATCTCGTCTAGTATGAACAAAACGGATGCACTTGACATGTTTCCGTAATCATTCAA
>CHS9
GTCGTAGGCGTAGCTATAAGCGGTGGGGCAAGCGTCCTTGAACTTATTGGAGTAGAACGTTGG
CTGACAGACGACAGGATTACCATAGACGCCTCTACAGCAGTATGCGTCGGTGTCATAGACGTC
GCAGGCGCTTCTACAGCCCACGGTTTTGCCCGACGCCTTGAGCTCCAACTCCTTGGGGCAGGT
CTTCCTGAGGTCGGAGTCGCAGCCTGCTACGGTGCAGTTTCCTTGGCCGCCGACAGGAGTGAC
CACCATAGGGAGGTTGAAACCATCGACGAGGCTGACATCGTAGTAATCGGTGGCTGCGAGGG
TGAATTCAGCTAGGGTGGCAGGGGTCTTGCCGGAGGCCGTGCACTGGAGAGCAGTCCCGCATG
ACCCTGTGTGGCAGGGCCCGTTTCCGTCGCTGTCAAAGTTGCAGCCGGGTCGGGCCCATATA
>DFR1
ACAAGGAGATGCAGTATGAAAAACGCCATCGCAGCCATTAATGGAAGCATCAAAAGAACCCT
TTTCCGTCAATTCGGCTTTGAACAAGTGAAGTCTTTCATATGCGCCTTCGAGTGCGAGCAAGTG
CTGTACCTTCTTCTGATCACCTGCAAGATTTCATTTACGTAGGTACTAGGTATATATATATATAG
ATTGATCGGAAAGTTCAGAGAATCGGAAGTTAGTGGGATCGCGAACGGTGGCGTTGACGGTG
TACCGCGGAGTAACAAGAACTTGACCAACCAAGAGGCTATGTAGCCGGAGCCACCCGTTACG
CACACTAGCTTTCCTTCGCCACTCATTTTTGATCCGTG
>DFR2
TTTTGGAATCATTCCTTGTGGTTTAAAGTAATTGTAGTAAGATTTGATTAGTTTTGACACCTATA
GGAAAAGAGGAATGATTCCAAAAAAAAATTCATGAACAAGGTACATATATGAATCAGATTCATT
TCCATTCCGATTCCGTTTCCGAAGTTACAACCAAACGTGACTTTAAACTCATTGATTTTTATTTA
AAAAGAAATAAAGCTCTTCTCCTTGAAGCTGTCGATCATCTCCTTCAAGCTCGTTTCAAAAGGA
ATGAAGTCGATGCCCAAACTCTTTGCCTTTTCACTAGAAACATGGCATGTCACTCTTGGGATAA
TATAATCTTCACACTTGTCAGGAAGTTGTAGAGTTGGGTAGAGTTCTCTCAAGATCTTCAAAGT
ATCCGAATTGTGCACTGTACTTTGAACCAAACAATACCTACCATTAGCGGATGCTGTTTCAAAG
GCTAGAATATGAGCATTTGCAACATCTTTAACATGCACCACGCGGTAAGGAACGTCCGAGTAA
GTTTTCGCTTTGATCAAGTCCAAGTAGATACCGCAACTATCATTAAGCTTAGGCTGTAACAATG
GACCAACAACATATGCAGGATTCATGAAAACCAAATCAATACCCTTCTCTTTAGCATACTTCC
ATGCAGTTTGCTCTGCTAAAGTCTTCGATAATGCATACCATCTCTTATGTTTAATAGGTGGTGA
CATTGTGATATACTCCTAATTAGATCCGGGCAAACGCGGACAGGCCCGTTACCCGTCCAAGAA
AACGGGTGGGTATGACACGTAAGACAGGTCCGGCCTTGTGTTGACGAAGATAATCTGGATTAG

CAAACCAGCTTTCATCCACAACATCTTCAGGAGTTATATCAAGTTTGTCATGCCGTACAACGGT
AACCATTGAAGAGGTTAAAACGACTCGTTTCACTGATGAAAACTTTGAACAAGAATTAAGCAC
GTTAAATGTTCCTTCAATTGCAGGATCAAGCAACTCCGCCTGTGGATCTTGAGGTTCAGAGAG
ACAACAAGGAGATGCAGTATGAAAAA

>DFR3

ATCATGTAATCCACGTCTCTCCACGAGGTCTCGTCCAGCACCAACGGGTTCACCGTCTCCCCAT
TCCCCACCGGCTGGGTCGCCTCGCGGTTGTTGATGACCGAAGCCGCGCTTGACGCGCACACCA
CGCGCTTAACCGTTCCGGAGCTTGCGCTCGCCTTTAGGATCCCGATGATGGCATCGACGTTGCG
TTTGGCGACGGTCTCGTCTGGCTCCGCGTTTAGGAGGTCGGTGGCGTGGGCGAGATGGAAGAC
GCCGACGCAGCCTTCGATGGCAGGGGCGAAGCTTTGGGGCTGGTCCAGGTCCGCGTGGAAGA
TGGTCAGGTGCTCTGATGCTCCTGGCAGGCTTGTTAGGTAGCTTATGTCTTTCTTCTTCTCAGGA
CGAGGATAACGAATAGTTGCGTTGACAGAGTAGCCATTTACGAGTAGAGTTTTGACAAGCCAT
GAACCAACGAACCCGGTTGCTCCTGTCACGCACACTCTCCCTTTCTCTCCTCCCATCATGTATG
AGTGTCTGATGT

>DFR4

TCCTAACAGACCGATAGACTTGATTAATTAAGCTATTGTCATAGATTCATGGTTCCGTTTGGGA
CTATAGAGAGTTAGATGTTGAAGGACGAAGTGGTATGTGTCACCGGCGGCAGCGGCTTTATCG
GCTCATGGCTCCTCCGGCGTCTCCTCGCTCTCGGCTTCCCCGTTCCCGCCCCCGGGGAAAATCT
CCAGGGTGAGGAG

>DFR5

CTCATATCTTATAACAATTATAAGATTTTTGTATTGATCAAGAGCAGGAAAATTTAGAATGCAA
ACTATTGTACAACTTTAAACTAAACACAAAACAAATATGGATTAATTATATCCTTTATTAAAGG
ATTTAAGTTTCTTCTTGATGAATATCTCCAAATACAATTTACCCATAAGTAGTAATAGAAAAGC
TAAGCAAATGGGCTTCACGTAGCATTTGGTGAAGGATTCATCCTTCCAAGTTTGACACAACAAA
GTTGAAGCTTAAGACTTTATTACAATTGGCTCTTCATGTTGAGGAGGAGCATGAAGATGACCCT
TCTCTTGGAGGCACTTGACGGTATCGTATAGGCTTTGCTTAGCCGAGGTGAACTCGAACCCTAG
CTTCTTCAGCTTCTCGTTCGAGAACTTGTACGGCTTGGCTCTCGGGTTGACCTCGTCGGAACAC
TTGTTCGGAACGGGGTATTCCGGAAAGAACTTAGCGAGAATCTCGCAGATTTCGCCACGATGAA
GAACGCTCTCGGCACAAAGGTACCGTCCCGAGGCAGACGGAGTCTCGTAAACCAGAATGTGAG
CCAATGCAACATCCTTAACATGCACGTAAGCTTGCACCGAGTTGGCATACTTCTTGGCTGATCC
ATTCAAGTACTTGAGGACATGAACCACACTCGCATTGATCGTCGGCTGCAAAAGTGGGCCCAA
CACCAAAACCGGACACACCACCACCAAGTCAACGCCTACCTCCTTAGCCACCTCCCACGCCGC
CTTCTCGGCCACCGCCTTCCCATAGCAATACCAATTCTTAGTGTTCTTGCAGAATTCAAGATCA
CTCCAACAACTTTCATCAACCACAGCATCCGAACTCCGGTTCGGGTCCATGTAAACGGCACCG

ATCGACGATGTGAACACAACTCTCCTCACCTTCGCCTCGGCCGCCGCGAGGATCACGTTCTTAG
TTCCATTCACAGCCGGCTCCACCATTTGTTCAGGATCATCAGTGACAGGAGAAGCGGTATGGAA
AACACCATCACAGCCATTAATGGCTTCTTTCAAGCTCCCAAAATCCAGAAGATCAGCTTTGCAC
AATCTCAATCTCTCCTTCGCCCCTTCCAATTCCCACAAATGCCCATTTTTCGGATCATCTGGGTT
TCTGACAGTTCCCTTAACAAAATACCCTTTTTCGAGAAGAAGCTTGACGATCCAAGAAGCGAT
GAAACCACCGGCGCCGGTAACGCAAACGGTCTGACTGGAAGTGGTGCCGGCGTTAGGCATCT
TTGATTTTGTGGGTGAGATTGTTTGTAGTTTTGTGGTGTTGTGTAGAAGTTGTGAGTGAAAGGA
AATGTCTTTAATGGTTGAAGTGAGTGGGAGGCATTGTAGACTTTTATAATAGGGGAAAGTAAG
AGGGAGCTTTTACCTACCACAGTCCACAGCTGTTGTGTTGATTAACAATTAGCATACAGAAG
>F3H1
AAGAGGAGTCACGCAGGCACTCCCAGAGCCTTCGCCGTCCCCCGCTGGCCCGTTACTAAGCCT
CACTCCGTCGCCGGTCCTTCCCCGTCGCCGTCGGATCCTGGTCTGTTTTTCACGCCGTCGCTGCT
TAGCCTGCTTTCCAAGTTCTTCTTCTCCAGACGGCGGACCAGACCTCAGTTTTTCATTCTTCCCT
GTCGCCGTCGAAGCCTGGTCTGGTGTTCACGCCGTCACTGTCACTCTGTCAGAAAGAGAGGTA
ATTGGTGACTGAACATGCATCTTGACTAGCAGGTGAACTATATATGTATTAGCTCAAGAGCCAC
ATCTACTGAAAAAGTTAGAGTGTGTGACTATCAATTAGGATACATACATACATTTTCAGCAACA
TCTATCCTGAGCAATAAGCATGACTTCCTTTCAATGGGCGAAGAACCCAACACCACTCTCCCAA
ATTTCTCCTGCCTTCATCCTCCCACAGAATTTGAGACCTGATCTCTCTCAAGTCTCCACCCTCAC
CTCCATTCCCATCATTGACTTGAAAGAAGATGAAGGTGAAGAAGGTCTATTCGCGCCTTCTCTG
GTGGAGAAGGTGTCGAGAGCCTGTGAAGAGTACGGTTTCTTCCATATCACCAACCATGGGGTG
CCCGAAGAACTGTGTACTCGAATGCTGGATGCTATGAAGCACTTGTTCGAGATGCCACCTCATA
TTAAAGTTGATCTATTCTCGGACGATCCTAGGAACGAGGTTAGACTCTACAGTCGCCACCTCAA
CGTCCCTGGCAGCTCTCCACAAGATAAGGTGTCTATGTGGAGCGAAGCCTTCTTTCACCCATGG
CATCCCTCTCCTGATTTCATTGCTCGCCTGCCAAGTACTACTCCCTCCATATATAGGGCAATAAT
TGGTGAGTATGCAGCGGAGATAAACAAGTTATTTAGCCGGCTGTTGAGTTTGATATCACTTGGT
CTAGGAGTAGACAAGGATTACCTGGAAAGGAAGCACGGACAAAGTCCACGGCGAAGAGCCCA
GGCCAACTACTACCCTCCATGCCCAAGTCCTGAACTCACCCTTGGGCTTGCCCCGCACACAGAT
TTCAACACCCTCACGATCCTCCAGCAGTCGGATCAAGTCTCCGGCCTCCAAGTGATAAAAGAC
GAAAAATGGGTGACTGTTGATCCCATCCCCAAATCTTTTGTTGTGAATGTCGGGGATCAGCTGC
AAGTTCTAAGTAACGGTAAGTACAAGAGCGTGCATCACAGGGCTGTGACTATCAAGAATAAAC
CTCGCATGTCAATGGCTCTGTTCTTTGGACCCGACGAGGACACCGTGATTGGACCCATTGAGGA
GTTGGTGAATGAGCAGCATCCTCCATTGTACCGAAACTATGTTTACAAGGAATTTGTGCAAGAG
TTCCACAGGCAAGATGACACTAGGAGGAGAGTCAAAGAAGCCTTTGAATTGCAACGTTAAAA
TATAATTATTAAATATGTGATTTTTAGATGCAAAAATAAACTGAAGCATGATTAATCTGGTGTT

TCTTCGATGCTTAAAT

>F3H2

TTTTTTTGATATAGGAGATCTCAATTGATATTAAAGTGCAATTTTGATGTATGTGATTATTAAAA
GTATGCATTTTATTGGTGACTTGAAATTGAAGTCCTTGACTTAATCATAAAAGGCATTAAGAAA
GAAAAGTAAGCACATGCTCCCTTCTCATTTGTCTTTTTCATCTTCCTCTAAAGTTAAAGCATAAC
CAAAGATGCTTAGAGCTTAACAAAATCTAACCTTTTCTTTCCTTGCAACTTATTAGTAACATAAT
GCTTACTATACTCCCCGTGATTGTAACTCCTAAACTTGGAGGGATTATCTTCACTGACAAGCTC
CTGAATGGGAGCTAACTCGGAATCGTAGCTGGGCGCATAGAACGTGACAACCGAAAGCCTGT
CCTTTTCCTTGTTAGTCACTGCTCTATGCTCGACGCTCTTGTATTTACCGTTAGTCAAAACCTCT
AGCGTATCTCCTATGTTGACCACTAGCGCATTAGGTAAAGGCTCAACAGATATCCATTCGCCAT
CTTTGACAATCTCAAGTCCAGCCGTCTGACTCGATTGTAGAATTGTGATTCCGCTTCCATCCGA
ATGCGGGCTTAGCCCCAATACCTCGTCGGCTCTCGGGCATGGTGGGTAGTAGTTCATTCTTAG
TGCTTGAACCGCATCCCCAAATATCTCTTCAAATACGTCTTGTTTCAAGCCTAGACTCATCGCT
ATACTTTCCAATACCTTCCTCGACAACTTCCTTATCTCTTTGTAGTAAGCCTCGATCATTTCACT
GAATTGTGGTGGGTTGTGTGGCCAAAGAGATTGAATCCTTGAAGATTTGGGATGAAGAGCAAG
AGCAAACATATTACACCAATCCAGCTTCTGCTCATCGGAGAATATAAAAGCTTGACCATAGCC
TTGAACAGTACCAGGTGCCATGGAGTATCTCCGTTTCTCCTCCAGAGGTAGACTAAAGAACTC
CATGGCCAATCTTTCGATGCTCTCAACAAGGCTTAAATCGACACCGTGGTTTATCACCTGAAAA
AAAGCCCCATTCCTCACAGGCTGCTGCAAGCTTCACTGTCTCTTGTACGGACTGCTCCGTCAGA
ATCGTGCAGAGATCGATGACGGGAATGTCGATGTGGGAAGAGGACGAGAGAGATGGTCTCTC
AGTAATGTCTCTGATGAACCTCTCAGGGAATGGGATGTTGCTGTTTATAGATACTTCTTGAACG
TCGGCTATCTCACCAACTTTCACACCGGCCATTTTAACTTCACTCATGCAACTCCGGCGCACAA
CTTGTTATTATATATATATATAATTTGAGATTCTTG

>F3'H1

TGGGAATCAAGACAACAATAAGAACACTAGTCTTTACAATAAAAAGGAAGAACATATGAACC
GAGAGTGTTTATTATAAAAGTAGGGACACACTAGCTATGAATGTCATCTAATTGAGATGATAA
GCATGGGAAGACAGCCTAGGCCTAGGATAAACCATCAATGGCACCTTACGTTGCAAAGTAAG
GCCATAAGCCTCCTCCATGTTCAACTCATCAGGCCGCTGTCCATCCGCAAGCTCCCAATCGAA
CCCATGAGCAAGCCTTGCAGTGATAAACTGAACCATCTTGAGCCCAAGGCTCGTCCCTGGACA
AATGCGTCGCCCTGCACCGAATGGGATTAACTGAAAATCATTTCCCTTGACATCAACAAGAGG
CCACTCCCCGCCGGTAGAAACCTATCTGGCCGGAACTTGAGTGGACTCTCCCAGGTTTCAGG
GTCCCGGGCTATAGCCCACATGTTCACGAGTATTGTGGCGTTTTTGGGGATATTGTAGCCATCG
ATCTCGCAGCTCTCGGCGGCGATCCTAGGGAGGAGAAGTGGGATTGCTGGATGGAGACGGAA
GACTTCTTTGATCACCGCTTGGAAGTATGTGAGTCTGGAGAGGTCGGATTCGGTTACAACTCGG

TCTCGTCCCACGACTGAGTCGAGTTCTTCCTGGACCCTGGCCATGACCTTAGGATTCCGGACGA
GCTCTGCTATGGCCCAGTCTATTGTACTCAAGGTCGTGCTGGTTCCTCCTATGAACAAATCCAT
GAGCAGGGCCTTGATTTCAAGATCACTCAACTTGCCGCCTTCGCCATCACAGTCATCTTTCAAG
GATAACACAGTAGTGAGCAAGTCGGAGTGGTGTTGGTTCGACGGCTGTGCCTCGTACTGCTCC
TTCAGGATCTGTCCGACGAAGGTGTCGAACCTCTTATGAACCTTCTTCATTCTTTTAGCTATCCC
TTGGAGATCGAACCACTCGAGCACCGGGATGTAGTCTCCTATGTTGAACATTCCGGTCAACTCC
ATGACCTCCCCCACCATCGCCTTGAATCCCTCCGCTTTCGGATCTTCCTTCCCGGAGCCGTCTCC
GAACACCCTCCTCCCAAGAACCACTCTTGCCGTGGCGTTGGTGACACATACGTTCAAGAGTTGT
CTTACTTGCGCCGCGCTCTTTACCTTGGCTAACGCACCAGTCATAACTCCTACCTCCTCCTGAC
GAACGCGGAGTAATTTATCCAAGGCCTTGGTGGAGAAGAGTTGTTCTTGGCAGAGCTTTCGGA
GCATGCGCCACCGGGGACCGTAGGGAGCAAACACCATATCCCGGTGGTTGTAGAAGATGTGC
TTGGTGCTAGAGTTGGATGGACGGGAAGCGAAGTTGGCGTCATGGGTCTTGAGAAACTCGGCA
GCCACCGAGGCGGAGGAGGCTACCACAACGTGGACGGAGCCGAGGCGGAGGTGCATGAGTG
GTCCGTGCACCTTCGCTAGATCCGCTAGGGAGTGGTGTGGGCAGCACCCAGGTGAGGGAGG
CTCCCCACCACCGGCCATGGCTTCGGGCCGGGCGGGAGGCGGCCCAGCCTACGTCGGAAGAA
TAGGTTGTAGAGGAAGATGATGAGGAAGGAGATGAAGAGAAGGGTCG
>F3'H2
GTTTATTCCGTTTGGGTCGGGTCGACGGGCCTGTCCGGCTATGAACTTGGGACTCCACATGGTT
GAAATGACATTGGGTAACCTTCTTCATTGCTTTGAATGGGAGTTGGCAAATGGAATGAGCCCT
AGTGAGTTAAATGTGGATGAAATGTTAGGACTCACTATACCTCGTGCGAGTCGACTCGTGGCC
ATGCCTAGGCAGAGGCTCAGTTGTCCTACTTGATTGGTAATTCACTGCATAGGTGATTTTACGG
TCACGCATTCTCCGATTATATTCATGTATTATCTCCTATCGACATGTATT
>F3'5'H1
GTAACACGTTAAATTCCACTAAGCACACCAAAGTTATTACAAAGGAAGATCTTACAACATACC
ATAATAAAATCGTAACAACTTTAAATAAAATACAAAACGTATAGTACATATTTTTATTATTGCT
AACTGTAGATACTATGGTTAGCAATCAACCAAACGCACCAAGATTAATTCTCATACAAACGAG
GTGCAAGACGGGGTTCGACAACGACAACAAGAGGATCCTTCCGAGGATTCGAGAGGCCGAAA
ATCTCCTCCATATCAAGATCCTTAGGGTTCATACCCTTAGGCAACTTCCATGCAAACCCATGCA
AAAGATTTGCCAAGCTAGACTCAATCACCTTAAGTCCAAGACTATATCCAGGGCACATCCTTCT
CCCAGATCCAAATGGAAGTAACTCGAAATCTTGACCCTTGACATCCAAACCTGCCATTGGTCC
AGTAATGAACCGATCAGGGCAGAACTCCTCGGGATTTTCATACACCGAGGGGTCTCTCTGAAT
GGTCCATGTGTTAACCAACACTCTAGTGCCTTCTGGCACGTCGTAACCCGAAATTTGAACATTT
TCTCTTGCAAGACGCGGGACTAACATGGGTGCCACCGGATGGAGACGCATTGTTTCCTTAATG
ATTGCTCGAATGTAAGGAAGGTTTGGAATGTCTTTCTCTTCGACCCATCGTTGATTTCCAATGAC

TCTTTCAAGCTCCTTCGTTGCCTTGTCGATTACACTAGGGTTTCGAAGGAGCTCCGAAAGAGCC
CACTCTACCGTCACCGCAGAGCTCTCTGTGCCCCCGGCAATAAGGTCTTGTGTGAATGCCTTAA
CACCATGCCTCTCAAGCTTGATCTCAAGGTTAGGATCATCAGCAAGCTCAAGCAACACATCCA
CCATATCCATTGGAGCCCATCCTTTGACACTCATCCTCTTTTCGTTATGTTCATCCAACACATGC
TCCATAAACACATCAAATTTCTTAGCTAATTTCTTCATTCTCTTAACATATCCTTGTAAATCCAA
GAACCCTAGATATGGAATCCAATCTCCAATGTTTAAGACTCCATTGAGCAAGAACAATTCATC
GAGCATTATCTTGAACTCGTCCGGGCTCACGATCGATCCGGCTTCTTCATCTAAGTATCTTTTG
CCTAACACCATCCGACTAATCACATTCAAACTCACATTGGTTAGGAAATCTTTGATGATGATCG
GGCTTTTGGATCGGGTTGCGGTGAAGATCGTTTTAAGAAGGGTTTGAGTTTCTTCTACTCGAAT
GTATTCGTATGAATCAAGTCTTTTGTTGCTGAATAGCTCCATGATACACATTTTTCGGGCCTGG
CGCCAGTAAGGCCCGTAGGGTGACCATGTGATGTCGGAGTAGTTATAGGTTGTGTATTTTCCG
GCCGCGGTTTTGGGTCGGGAGGCGAATTTGATGTCTTGAGTTTTGAGGATGATTTTGGCGGTTT
CGACGGAGGAGACTACGAGAACCCGATGAGACCCGAACCGGAGCATCATGACGGGCCCGTA
GTTTTTGGAGAGAGTGTGGAGGGAACGATGTGGGAGAGAGCCTATGAGATTGAAGTTGCCGA
TTACGGGCCAGGGTTTCGGGCCAGGTGGGAGGTTGAGTTTCTTGTGGCGGAGATAGGAGGTGA
TGAGGCGGAGGAGGAGGAGAGCCGCTAGGGAGGTGGCGGCTAACTCGGCCCATGGGAGTGAC
TCCATTTGGTACTTGTGTGTGATGATTTGTTTTCTTTTTTATGTAAGCTTTGGTGATGATTTTGAT
GTGT
>F3'5'H2
TACCAATTTCCCAACCTAACTCATCGTCTTCCTTTCCAAATTCCTTCAACCTCCTTCACAATGTC
GACCGCCCACGATTACTGCTTTCTTTTCCTCTGCCCTGCCCTTCTCGGCCACCCACTTCTTTTTC
CACTCATCCTCGTTGCCATCACCACTGCTTTTCTCGTCTATCCCGGCGGTCTAGCTTGGGCCCTC
ACTAAAAAAACGCCCATCCCTCTTTCAAACCAAATCGGAAACCCATTCGGCCATTCCTGGACCG
GTCGGAGCTCCGTTTCTTGGTTTGGTCTCTGCCTTTACCGGTCCTCTTGCTCATCGGGTTCTCGC
CGGCCTGGCCAAAGCCACCGATGCTCTCCATCTCATGGCCTTTTCAATCGGGTCCACCCGATTT
ATAATCTCAAGTAAACCGGATACTGCAAAAGAGATTCTAGGATCTACTTCTTTTGCAGATCGTC
CAGTTAAGGAGTCTGCCTACGAGTTACTGTTTCACAGGGCCATGGGATTTGCTCCTTACGGTGA
ATATTGGAGGAATCTGAGGAGAATCTCGGCGACCCATTTGTTTAGTCCTTTGAGGATCGGGGCG
TTTGGTGGATTCAGGAGTGAAATTGGGAAAAAGATGGTGAAGGAGATTAAGGGTGTGATGAAC
AAAAATGGTGTTGTTCAAGTTAAGAAGGTTTTGCATTTTGGGTCTTTGAATAATGTAATGAAGA
GTGTGTTTGGTAAGGAGTATGAGTTTAATGGTAATGAGGAAGGTGAAGAGCTGGAAGTTCTTG
TGAGTGAAGGGTATGAGCTTCTTGGGATCTTTAACTGGAGTGATCACTTTCCTTTGTTGGGTAG
GTTGGATTTGCAAGGGGTGAGAAGGAGGTGTAAGAATCTTGTTGGCAAAGTTAATGTGTTTGT
GGGAAGGATTTTGGATGAACACAAGATGAAAAGGTCTGGGAATGGTGCTTCTGAGCAACAAGT

GACTGAGAGTTCAAAGGACTTTGTGGATGTATTGCTTGATCTGGATGGTGAAAACAAGCTTACA
GATGGTGATATGATTGCTGTTCTGTGGGAGATGATCTTCAGAGGAACGGACACAGTTGCAATTC
TCCTGGAGTGGGTTCTTGCAAGGATGGTTCTCCACCCTGACATACAAGCTAAGGCTCAAGCTG
AAATCGACACCGTGGTGGGGGCCACACGAGATGTTGAAGATTCCGATCTCCCAAATTTGCCAT
ACGTTACCGCCATCATCAAGGAAACCCTGAGGGTGCACCCACCGGGTCCGCTTCTGTCGTGGG
CCCGGCTTTCAACTGAGGACACCCACGTGGGCCCACACTTTGTCCCTGCTGGAACGACGGCCA
TGGTGAACATGTGGGCCATCACCCATGACTCGAGCATTTGGGCTGAAGCGGAGAAGTTCAAC
CCGGAGAGGTTTATGGAGAATGAGGTGGCAATAATGGGGTCCGATCTTCGTCTTGCACCTTTCG
GGGCGGGTAGGCGGGTTTGCCCCGGAAAGGCTATGGGAATGGTGACTGTTCAACTATGGCTTG
CACAAATGCTTCAAAACTTCAAGTGGGTTGCTAGTGAGAGTGGTGTTGACTTGTCTGAGACTTT
GAAGCTGTCCATGGAGATGAAGAGCTCTTTGGTTTGCAAGGCACTTGCAAGGAATGTTTGTGT
TTAGAGCTCTTCTGCTACTGTGCTTTTGAAGCTCTCTACAACTTATGTATTGCTTTTCTAGGTCG
CTTTTCTTGCTTTATTTATGTTTTTCCTTTCTGAACCCCTTAACTTGGTCCGTCTAGGAAGGTTTT
ATGTTTTTCACTATCATGTTAGTACGTACTAGTGTACTACTGTCAGTCTGTCACTGCATGCTTTG
GCTCCTTAGCTTCCATGATTTTGCGAAAAACAACAATGTATTGGGAGATATGAGCCAAACTAGC
CTAAGAATATGCATGTCTAGGTTTTGTGTTATGTGAATTACTATCGTAACTAAAACCGTGTTAC
TGTCGTGCTAGCTTTTCCTCGGTTGTGTGCGTTGTTGGCATTGCCTTTTTTGTGCACATTTCCTTG
TCTACGTTTGGTGGATCAAATCTTG
>F3'5'H3
GATGCAGCCTTAAGGTTTCTTTCACCACCATATTCAAGTAGCCCAAATTTTCCAAGTCAGACTC
TTCCACCATTCGACGCATGCCAACTACATTCTTTAACTCTTCTTGAAGTTGTCTCATCACTCTTG
GATGCCTTAGTAGTTCAGAGAGAATCCACTCAATTGAAGTAATTGAAGTGTCAATTCCACCCGC
AAGTGCATCCAAGATGATTGCTTTGACATTTTTT
>F3'5'H4
GTGAAGGGATCAATAACAATGGTGTTCGCTTTGTCAACGTGATGGCAAACTTCTCAACAAGAT
TGACATTCTCAACTCCCTCAGGCAACTTCCAGTCAAAATAATGTAGCAAAGACGCAAGAGAAT
ACAACAACATCCTCTCAGCCAACGCGATCCCAGCACAAATCCTTCTTCCGGACCCGAATGGGA
AGTAAGCGAAATCATGGCCATTAAAATCATATCTTCCATTCAAAAACCTCTCGGGTTTG
>FNS1
AGGGGAAGAGTTTTTTTCACTCTGGTGACCAAATGCTCTCCATACATGGCTTTTCCCTCTTTCTT
CACTCCCCCACTCTTGACAACACACGTCTCTAATGGCTCAATCACAGCGTCGAAATTCGGCTCG
TAGAAGTAGCCTACACAAACCCGATATTTTGGATTGTTGTTGATGACTCGATGAACTGTCGACT
CATAGAGTCCATTGGTCAGAATCTTTAGCATGTCACCAATGTTGCACACA
>FNS2

GGCCCGGAGTACAAGTCAACGTTGGAGAAGTACTTGAACTTTTTGGTTTCATCACGCGAATAAT
ACGGCTTCTTCATCTCCTCATCCTGCTCGTGGAACTTCTTAACTCCGGTGAGGATCTCGTCGAG
CACGGTCACCGGAATCCCATGGTTCAGGACTTGGAAGAACCCCCACTCTTCGCAGGCGTACTT
GAGTTTCTCGAGCAGTTGTTCCCTTTTCCGAGGGTCCTCCGATCGGATCTCTTGGAGATCGATT
ATCGGAATGGCGAGCTTGGTGGAAGGATAGTTGCTCCAGGTGTAG
>FNS3
GGGCTGTCACCTTTAATTCACAAAAATGTAAAGAAAAATGCTGCTATTGAATAGAAAACCCCC
TCTATTACACAAGATAACCAGGCTAATATTACTGTAAATTATTTCTGATCCAAAATGTTACATTT
TGCAGCTACTGGCTGGGCAAACTTAGCAGTTCACCTTTTATGGATGACGGCACCTCAAAGTTG
TTGCTTAGCTTGACAAGGAAAGACAAAACAACATTAATCTCAGGGCGGTCTTCGGGTTCAAGG
CTGGTGCAACACAAGGCAAGGTTAAGAACCTGTCTTAGCATATCCACCTGTTCCTCAGTCATAC
TCGACACAAGACTAGGATCAACAATGTCATATAGCTTGTTTTCATCATTCAGAGATTCTTTCACA
AGATTCTGCAAAGTGACTGGCAAACCATCTTCGCCCACAACAGATGTTGGCCTTCTTCCTGTTA
TCAGCTCCATTGTTATGATTCCGAAGCTGAATATGTCCACTTTGGTTGTTGCAGACCTCATGTAT
GCATATTCTGGTGCAATATAACCAATAGTGCCTTCAAATGCAGCCAAGGAAGATGAACTGCTGC
TAATTTCATGAACACCAAGCATCCTAGCCGTCCCAAAGTCGCTAACGTGTGCTTCCAAGTCTTT
GTCAAGGAGGATATTCGAAGGCTTCAAATCACAGTGAACTATGGCAACATCATACTCAGAGTGC
AAGTAAGCCAACCCCTTGGCAACCGATACAAGAATGTTGATTCTCTTTGATAGCGTCCACATCAA
CCGATCCACACAAGGGTCATGTATGACGCTATCCAAGTTGCCGTTCTCCATGTACTCAAGTACC
AAAGCCTTTAACTTTCTGCTCACCCAAGCATAGCCAATCACCTTCACAAGGTTCCTGTGCCTCA
GCTGGCTTAATATGTTTGTTTCTCTTTTAAAGCATTTCTCAGACTCAGCTGCAAACTCAAGCATA
TTGAGTTTTTTTACTGCTACAATTTGCCCATCTTCCAACCTCGCCTTGTATACAGTGCTTAGTTTG
CTGATGCCTATAACCCTGTCCTTGCTGAAAAAATTCCGTAGCGGATTCTAACTCCTTGGGTTCAA
ATCTCCTTAAGGGCATTGCTGATGTATAGCCTCCTTCAAATTTCTCAACATCTACTGTCTCTCTG
TTCTTACAAAATTGCATATAAAGTATGGTTGCAAGCATGCATGATACAAG
>PAL1
GCAGAATCTCGATGGGTGGAGTTCTCCATTGGCTCCAGTGGTTAAAGTTTTCTTAGCTACGTGG
CTTACAGTCTTCTTCACCGTGCTCTTCAAATTCTCCTCCAAATGCCTCAAATCAATGGCCTGGC
AGAGTGCCACTAGGTATGTGGTAGACATGAGCTTCAAGATATCCACCGCTTCAGCTGTTTTCC
GGGAGGAGATTAAGCCCAAGGAGTTCACATCTTGGTTGTGTTGCTCAGCACTTTGGACATGGT
TGGTGACAGGATTGGCCAAAAATTGGAGTTCTGAACAGTAGGAAGCCATGGCAATTTCTGCTC
CCTTGAAACCATAATCCAGACTTGGGTTTCGGCCACCAGAGAGATTTGATGGCAGCCCATTGT
TGTAGAAGTCATTGACAAGCTCTGAGAACTGAGCAAACATAAGTTTTCCAATGGCTGCAATTGC
CAAGCGGGTGTTGTCCATGGAGACTCCAATTGGGGTCCCCTGGAAGTTGCCACCATGTAGAGC

CTTGTTCCTGGAAACATCAATCAAGGGGTTATCGTT

>PAL2

CGGCGTTCCAACCCTCGAGGCAACCTAGAATCGGGTCGATAATCTTTCCCTGGCAGATAGCTT
GGAACACCCTGTCACACTCCTCGCCCGGTGACCTGACCTTCTCCCCCGTCAGGTACTCTCCTCC
CAACTCCTCCCTCACAAATTTGTACAAGGGATAGGACCTGCATTCCGCAATCCTGTTTGGAACT
GCAGCATTTCCGCTCTCAATTGCACTCCTTGCACTCTCCACCTCTTTAGGCAAAAGCGTTTTCA
GCTCTTCCTCGAAAGCTCCAATCTTTTGGAAGATCGAAGTGCTTGCATTCTTCTCACTCTCG

>PAL3

CAATCTCAGGTTTTACAAACAGAGACGAAAGAAAGTTTGAAGTGGGAAATAAAGAGTATATGC
AACAGTGAAATCCCCTAACAGATTGGGAGAGGAGCACCGTTCCAAGCACTGAGACAATCCAG
AAGAGGGTCTATGATCTTCCCCTCACACATTGCAGTAAACACCTTGTCGAACTCCTCCCCTGGT
GACCTCACCTTTTCACCTGTTAGCAGCCCTGTTCCCAGCTCCTCTCTCACGAACTTGTACAGTG
GGTATGACCTGCAGTCCTTGATTCGGTTCGGAATAGATGGGTTTCCACTCTCCAACCCTGCTCT
TGTGCTCTCGACCTCTTTGGGCAAAAGGGCCTTCAACTCCTCCTCGAATGCCACTATTTTTTGG
AAGATTGAGGTGCTGACATTCTTCTCATTTTCGCCATTGTTCAGTGCGTGTTCTACCAGAACTTG
CCTGACCTTCTGCATCAGTGGATATGTTTCACTGCAGGGGTCGTCGATGTAGGCAAATATATAC
TCCCTGTCCACCACTTTGAGCAAGTCCTTCTCGCAGAATCTTGATGGGTGGAGTTCTCCATTGA
CTCCAGTGGTTAGAG

>STS1

AAAATTTCATTTCTCTTTCCTTCTTCAACTTTGAAGCTTCCATTTCAATAGTCATCACACACTATC
AATGGCGTCTGTGGAGGAAATTAGAAATGCTCAGCGTGCCAAGGGTCCGGCCACCGTTCTAGC
CATTGGCACAGCTACCCCGGACAACTGTCTGTACCAGTCTGATTTCGCTGATTACTACTTCCGG
GTCACTAAAAGCGAGCACATGACCGAGCTCAAGAAGAAGTTCAACCGCATCTGTGACAAATCC
ATGATCAAGAAGCGTTACATTCATTTGACCGAAGAAATGCTTGAGGAGCACCCAAACATTGGG
GCTTATATGGCTCCATCTCTTAACATACGCCAAG

>STS2

ATCTGATCCAGATATCTCAATTGAACGACCACTCTTCCAACTTGTTTCAGCAGCCCAAACATTT
ATTCCTAATTCAGCAGGTGCTATTGCAGGCAACTTACGTGAAGTGGGTCTCACCTTTCAATTGT
GGCCTAATGTGCCTAGTTTGATATCTGAAAACATAGAGAAGTGTTTGACTAAGGCTTTTGACCC
AATTGGTATTAGTGATTGGAATTCCTTATTTTGGATTGCTCATCCA

>UFGT1

AGTTATTCGGATCAGGACCTTGTGTCGTGCCTTATTATAGATTATATGTGGCACTTTAGTCAAA
GTGTTGTTGATTCCCTCAAGATTCCTAGGATTGTTCTAAGTACGGGTAACTTGTCTTCATTCAC
CATGCTTTTTGCACGTCTGGACCAAAGAGTTTGTTGATTAAGAGGAGCACTCAACTAAAGAAG

TTGATGGACATCCTTCACAAACATACAACATCGG

>UFGT2

CAAATCTATCTTTCCCTACAATAATCCTTTTAACAATGGAGCTTCCACACATCTTCATGCTACCA
AGCCCCGGCATGGGGCATTTCATCCCACTCATACAGCTCGCCAAGCTCCTCACCTCCAACCAC
CGTGTCTCCGCCACCATACTGGTCCCCACCACCGGCTCCGGCTACCCAACCCCATCTCAAAAG
CCTTTCCTCGACTCCCTACCCGTTGGAATCAACTACCGCCTCCTCCCTCCAGTTGACCTAAACG
ACGTCGTTGATGACGCGAGGTTTGAGGTTAGAGTCCTCCTCCTCATGTCCCGCTCCATCCCCTTT
GTTCGTGACGCCATGGCCGGCTGCCGGATATCCGCCTTTGTTGCGGACCCGTTTGGGATCGACG
CCTTCGAGATTGCGAAAGAGTTCGGGATTCCTTCATACTTGTACTTCCCGGCATCCGCCACATC
ACTGGTGTTCTTCCTACACCTCCCGGATCTTGACGGGTCCGTTTTCGGGGAGTTTGGCGATTTGC
CAAGCCCGGTTTTGCTTCCGGGTTGTGCTCCTGTTCATGGAAAGGACTTGCTCGATTCGGTTCA
GGACAGGAAGAATGAAGCTTATCAATGGATCCTTCATCTCTCCAAGAAAGCTAGGGTTTTGCCT
GATGGGATCATGCTCAATAGCTTCACAATGCTAGAGCCTGGTCCCATTAGGGCATTGTTGCAAG
AGAAATTACCCGGTCCGGCAGCCATTTATCCTATTGGCCCGGTTATACAAACCGGATCGGATC
AAGAAGTGGGCCAGGCTGAGAGACAGGAGTGCTTGAAATGGCTAGATGACCAGCCTGATGGG
TCGGTCTTGTTCATCTCCTTTGGAAGTGGAGGAACACTCTCATATCCTCAACTCATAGAATTGG
CATTAGGGTTGGAGAAATGTGAGCATATTAGATTTATGTGGGTGGTTAGGATCCCTAATTGCAA
GTCTTCAAATAGGCCACTATTGAGCCCAAAAATGTGAGCATAACCCACTTGAGTTCCTACCACG
CGGGTTCATCGAAAGGACCAAGGGTCGCGGTATGGTCATGAATTGGTGGCCCCTCAAATCGA
CATCTTGAGCCATAGATCAACGGGTGGGTTCGTGACGCATTGTGGTTGGAACTCGACATTAGA
GGCGATCGTACACGGGGTTCCTTTGATAGGATGGCCTCTCTATGCCGAGCAAAGGATGAATGC
TATTATGTTACATGAAACCCTAGAGATTGCTTTGATGCCTAAAGTTGACCCGGTATCCGGTTTA
ACGGATAGTGAAGAAATTGCAAGGGTAGTTAAGGATTTGATGGAGGGCGAAGACGGCAAGAG
GATTCGGCATAGGATCAAAGACTTGAGTGATGCTACTAAGAAATTCAATAGCGAAGACGGGGA
ATCCACAAAATTGTTAGCACAAGTTATCCTCAAATGGGGTGATTATAACAACTAAAA

>UFGT3

GGTTGCGGAGGAGCTTGGGTTGCCGGTGGCGAGGTTCTGGACGGCGAGTGCCTGTGGCTTGTT
GGGGTATGCTCAGCATGAATGCCTTGTACAAATGGGTATCATCCCACTGCCAGATTCGTCATGC
TTAACGAACGGATACCTCGACAAAGCGGTGGAAGGAATACCATCCATGGAAGGCATCGCCCTA
AAGCATCTCCCGAGTTTCATTAGAACCACCGACGTTAACGACTTCATGCTTAACTTCATCCCAC
ATCGAGTACGGACAATCTCCACTTCCAACTGCCCTCTAATTCTCAACACCTTTGAAGCCCTCGA
TGACCCCACCCTACAAACCTTAGTTGCCACCAACATCACCAAAACCCCGGTCTTCCCCATTGG
ACCGCTCTCCCTCCACCTCACCAAAACCCCGGTCCACCCAAAGATCCGGTCCAACCTCTTGCC
GGAGGACCCGTGTTGCTTGCCTTGGCTCGATACAAAGCCTCCTGGATCGGTCATTTATGTCAAC

TTTGGAAGTGTCACTGTCCTTACGCCCAATCAGGTTACGGAGTTTGCATGGGGATTGGTCAACA
GCATGCAGAGTTTCTTATGGGTAATTAGACCTGGTCTAGTTGGACCAGGTGAACCCGGTTCAAC
TGCATTGACAATACAAGAGCTTGTGGATGGGGCCCAAGGAAGGGGAATGTTAACGACCTGGTG
TGATCAAGAGAAGGTGTTGGCACACTCGTCGGTGGGTGGCTTCTTAACACACTGTGGATGGAA
TTCGACAATCGAAGCGTTAAGCCACGGTGTGCCGATGGTGTGTTGGCCGTTCTTTGCGGAGCA
GATGACGAATTGTTGGTTTTGTTGCGAGAAGTGGAGGGTTGGGGCAGAGATCGGGGAGCTGAG
GATGGGGGAGGTGGAGAGAGTGGTGAGAATGGTAATGGAAGGAGATAAGGGGAAGGAGATG
AAGAGGAAAACCGGAGAGTGGAAGAAGTTAGCTGAAGATGCTACTATGAACCCCAATGGATC
TTCCTATTTGAATTTGGATAAGTTGGTGAATCACTTGATAGGTGCCTAATTAGTTAATATTTTCT
TAACATAAATTTCAGTAAGAGAACACTTGAAATGTTTAGGGCTTAAAAGTAATATTGGTGATA
GTTTATGTAAATACTGTCAATATAGGGGTGCCCAAAT

>IF2′H1

AGGGAGGCCAGAGGTACAAGGCTTTGATGAAAGAGATTACCAACGCCGGGGGAATAACTTCC
ATAGGAGACTTCTTTCCGGTGCTGAGGAGGTTAGGGATCAAAGGAGCGGAGAGACGATTCAA
GGTCCTATTTGAGAAAACCGATGCTTTTATGCAGGATTTGGTTGATGAATGGAGAAGCTCGGTT
GAGTTCGATCCGGGATTTGCAGATGAAATGGGTAACAATAGCAAGACAATGATTGAAGTTTTG
CTCTCTTTGCAGAAGTCGGATCCTGAGTTTTACACTGAAGAAATCATCAAAGGTCTTGTTCTTG
TAATGTTGCTAGCTGGAACAGATACTTCTTCCAGTACAATGGAATGGGCCCTCTCCCTCCTCTT
GAACAACAGAGAAGCAATGAAGAAGGCGAGAGCCGAGATAGACGAACACGTGGGGCATAAT
CGTCTCATAGAAGAATCAGACTTAAACAACCTTCCTTATCTCCATAACATCATCCTCGAAACGC
TGCGTATCCG

>IF2′H2

CAGATCCTTCGCCTGGATAGATCCGCCTGAGAAACAATCTAACCTCCTCGGAGCGGATGCTGG
CGAGCATCTGAAGACGATGAGCAGAGAGGATCTCGGTGTTGGATATCCGACGGAGTCTGCGCC
AGTGGTCACCGTATGGAGCCCAGGAGAGAGCCGTGGAGTTGTAACCGAAAATATCACCGGAGA
TAAAGCGAGGACGGTTGGAGAAGACGACATCGTTTGCGTGGAGACATTCCTCGGCTCCGGCAG
GGGAGGATACTAGGAGTACTTTGCGGCAGCCAAGACGGAGGAAGAGGATCGGACCGAGGCGG
GCGGAGATCTGGAGGAGGCTCCGGTGGATGGGCTCCCGGAGTAGGTAGAGGTGACCGAGGAG
AGGGATGGCGGGGAAAGG

>IF2′H3

GTTTAAACCGGAGAGGTTTGAGGGGATTCAGGGGAACCGGGTCGGGTTCAAATTTATGCCATT
TGGGTCGGGTAGGAGGGTTTGTCCGGGAGATGGGCTTTCGGTGCCGATGGTGGGTTTGGTGTTG
GCTTCGATTATACAGTGTTTCGAGTGGAAGAGGTTGGGAGAAGAGTTGGTTGATTTGCGAGAA
AATATAGGACTTACTTCGCCTAAGATCAAGCCATTGGTGGCTAAGTGTTGTCCAAGGAAG

>IF2′H4

GAAGAGGTGGAAGAGTGGGGCCCATGATGATCTGTTTGCTCCGGCGAAGTTGTTGAATATGTG
TGATTTCTTCCCGTTTTTGAGGTGGGTTGGATTTGGACGGTTAATTGAAAAGGACATGAAAAGG
GTTTGGCTGAAAAGGGACCGGTTTATGCAGAGTTTGCTGGATGAGGCGCGGGAAGAGAACAA
AACGACGTCGTCCATGATGGATGAACTTCTTGCGTTGCAGAAGACGGAGCCGGAGTACTACAC
TGATGATATTCTCAAAGGCATATTAGTGGGAATGGTGACAGCAAGGTCCTACATCTCGGCGCA
CACCAATGCTCA

>IF2′H5

CGAATTTGTATAGTCTCAAGCATAATCTGTCTTCCAAAACATATTGTTTGATGACAAACATTTTA
TTAACATTTAATAGCATATATAGATAGATAGGTAGCAGCCCAACATATGTAAATATGGCTTCCA
AAGTATATATAAGATAATTGCAGACAACTAGAGCTGAAAGCTGTGTGTATGGAAATGAAAGAT
GGGATCATTTCTTGTCCTTGTAAAGGAATGACTTCTTATCTCCTTTGCAACACTTAATTCAAGAC
TTGGAGGCCCACACACTATCACTCCTACATCACTCCTCCCAAATTTCTTTTCCATGCTCTCTATG
ATCTCGCTAAAGTCTGGTCTGCAACCATACTTCGTAGTCACCCAATTGATATGATCTTCCACTC
TTGTCATCCTATTTTCTCTTAAGTTGGGTGTTTGTGCTACATTATCATCGTCTTTCTTTGCTGAGA
AATGCCAGAAAGCCACAACTATGCCTCCAATAATGACCACACTAGCTGCCATGCATCCTAACA
TGAGCAACCCTGTGTACCATCCGCTGGACAAATCGAATGGATCCTCGTAATATTCGTCTAACAA
TCCTAAGATCACCACAAACCCGACAATTGATGACGAGACATAGATCGCAGTCCATTTCTTATCT
CCAGTTCCAACCAACGGAGAGATGCTGGATAGTGAGTTTTTGTAAATCGAAGAGTTGAGGATT
TCACATGTTTTTGCTTCTTCTAATGAGGCGGTTGGTCCGGATTCACGAGTGATGTACACTTGAA
TCTCGAGATCTATGAGATTCGAGAAGGATGGACAGATTGATTCCAGATTTGGGAGAAGAGACA
GTACTTTACACATCTTCTAATTGCCCAAACAACGACGTCATCGTTCCTTGGAAAGATGGATCTA
GCATCCTTGGCACGGTTCATCACATCTCGTAGAATTGCTACAAAGTTGGCAATAGGAAAGTAGT
CATTATAGTCGACGTAGGACAATATTTCACGCATCTCAAATAACAAGCAAACGTAACTAAGTC
GGTAGCACTATGTAGCCGGCCTACAGCTGAGATAGCAAAGTTGGCATAGAAGCACGAGGGCT
ACAAATTGCAAGCAGGCGGTGAGTTTTGCTCATAGTAAGAGCACTCCCGGACTCATCCATATC
GACGGCCCCGCCATCGACGCTCTTCCAATCAAAACACTGAATCCATGTAGCCAACGCCAGCAT
CATCGTCCGCATCGCCAGGTTCGTCCCAGGGCAAGATCTTCTCCCAACCCCGAACGGCAGGAA
CCTGAACCCACCCACGTCACCCGACTCGAACCTCTCGGGCTTGAACGCAAGCGGATCCTCCCA
CACATTCGGGTCGCGGTGTAGGGCCCAGGCATTCACCAGTAGGACCGTGCCCTTGGGCACATG
GTACCCCACGATCGTCGTGTCAGCGGAGGAGGAGTGTGGGATTAGCAACGGGGCCACCGGGA
AGAGGCGGAGCGTCTCGTTCACCACACACCGGAGGAAGGTTAGCTTCGGGAGGTCCGAGTCA
TCTACTAGTCGCCCTGTGCCGACGTGGATGTCGATCTCATCTCGGGCCTTCTCGAAGGAGCTTG
GGTTGTTCAGAAGGAGTGACATGGCCCACTCCATGGTGCGAGCCGAGGTGTCGGTCCCTGCTG

TCACCATTACCACTAAAATGCCTTTCAGAATATCATCTGTGTAGTATTTGGGTTCCTCTTCCTGTA
GAGCCAGCAACTCATCCACCATAGATGGTGTCGTTTTCATCTCGCATTTCTTTTCGTTACGTGCC
TCATCTAGCAAACCTTGCAAAAACCGGTCCCGGGTCACCCAAACCCGTTTCATTTTCTTCTCCA
GTCCAGCGTAGCCTATCCACCTCAAAACCGGGAAGTAATCATAAACCGTCACAAAATTAGACG
GAACAAACATATCCTCCTTCGCCCCAGTGCTGGCCCACCTCTTCCCAAATGCCATCCTCATCAC
CACGTTCCGTGTAAGCAGAAAAAACGCATGATTCAAATCCACTTTCTCTACACCCGACCCAAG
TAAAACCTCCCGGGCTACAAACCGGATCTCCTCAACTCGGATCCGGGAGCTCTGAAGAAGCCG
GTGAGAGGAGAGTGCTTCAAGGGTCATGACGCGACGGAGGTTGCGCCATAAGTCCCCGTATCC
AGCCCACGCGACGGCGGTGTAGTCATAGCCAAGAAGTTCGCCGGATATAAACTTAGGCCGGTC
GGCGAAAACGACGTCGTTTTGGGCAAGGCAGTGTTCTGCTGCATCTGGCGAGGAAACCACCAG
AAAGCGGCAGCGGCCGAGGCGGAGGCTGAGCACGGGGCCGTACTTATGAGAGAGGGCCTCTA
ATGAGCGGTGAAATGGTGCTTTCAGAAGGTGGAGATGACCTATTATCGGGAGAGCTGGTGGAC
TTGGGGGTTGGTTCCTAATCTTATTAATTGTACTACTGCGGTATCTGGCGGAGAAGAAGAAAT
GACTGCAATAAGAGCAACAAGAAAGAGGAGGAAACTAGGATCCATGATAAACCAATTGGGTT
GATTTGCGTTGTGCAGATTGTGAGAAGGATGTGTTTACATTTATAAAGGCCTGGTGGTATGTGA
TACACGACTCCACATGGCGCTGCAACAGTTCTCCAAAATTCAAATCCTTGGTTAGATATTGATC
ACACTAACGTCTAAGGAGAAGAAG

>IF2'H6

GTAAAACTCTGCAATGTCAAACTCAGATGTCAGAGCTTCCTGAACATAGATAGGGCTATGCTG
GAATTTTGGCTGCTGCTTCTTATCGCCTTCCTCACTTTCCTCTTCCTCCTATCTACTCTCAACCGA
AATCGAAACATCCCGCCATCGCCGTCGTTCTCCCTGCCGGTAATCGGCCACCTCCACCTCCTCT
CAAATCCGGTACGCTTCTCTCTCCACCGCCTTTCCCTCTCCCATGGCCCAATTTTCTCCCTCTGG
TTCGGTTCCCGCCTTGTAGTCGTCGTATCCTCAGCTTCCGCCGCTGAGCAATGCTTCACCCAAA
ACGACGTCGTCCTCGCGAATCGACCTCGTCTCCTCGCCGGCGAAATCGTCGCCTACAACTTCTC
GAATCTCGTAGTCTCCCCATACGGAGCCAGGTGGCGCTCTCTCCGGAAGACGTGTACCTCTCAA
ATCTTCACTCCCGTTCGGCTTAATTCCTTGTCGCGAGTATGGACCGATGCGGTGCAAAACCTAA
TTCGTAAAATAACGGAGCAGAATTCGAATTCGGATTACAAGGTTGTGGTGCTGAGGCCGTTGG
TGACGGAGATGATGTTTGAGATTCTGATGCGGATTTTATCAGGGGAGAGAGGTGAATTGGAGG
TTCTAATGGAAGCGATTAACGATGTTTTGAAGCATTCTCAGACTTCAAATCCGGCAGATTTCGT
TCCATTGCTGCAATATATCGATCTCGGAGGGTATCAAAAGCGCCTGAAGAGGATTTTCTCGAA
AGTGGATGGAATGTTGCAGATGATTTTGGATGAGAGGAGAATTACACCAAACGGAGGGAGAA
GAGATAATCTGATTGACAATTTGCTCGAATTGCAACAGTCCGGCCATGGTTTTTATGATGATGA
AACGATCAAAGGACTTCTACTGGACATCTTAAGCGCAGGGACAGATACAACATCAGCTAACA
TAGAATGGGCAATGTCACTCTTGCTTAACCATCCAACCATCTTGTTCAAAGCCAAAACCGAGA

TCGACCTTCAAGTAGGCGAAAACCGCAGAGTAAACCAAACCGATCTGCGAAATCTAACGTAT
CTCCAAAACATAATCTCGGAGACACTAAGATTATACCCTTCAGTCCCACTTCTCCTACCACACT
ACTCCTCCCAAGATTGCACGGTTTCCGGATACAAAATACCGCGCGACACCATAGTGTTCGTCA
ATGCTTGGGCGATTCACCGAGATCCCAGCGTATGGGACGACTCTTTAAGTTTCAGACCCGAGA
GATTCGAGGGCAAGGAATTTAGTGCGTACCGGTTTATGCCGTTCGGGTTTGGGAGAAGGGCTT
GTCCTGGAGCTGGTTTGGCTAATAATGTGGTTGGTTTGGTTTTGGGTTCATTGATTCAATGCTTT
GAGTGGGAAAGGTGTGGTGTGGAAGAAGTGGATATGAGTGGAGGAGATGGACTTACAATGCC
CAAAGCTAAGCCATTGGAAGCCGTTTGCAAGGTCAGGCCTATTATTAGCCATGCTTATTCATAA
GAATCTTAATGAATCATAACACAAATGGTTTAACATTTCTCCCACTCGAACCTCTCAATTGAAG
TCTGAAAAGTATTAATCAGTTGTGTATCATTTTGTGTGTGTCTGTGTAATTAACCAGAGAATAG
AAGCATTTTATAGTCTATCAACTACTTTAAAATAGAAAAAAAAACATTCTGTGATATATGATGT
AATCTGTCCTGTACCTACAATAAAAAAGAT

>ANS/LDOX 1

AGTTGATCGGAGTTTTAGGCCAAAATTGAAGCAGCCGTTGGTTCCGAGGATAAACAATAAGGT
GAAGGCTATCGTTCCAGTTGACGGTATGCCCCTCGTACGAGTTATCACTTCCGTAGCCTTCAAT
TCCGTCGGCACTTCTCGCATACTTGAGCTTCTCCTCTAGCGGAAGCCCGAAGAAATCCTTACTA
ACTCCCCGCACTTGCTCCAGGAATTCAACTGTCATTCCGTGATTAACAAGCTGAAAGCAGCCC
CAAGAGGCAAGAACAGATAGGAGCAAGAAGAGCCATGTCAATGATCGGAGCATCCATCAAAG
GGACAGCCACATCTAAGTTT

>ANS/LDOX 2

GCGGGCAAAGTCACTGGTGGTGCCCAGCGTTATAGAGCTCGCCAAGGATCCTTCGGCGACCGT
CCCCGACAGATACCTTCACCAGGACCTCGATCCACCTTTCGTCTCCCTCGCCGGCCACCAAGAT
CAATCGTTGCCGGTCATCTCACTGGCTTCGTTGCTCGGAGACGACCCTGCCGAATTCGACAAG
CTCCGAAACGCGTGCAGCAATTGGGGCTTCTTCCAGGTTGTGAATCATGGGGTGAGTGGTGAG
GTCATTGAGAGGTTCAAGATGGAGAGCAAGGGTTTCTTTGATCTTCCAATGTCGGAGAAGAAA
AAGTTCTGGCAGACACCTGATGAAATTGAAGGCTTTGGGGAGAAATTCGTCATATCGGAGGAC
CAAAAACTCAGCTGGGTTGATGCCTTCTCCCTCACCATCCGACCGCTCCAATATAGGAGACCT
CATTTACTGCCATTGTTGCCTCTCCCATTCAGGGAAACTTTGGAGACGTACACAAATGAGCTCA
AACAATTAGCAACCAAAATCTTCGATTGCATGGCCAAAGACTTAAATATTGAGAGAGAAGACTT
TAGAGGATTGTTTGATGAGGGAAGACAAACTTTTAGACTCCTCTATTATCCGTCAAGCCCACAA
TACGATAAGGTTATTGGTTCGATGCCGCATTCTGATGCGTCTGCCCTTACCATACTGCTTCAAAT
CAATCAAGTGGATGGACTTCAAATCAAGAAAGATGGAAGATGGTTGACTATAACGCCTCTTCC
AAAATGCCTTTATCGTCAACGTCGGCGATATTATGGAGATGGTAAGCAATGGGACGTATAGAAG
TGTGGAGCACCGAGTTATGGTGAATCCGGAGATGGAGAGACTATCGGTTGCTTCATTCTTTAAT

GCTAGACTCGATGTCGAAGTCGGTCCTGCTCCCAATCTGGTGACTTTAGAGTCACCGGCGAGG

TTTAGAAGAATAATCACAAGTGAATATTTAGACGGATTTTATTCTCGACCGTTGAAAGGAAAA

TCGCACTTGGAGACATTAAGGATTGAGTAACGGTAACTTTTATGTACCGACTAAACCTACGAG

CACAGATTGAGAATGTATACCCATTACTTTTGGTTTCAATTACTATGGTCAGAAATCAAATGTA

TCAATGTTTTTTTTTTCGTAAAACATGTGTCCTCAATGTTCTAGTTGTATAATAATGTATTGGAG

AAAAAACATATGTAGAGGTGTCAAACAGGTCAGGTCCTAACAAGTTCGGGTTGAAACGGGTCG

>ANS/LDOX 3

TTCTCAACTCCTCCATATACTCACAAACCCCTAACCCTAAGCTCTCCAAGATCGCCTCCATTAT

ATCCAAGTACAGTAGCTTGCTCTCCACGGCATATCTCTCCGTCACTCCCCTGAACTCCGCCGGA

GAAGATGGCCAACGAGAAAGATCATCATCGGACATAGGGTAGTTACAACCGAGCTTCAAAAA

ATCTCTCCAACAGAAAACGCCGTCGCCGGTTCTGATTGAAGCTCGTGCCGTACCGAACCGGAGC

GAACATGTCGTTGGTCATGAGCTTCTGTCTCTCCTCAAATGGCTGCTCGAAGAATCGCCGGCTT

ACTTTCCCCATCTTCTCTGTACTCTCGCTTGATATCCCATGGTTTTTCAATTGGAAGAAACCGTA

GTCTTGACAAGCTTGAGCCAGGGACCGAAGAACATGACGCCTATTAGGGCCCTGGAGCTCGCG

AAAATCAATCACCGGCAACTCAATAAGATCCTTTCCTTTCTCGAACTCGAACCCAACAGAGTTA

TCAGAAATCACAGGACGCGAATTCACGGGTAATATGTATTTTCT

维生素 E 合成相关基因

>AdeH

ATTCCTCGCTGCTTCACAAAATCCCCAAATAGCCATGTTTTCTCTCTCCTCCCTCCACTCTTCAT

CCACCACCCCACCGCCGTCCCTAGAGCCACCACTCTCCTTACACTTTCTATCCTCCTTCTCTTCC

CGCCTCCAATACCGCCATCAACACGTTCGCTCCCTCCGAATCTTCAATACCGGCATCACGCATA

CCAGCGGCCTCAATTCCAAGCTTGTCCATCCCGATAACAATTGCCACGACGATTCCGAAGCTTC

AGTTTCGTTCGCAAAGCTCAAGATCGCCATAATTGGGTTCGGGAACTATGGCCAGTTCCTCGCT

AAAACACTTGTTCGCCAGGGCCACACCGTCCTCGCTCATTCTCGCTCCGATTACTCCCAATTGG

CTTCTAATCTCGGTGTATCCTTCTTCTTTGATCCCAATGATCTCTGCGAGGAACATCCTGAGGTC

GTTCTTCTATGCACCTCCATTCTGTCAACTGAATCTGTACTCCGATCCTTTCCTCTGCAGCGTCT

CAAGCGGAGTACGCTCTTCGTCGACGTTTTGTCTGTCAAGGAATTCCCTCGATCTTTGTTTCTTA

AGGCTCTTCCCCGCGAATTTGATATTCTGTGCACTCATCCGATGTTTGGGCCAGAATCGGGGAA

GAACAGCTGGAACGGTTTGCCTTTTGTGTATGATAAGGTTCGGATTGGGCAATCGGAGCCTAG

AATCAAGAGGTGTGAGGCTTTCATTGATGTGTTTAGGAGAGAAGGGTGTAGGATGGTGGAGAT

GAGCTGCGCTGAGCATGATAAACATGCCGCTGGCTCGCAGTTCATCACTCACATGATGGGTAG

GGTTTTGGAAGAACTGGATTTAGGGACTACTCCAATCAATACAAAGGGGTATGAGAGTTTGCT

GAATTTGGTTGATAATACTTCCAAAGATAGTTTTGAGTTGTTTTATGGGTTATTTTCGTACAACA

TAAATGCAAGGGAGCAGACGGATAGGATGGGGTTGGCATTTGAGATGGTTAAGCAGCAATTG

TTTGGGCATTTGCAGAGGCTGTTGAGGAAACAATTGTATGATTATGAACCTGAGGTTTTGGAGT
CGAAGCCTCAAAAGCTTTTGCCAGGGTCCTCTCAGAATG
>GGPS1
CAGAAGTGGTGCTGCGGTCTCTTGATCAAATCCTGAAAGTTGTTCCCTTGCATCAGAAAGCAAC
TTTTCTGCAAACTCCCGTGATTTCTCCAGCCCAAGTAATTTCGGGTATGTCGTCTTGTCACTCGC
CAAGTCCTTCCCTGCTGTCTTGCCGAGCTCCTCAGAAGACTTGGTCACATCAAGTATATCATCA
ACAACCTGGAACAACAATCCTATCGATCTCGCATACATGCGCAAACTTTCAATCTGCTCATCAG
AGCCACCTCCCAAGATTGCCCCAATAACCACTGATGCCTCAAGCAATGCAGCAGTTTTGTGGA
GATGGATGTACTCAAGACGTTCA
>GGPS2
CTATCCCGTCCCAGGCCCACCCCTACCTATAAGCTTAATCACCTTAATCTTTCACTCTACCAAA
CGCAGCCTAAAAGCAGACCTGCCATCAAATTAGTGGCGTGCCGATTGACAACAACTAGACCAA
AACCAAATGTATCGTTTCTTGTAAAGTAGAAGTAATATACACGATACAGACAAAATTCACCCA
TTCTAAAGTGAATTTATGCTAGAAAACTTGCAAAAACAATCAGCTATGCCTTGTTCTCATGAGC
AGAAGAAAGCCCTATTTGGGCAAATCACCTGATTCCCCAACAGCGAACCCTCTATCTGCAGCA
TAATCAACGAAGCTATAAAGCGGTACTACCTTGTCGCCATATCTTTCGAGCCCGTCTAACTCTC
TCTTAGCTTGACATCTTAACTCCTCAGCTACTTCCATGGCCTTTTCCACCCCATACAAGCTCACA
TAACTCTTAGGCTTCTTCTTCTTGAACTCCTCACTACCGTTGCTCTTCGCTTCCAATATATCATCT
ACTACTTGGTACAACACTCCAACAGCATTCCCGTACCCTCTTAGCTTTTGGATCTCATCATCAG
CAGCACCACCCAAAAGACCGCCGCATACAGCAGAGCACTCGGCCATTTCTCCAAACTTCTTCT
CCTGCACAAAGTCGACTGCATTGGGTCCACCCTCAAGGTCAACAAACTGGCCAGCAGCCATCC
CTGTCGACCCCACTGCCCGTGCAATTTCAGCTATGACTCTAAGGAGGCGACTTTCAGGAACTAG
TTCTGTCGGTGTATGGGATACGATGTGTTGGAATCCCAGCGGGAAGAGTGCATCTCCGGCCAA
AATGGCCATGTCTTCTCCAAAGGCAACGTGGTTTGCTGGCTGCCCTCGTCTTGATGGGTCATCA
TCCATGCATGGCAGGTCGTCATGGATTAGAGAGGCAGAGTGAACCATCTCGAGGGCACATGCA
GTGGGAAAGGCAGCACGGCGATCACCGCCGAAGAGCTCGCAGGCGGCGATGCACATGACAG
GTGGAGCGCGCTTGGCACCGACGGCGAGCACTGAGTATCGCATGGCCTTGTAAATCTGCTCTG
GGTAAGAGATGGGGATCGCTTGATCTAGCTTCTGGTTGATGTCTGAGATGAGAGCAGTCCAGT
ATTCCCGGAGGTCGAATGCGGGCGTCGATGAGCTTGGCATGGTTGTGGAGGACGATAAGTAGC
GAATTGAGCTCCGGTGATGGCGGTGGAGCTTTATCGGAAGCGCGGTTGAGGTTAGATATTGGG
ATGGGAATGAGAGTGGGTGAAGGACACGGAAATGAAACGACGTCGTTGGGGTGAAGGAGGCC
ATTACACTGTACAAGTGTTGCCTAATGGATTTGTTTAGCTATGGTGTCATGGGGTTGGGGGAGA
CGAC
>GGPS3

GTGTTGGGGGCGATTGTGGGAGGTGGATGTGATGAGGATGTTGAGAAGTTGAGGAAGTTTGCA
AGGTGTATTGGTTTGTTGTTTCAAGTGGTGGATGATATTCTTGATGTGACCAAGTCTTCTCAAGA
ATTGGGGAAAACGGCTGGGAAAGATTTAGTGGCGGATAAGACTACGTACCCGAAGTTGATTG
GGATTGACAAGTCG
>CHL P1
GAAAATTCCGCTTTTTGCATAATTTTGTGTAATTTGAAATTTTAGGGTAGTTTTTCGTAATTTTTCT
AAACAATTTTCATTGATTGAAAAAGAGTCGCATAAAATCTGAGCCTCCCACACACACTCTCAC
ACTTCCCACTCCCCTTCTCCGTTCCCCCAAACAGCCATGGCTTCCATGTCTTTCAAGACCTTCAC
CGGCCTTCGTCAGTCACCAGTATCGGAGAACCATCACCATTCTCTCTCCTCTGCTTCGGTCAAA
GTGAACACAGTTAAACCCCGCCGTATAACGGCCTCAATCACCAGCCCAAAGCTCTCCGGCCGG
AATCTCCGCGTCGCCGTTATAGGAGGTGGACCGGCCGGTGGAGCCGCTGCGGAAACCCTAGCC
AAAGGAGGAATCGAGACCTTCCTGATCGAGCGCAAGATGGACAACTGTAAACCCTGTGGTGG
AGCCATCCCGCTCTGCATGGTCGGCGAATTCGATATCCCTCTCGACATCATCGATCGGAGAGTA
ACCAAGATGAAGATGATATCTCCTTCAAACGTTGCCGTGGACATCGGCCGCACTTTGAAGCCC
CACGAGTATATCGGAATGGTTCGTCGTGAGGTGCTTGATGCCTTCCTCCGGGACCGTGCCGCAT
CCGCTGGTGCATCGGTCATCAACGGCCTGTTCCTCAAGATGGAGATCCCAAAGTCGCGTGATG
CTCCGTACGTGTTGCAGTACACTTCCTATGACGAAAAGACCGGTGGAGCAGGGCAGCGGAAGA
CGTTGGAGGTGGATGTTGTTATCGGAGCTGACGGAGCCAATTCTCGTGTGGCTAAGTCGATCG
GCGCCGGTGACTACGAGTACGCCATTGCATTCCAGGAGAGAATCAAGATCCCGGAAGAGAAG
ATGACATACTACGAGGACCTGGCAGAGATGTACGTAGGCGACGACGTCTCTCCAGACTTCTAC
GGCTGGGTGTTCCCGAAGTGTGACCACGTGGCCGTCGGAACGGGCACTGTCACTCACAAATCC
GACATCAAGAAGTTCCAACTCGCAACCCGCAACCGCGCACTCCCGAAAATCGACGGCGGACG
CATCATCCGCGTGGAGGCGCACCCTATCCCAGAGCACCCGAGGCCACGGCGTGTCCTTGACCG
CGTGGCGCTCGTAGGTGATGCCGCAGGCTACGTGACGAAATGCTCCGGTGAGGGGATCTACTT
TGCGGCCAAGAGTGGGAGGATGTGCGCGGAGGCGATTGTGGAGGGATCGGGAGGCGGGAAG
AGATTGGTGGATGAGTCGGATTTGAGGAATTACTTGGAGAAGTGGGATAAGAAGTACTGGCCG
ACTTACAAAGTGTTGGATGTGTTGCAGAAGGTGTTTTATAGGTCGAATCCGGCGAGGGAGGCG
TTTGTGGAGATGTGTGCGGATGATTACGTGCAGAAGATGACTTTTGATAGCTACTTGTACAAGA
CGGTGGCGCCAGGGAACCCGTGGCAGGATCTGAAGCTCGCTGTGAGGACTGTTGGGAGCCTCG
TTAGGGCTTATGGGTTGCGCAGGGAGATGCAGAAGCTTGAATCTTGAGAAGAGTGAGGAATTG
TAGTCTATTATCATGATGGGAGATTGGTTTTGTATGCTGTGAATTTACACTACTGGACTTTGTCG
AATGTGAGATTGTAATCGACAAATTTGTACTTGATAATATATATATTTAGGCACCTTTCTGATTC
GTGATTAAAAAAA
>CHL P2

GGTGCTCGGGAATCGGGTGAGCCTCAACACGAATAATTTTCCCTCCCAATATCTTATCCTTCGC
TCTTAACCTAGTTGCCAGCTGGAACTTCTTGATATCACCCTTGTGAGTCACCGTCCCCGTCCCAA
CCGCCACGTGGTCACATTTCGGGAAAACCCACCCGTAAAAATCGGGTGACACGTCATCACCAA
CGTACATCTCAGCGAGATCTTCGTAATACGTCATCTTATCATCAGGAATTTTAATTCTCTCCTGA
AACGCAATAGCGTATTCGTAATCTCCCGCGCCGATTTGTTTCGCGACACGGGAGTTGGCTCCG
TCGGCGCCAATTATGGCGTCGACTTCCAGGGATTCTCGCTTCCCGGCCACCCCAGATTTTCCGT
CATAAGATGTGTAGTGAATCACATACGGAGCTGTCTTCGCCACTGGCTTATCCATTTTAAGGAA
TAAGCCATTGATTACCTTGGCACCCGAGTCAGAAGCTCGGGTGCGAAGGTAATCGTCCAGAAT
TTCTCGGCGAACCATTCCTATGTATTCGTGCGGCTTTAGAGTCCGCCCGATATCAACCGCGACA
TTCGAAGGTGAGATCATTTTCATCTTCGTGACTCGCCGGTCAATGATATCCAACGGCAGG
>CHL P3
GTGGTCGCATTTCGGGAACACCCACCCGTAAAAGTCCGGCGACACGTCGTCACCGACGTACAT
TTCAGCCAAATTCTCGTAGTACACCATTTTGTCGTCCGGGATTTTAATTCTCTCCTGAAAGGCAA
TCGCGTAGTCGTAATCACCGGCGCCGATGAACTTCGCCACCCGCGAGTTGGCACCGTCAGCGC
CGATGAAGGCGTACACATCCA
>HGGT
TTTTCATCTCGACCAAGAAGACACTTTATTGCACATATTTCATATCAACAACCAAAATCATCAT
CAACAACGTTTAACTTATCCAGGCTGAATACGAATGTGCACCATTCCAAACAGTTTTCTATATC
ATCTCACGAGCGGGATCAGGAAGTACTCGGCGTAAAATAGCTTCCAAATGAACATGTAGAAAG
ATGTTATCTCAGTTTTGCTACTTAAATCAGTGGTTTTGGCTCTGCTCCATAGTATTGCAGCTAAT
GCAACATGACCTACAACGGTTAAAATTTTGCTCCAGAGGAAGTTTGAGGAAATCCCGACAGCA
ATAGCAACAGCATAAGCCATTTGAAGTAGTGAAATGCAAGTCCAGAACACCGGCTTTTGACCC
AAACGTACAGTAAAAGATCGGATGCCAAAGATTTTATCTCCTTCAATATCAGGTATATCCTTAA
ATAACGCTATTACCACGGAAAAGAAGCTCATGAATGCGGTGGCAAATATCACAGGCCTAGAA
AGGAGAGCTGGTCTTGCCAAAACATGCGTCTGCATGTGCAAAAGAATGCAATTTGAACAATC
ACGGCCCGAACTGCTAGGATGCACATCGCTGCAACTAAAGCAAACCGCTTCCATCTGAACATA
GGCAGGTTTATTGAGTATGCTGTACCAAGCACAAAGCTAATGAACAATGCCCAGAATAGAGG
CCACGAACCCACAACTGAACTGACCCAAAAACTCAATATAGCAAATGATGTCACAATGAAGA
CACCGTTTCCTACAGAATACTCTCCCGATGCCAGTGGAAGATATGGCTTATTAACCTTGTCTAT
CTCTATGTCATAGAGCTGATTTAGCCCAACGATATAGATATTCATCATAAGAGCAGGAACAAT
GGCCTCAATCATCCCAATGAAAAATATCGGGGCAAAGTCAAAAGACTTCTAAAAAACGAGAA
GAGAAGCTGAAACTATGCTCAATGATTGTCAGCAACAAAATAAAAATTTTATATTCCTTGCGG
GAGATAAGAGAAACTCAACTGTTCCAATAATTGTATGAGGTTGTGAAAATATATTTAAATGAT
AAAAAAAAAGAAGAGATATATACAAGCCCAAATATAATTTTTTTAGTTCTAGCAACTTGCAAT

AACAGTGCTTTACATTTTCACTACCAAACCATCATTAGAGGCTAGTGATAAAATTATGCTACG
CGGACTTTGATTTATAACTATACAAGTCATGCATGGGCGGCAATTAGATTCGTTGCAGTTGAC
GGTGTTAAGATACTCAAACCAACTTCAACATATGTGTTGATGTGCTTTGCTCAAATTCTCTTCCT
TATAGTGCTAATCTCAAAATTTCAGACTGGTGAACAAGAACATATATAAGTTAAGCATAAGTT
GATAAGTACAAGAGTTAAAGAGAATTGAAGGGTTCATTTTTAACGTTAAGCTATACAAACCTG
TTAGCACATTTGCAAGGAAGTAGAAGCTTTCCGTCCTGGAACTACACAATTACTTTCACAACC
TTTATGCTAGAGATATGATCAAACTTACATTATGATACATAGATGCTCGTATTGCTCCTCTTGTA
GAACTCAATCTCGAGTTTTAGGAGAATCAATGGAAAATAGGATTACTAAACCATCTCGAAAGA
AAAGTAAATAGTTGATAAATTGCAGTAGAGTTTTCTTCCCTTATACGCATTAAGGTATTCTTAA
GGACAAATGTATTCCTAAGGACAAGTCACACTGTCCAAAATTGTCAACTAAGTGGGAAATA
TTCTCAACTAAGTGGCATATATATTCATGTATAATATGCCACTAATTTTACAATAAAGAGGAAT
ATTGAGCATCTCCA
>HPPD and SLR0090 1
GTCCATCTCTATGGCGATGCCGTTCTGCGCTACGTCAGCTACAAAAATCCTAATCCTAACGCTA
CTTCGGACCCTAGTTCCTGGTTCTTACCCGGATTCGAGGCGGTGGACGAAGGATCGTCGTTTCC
AGTGGACTTCGGGCTCCGGCGGGTGGACCATACCGTGGGTAACGTGCCGAAGCTGGCGCCGG
TGGTCACGTACTTGAAGCAATTCACTGGGTTTCACGAGTTTGCAGAGTTCACGGCGGAGGACGT
GGGAACTAGCGAGAGGGGACTGAATTCGGTGGTGCTAGCCAGCCACAATGCGACGGGGATGT
TGC
>HPPD and SLR0090 2
AAAAAAAAAAGATATATTTATTTATAACTACATTCTCATATGCTTGATTACAACAAGTGTGTCA
CTTGGAGCTGAGTAATGACATGATGGAGTGATACAGAGTACAGTATTAAGCGACCTTCAACTG
CTAGCCACAAACTCCGATTGAGATCTCTTACATGTATCACTGTTATGTGATTGGTTAAGGCCAA
ATAAATAGGATTAAATTTTTACTGTTGGAAATTAATAAATAATATAAATCCCACCGATCACGTG
ACAGTAATACAAGGATACATACAAAGTGGGATTCAGAAGATCTTGACCGAACAAACTCATACA
TATCTAATGTTCGTAATCAGTAAAAACCGTGATGAACACACTGCATTTAGTAGAAAATGAGAT
AAACATGTCTGCATAAACTTATTCATTTATTCATATGATTATCTAGACAGGCAAGTATTCAAGC
AGCAGGGCTTGGGACGCTTTTGGCTTCGAGGGTTTTCTCATACTCCTCGATGGACTTGAAGAGC
TCGGAGAAGTTGCCCTTCCCAAATCCTCCACATCCGCCTTTCTGGTAAGTTTTCCCTTCTTCATC
CTTGAGCATGCACCCGATCCTCTGTATTATTTCAACAAATATGGTTGGCCTATCACCAACAGGC
TTTGTGAAGATCTGAAGAAGGGTACCTTGATCATCCCTATCTACCAGAATCCCCAATTCCTCGC
ACTCCTTGATCTGATCATCGGTCAAAATATCACCAGCTCTCTTCTTCAGGTTGCTGTAGTAAGTC
GGAGGAGGTGAAGGCATGAACTCAAACCCTCCAACTCCACTTCTCTTCCTCATCTCCCTCAATG
TCCGGAAAATATCCTCACTCGTCAAAGCCAGATGTTGGAGTCCGGCCCCTTCGTTATGCTCCAG

ATACGTCTGGATCTGACTCTTCCTCTTCGTCCCATACACCGGCTCATTCATCGGTAGCAATACTG
TCTCATCATTGTTCGCCAGCACCACCGAGTTCAATCCGCTTTCACTCGTTCCCACATCCTCTGCT
GTGAACTCAGCGAATTCGTGAAATCCGGTGAACCGTTTAACATAACTCAACGCTGGAGCTAGC
TCCGGAACGTTACCGACGGCGTGATCGAGTCTGCGGAGACCGAAATCGACTTCCGGGAATGAA
GATTCGCCGGTCCATGGGGGCGAATCCCGGTAGAAACCATTCGCTCGGATCGGAATGGCTAGGG
TTAGGGTTTTTGTAGCTGATGTAACGAAGAACGACATCGCCATAAAGATGGACCTCGGCGAGC
GAAGCACGGCCGTCAAGGTCAATAGGATCGGTCACCGAGATTCCACCGTTAGCGACAGTGGCG
GCGAATGCTTTCCCGACATCCTCGACTTCTATGGCGACGGCACGGACGGCGAGGCCGTGCTTG
GAGGCGAAGGAGTGAAAGTTGGAGGAGGAGAAGGAGGGAATGGAGGCAGATGATTCTCCGG
AAGAGATGGAGGGGGAATAAGGAGCGGTGAAGAGGAAACGGAGGTCGCCAGATCGGAGGAG
GTAAGAGGCGTGTATTTGGTTTCCGGTGGAGAGGTCGGATTTTGCGACGATAGGCATACCGAG
GCCCCAGGAAAAACGACGGCTGCAATTGGTAGCATCGGCGCACCAGAATTCGATGTGGTGGA
ATTTCTTGACGGAGAAGAGATCGGAGCGAGGGTTGGAGCGGACGAAGTTCTTGAATCCGACG
AGCTTGAAGTCGGGCGATTGATCGAGGTTGGAAGCGGATTCACGGATTGAGTCTGTGCCCATT
TTGATAGTGAAGAGTGTGGCGGATTTCGGTGGGCGGAATAAGGGAGAAAACAAAGGTGGTGC
CGTGGTGGTTTTGGTGGTGCAAGGAATGCGGGGATATATAAGGGGACGAGGGAGGGAGAAGA
TTGCGGGATACGAAGTACACATGGCGGGATGTGAGTGGTTCATTTGGGGTAATGGGTTTTCAA
GTTTTCTTTGGCAACCGGTATTTG
>HPPD and SLR0090 3
GGTGTTGCTGCCGTTGAATGAGCCGGTGTTCGGAACAAAGAGAAAGAGTCAGATACAGACGTA
TTTGGAGCACAATGAGGGGCCTGGAGTGCAGCATTTGGCGCTGATGAGCGACGATATTTTCCG
TACACTGCGGGAGATGAGGCGGCGCAGCGGGGTTGGGGGCTTCGACTTCATGCCCTCGCCACC
ACCAACTTACTACCGCAATGTGAAGAAGAGGGCTGGGGATGTGCTGA
>HPT
TTTAGGAGCACATATATGTAGTAGCTACCTGTATGAGGTTGTAGCAAGAAGCTTTGATGACAAG
AATGATTTTACAAAATGAACCAAAAAACATTGATTCCTCTGGGTAAGATACTTGCTTTTAAAGT
GGTTTTTTAAGTGGGATACTCCTTGAGAGCGTTCTATAAACCGGACAAACCCGGATTTGAGAAC
AGACAGAACCCGGGATGTTTTAGAAGTGATGAATGAAACTGGACTTGCCGCTCAGGGAATCAG
TCGGTCCAGTCCTGATCGGTCTGAAACCCAGTTTGTACCGAAAAATGAAAAACCCGGTATGTA
CCTAAAATTAACATGCATTGATTCTCTAGTTGGACAATCAATGCATGTTATCATCAAGCAAAGC
ATACAGATACATAAACAATACTACAGAACTGGCAAGAAAAATAGCTCAGAGAGGGCTTAAGT
GATGGCATGTTCCTAACCTGCTTGTCTAGTCTCTTAGTTTGTCGTTCCCCTCGTATAATTTCTTTC
TTTCGAAGTCAGATGAAGGGAAAGATGATGTACTCAGCATAGAATAGGTTCCAAATGAACCTG
TAGAAATTTGAGATTGCTTCCTTAGTGTAATTGGCTTTTTCCAGTAACCATGCCTGATATATTAA

ACCAAATGCCAATACAGCATGCACTGTTACCATTAAGTTAGGCCTGAAAACCTGAGGCATGTA
AATAGCTGCCATTATGGCGCAAATGTAGTTAAGTAACAAAATTCCAGAACCCAGGAATGAAAT
ATTTCTAACTCCAAGCTTGGTTGCAAAGGTCGATATCTTGAACTGTCTATCTCCCTCCACATCTG
GAAGATCTTTAGTTATGGCAATCACCAAAGCAAACAACGTGACAAATGTTGTAATGAAAACCA
CTGGCGGACTCCATGCAAATGGAAGTCCAAGAGCAGCTCTTACAGCATAGTATACACCGAAAT
TCAAAAGAAATCCTCGTACAGTTGCAATAATCAGAAATGCTGCAACAGGATATCTCTTCATTCT
AAAAGGAGGAACCGAATAGATGGTGCCAAGAAACAGCCCCAGAGAATATAAAGATGTAATGA
ACGGGCCAAAGGTTAACGCAACAACTGCGAGCCCAATAGCTGCAAAACCCGACACCAGCAAC
CATGCAGACCCCACCGAAAGATCCCCAGCAGCAATCGGCAAATAAGGTTTGTTTACCTTATCA
ATACCAATATCGTAGATCTGATTGATGCCCACAATGTATCCATTCCCACAAATCAATCCAAGAA
GCCCATACAGGGCTTTAAACACCAATGACCACTTAATGAGATTGGGGTTCTCGATCACCGCTC
TGGCTACCAAAGCAAGAGAACCGAGGGCAGTGCCACGAATTGTATGAGGCCTCAGGAATCTC
CAACATGCGTCCTTGAAGTTACTGAGTTTCTCAGGAAATGAGCTAGAAGAACCAGCAGCTGCT
CCAGCTTGAGCACGGGTCACAACAGTAGCAGGCCTATGGAATTTGATTATAGATGAAGGTAGG
GGAACCCGGAGAAGAGGAAGGTGGAGAGTGGAGAAAGTGTTGCTGGAAAGCCGTGTAGAAA
GATGTAGATTGATAGGAGAAGAAGCGAAGGTAGTCCGCTGAGCAGGTATGGATGAAATTGAA
GGGATTGAAGTTGACGGGCACTGAAGCAGCTTCATTGGATCAAGCAGGAGGAGCACTACCAC
CACCAGCCAGTACTCCAG
>MPBQ MT and SLL0418 1
CACCAAGCCTCAAAACCCTGTAAGCTTCCTTGATTCCTCGCTGCGGATCGGGCCAATACTCGAT
GCTGCCGGCGGAGACGTAGCGGTCGAAGGTGTCGGTGGGGAAGGGGAGGTCCTCGGCGTCGC
CCTCCATGATGGTGACGCCCTTGAGGGCCTCCTTCTCCCGGGCCTTCTCGAGCTGGTGCGGGGA
CTGGTCGAGCAGCGTGACGTTCTCCGGGTCGACGCGCTTGACGATCCCGAGCGTGGTGAACCC
CGTCCCGCCGCCGACGTCGACGACCCTGAGCTTGCGGCTGTAGAGGTCGGCGGGCTCGAGGG
CGTCGTCCCGCATGTCCTCCGTCCAGTGGCCCGGGTTGATGACGTGGTCGTAGACGATGGAGA
GGAAGCGGTAGAACCAGAACGCCTCCTTCTTGTGCTGGATGAACCGCGGCTGCGACATCGG
>MPBQ MT and SLL0418 2
TACATAATAGTCTGATTTCTCTCCCTCGAACCTCATAATATCTGTAATATTGTAAACACCTCCAG
CGTCCGGTTGAAATGTACATACATTGGCGAATTTCTATTTCTGGATCCTTTTACTCATAATGGCA
TACCTTTGGGAACAACTAGATTCTTCAGCCACATGTAGATAGGAACCAGCACGTAGTATAATCC
AGCCAAGGAACCTAGAATGAGGCGCGTCAAGAAAGCAAATGGACTTTCTTTCTTTTCTACCTCC
TCAACCTTCGGGGGCAGCTCTAGAGGAGAGTCTCCTGACGCAGGCTTAACACCTGTAACAGAA
CATCCCATGATCAGTCCATGCCTACGAACTCCACGATACCATTTTGGACCTATCCTCTTTAGCTC
AACCTTCTTAAATCCAGCCTTCTCAAACCACTCAATGTACTCTTCCTCTTTAGGGAAGAGCATC

CACATATCTGCGAAAAAACGTGACAACCAAAAAGTAGGGTAGACTGGACCAATTATACATGCT
TTCCCTCCCAATTTCAGTACCCTGTATGCTTCCCTGATGCCACGTTGAGGATCTGGCCAATACTC
AATACTCCCTGCTGACACATATCTATCAGCATAATCAGTTCTAAATGGAAGATTCTCCGCATCT
CCCTCAATTATCTTACAATCCTTCAGAGGCTCCTTTTCCTTAGCTTT

>MPBQ MT and SLL0418 3

ATACACAATTGACAAGAATCTGTAAAACCAAAAAGCCTCTTTCTTGTTTTGAATAAACCTAGGC
TGTGAAGATGGCCTTGCAGCTGAGGCACTACATTTGGGCACAAAGGTTGTACTTTTACTTCTAA
AGGGGAGATTTTTTTTACCATGAGAAGTGAAACTAAGCTTAGTGAAAGGCTTACCATTCAAATT
TGACCTGACAAGACCTAGCCCATTTGGGGTAATTCCTCTAGTGAGTGTGAGATTTTCAGTACCA
CTAAGCATTGAAGAAGCCATGAAATGAAGAAATAACAAATACCCAGATAAAAT

>MPBQ MT and SLL0418 4

 AGGATGTCAAGCTCAAAAGGATTGGACCAAAATGGTACCGTGGTGTCCGAAGGCATGGCCTG
 ATTATGGGATGCTCTGTGACGGGCGTCAAAAGAGAACATGGAGACTCCCCTTTGCAGCTTGGT
 CCAAAGGTTGAGGATGTCAGCAAACCTGTGAATCCTATCACCTTCCTCTTCCGCTTCCTCATGG
 GAACAATATGTGCTGCATACTATGTTCTGGTGCCTATCTACATGTGGATAAAGGACCAGATTGT
 GCCCAAAGGCATGCCGATCTAAGGGAGATGAACTGAGCTGCAAGAGAGGATAGCC

>PAT1

CTCCCATCCTTTGTCATGTATATGTGCCATTTGTCGGTCATATTATCACTCTGAGTTTTGTTCAAG
CCCGTGTAGGAGAACATGCCTATCTGCCTCAGAATGAAAGACCAGTCCTTGCCACTGTCGTCCT
TTGCAGACAAACTATCATAAAGCTTCTGTCTTACATTCTTGATACGCCCTGCCATTTCTTCCATC
TCCTGTTTCCATTCACCAAACATGGTTGGATCCCCAACAACGTTGGCAACTATCCTAGCACCAT
GAATAGGGGGATTCGAATACATGGCCGTGCCAATCGTTTCAGCTGGCTCTTCACCCTGTTTGC
GACTTCAGGTGTTGAGCAGACAACATTTATTGCTCCAATTCTTTCTGC

>PAT2

TCTCCAAACCTCCCAAAGGTAAAAAAAAAACACGCTCTCCTCTCTCCATTTCATACGTCTACTC
ATCCGCAACTCGAAATTAACGATTTCTGGGGGTATGGCTGGCTATTTGATCTAGGTTTTTGACT
AGATATATGTGAAATTTACAGCTTAATCAGTATCCGAAATTCTACAAATGGCTTCCATCTCCTT
CCTTGTCTCTACTGCCTCTCCTGCTGCCAGTCACACTCTCTCCCTCCAAAGCCAGTCCAAGGGG
AAAGTGAAGCTCATTGGTCAAGATTCGTCTGCATTTCTGAGGGGTGAAAAGAGGAATGGTTTC
ATCAATGTGAAGTCCGTCGGTCGTGTCAGCATGGTAGCTGCAGCCAATGTATCACGTTTTGATG
GCATAGAAATGGCTCCTCCAGATCCCATTCTTGGAGTATCAGAGGCATTCAAAGCTGATACAA
ATGATTTGAAGCTCAATCTCGGAGTCGGGGCCTATCGTACTGAAGAGCTTCAACCTTATGTGCT
CAATGTTGTGAAAAAGGCCGAGAATCAGATGCTGGAGAGAGGGGATAACAAAGAGTATCTTC
CAATTGAAGGACTGGCTGCATTCAATCAAGCAACTGCTGAGCTTTTATTTGGGGCAGATAGTCC

TCTCCTCAAACAACAAAAAGTTGCAACTGTTCAAGGTCTTTCAGGGACTGGTTCTCTTCGCCTG
GCAGCAGCTTTTATTGAACGCTATTTTTCTGGAGCAAAAGTTCTGATTTCATCTCCTACATGGGG
TAACCACAAGAACATTTTCAATGATGCTAGAGTCCCGTGGGGCGAGTACAGGTACTATGATCC
AAAAACAGTTGGTTTAGACTTTGAAGGAATGATAGCCGATATAAAGGCTGCACCAAACGGATC
TTTTATCCTCCTCCATGGTTGTGCACACAACCCCACTGGCATAGATCCAACTCCTGAACAATGG
GAGAAAATTGCTGATGTCATTCAAGAGAAGAATCATGTTCCATTTTTTGATGTTGCATACCAGG
GTTTTGCAAGTGGTAGTCTTGATGAAGACGCTTCATCTGTGAGATTGTTTGCTGAACGTGGCAT
GCAGATATTTGTTGCTCAATCCTATAGCAAAAATCTTGGACTTTATGCAGAAAGGATCGGCGC
TATTAACGTTGTTTGCTCATCTGCAGAAGCTGCTACTAGGGTAAAGAGCCAACTGAAGAGACT
TGCACGTCCAATGTACTCAAACCCTCCTGTTCACGGAGCTAGGATTGTTGCTAATGTGGTTGGT
AACGCGGATCTTTTCAAAGAATGGAAGGAGGAAATGGAGATGATGGCAGGAAGAATAAAGA
GTGTAAGACAGAAACTGTATGATAGCCTCGTTGCCAAAGACAAGAGCGGAAAGGACTGGTCTT
TTATCCTTAAGCAGATCGGCATGTTCTCCTACACGGGTCTAAACAAAGCCCAGAGTGAAAATA
TGTCGAACAAGTGGCATATTTACATGACCAAGGATGGAAGGATATCCTTGGCAGGACTATCTT
CAGCAAAATGTGAGTATCTTGCTGACGCCATTGTCGATTCCTACTACAATGTCAGTTGAGTATG
TACACAACTGACACAGAGATTTTGTGAGAGTGATCTTGAGCTATCTGTTTGAGCTCTTGGCGAG
ATTTTGTGATAATAATGAATCCACATTGAGAAAGAGAACACCTCTGGATCTAAATTAAGAATA
AAATTATGGTAGAATTTGATTCTTGGAGTAGATATCATTATCACCATGAATTTACCCATATGTA
CACATGTTACAATGCTAAACGTGGATCATAATATTACAAATTTACAGTATTAACTTGCAAGTTTT
>PAT3
TTTTTTTATTTTTTTTTTTTTTTTTATTCAAAAAAACTCAATCCAATCTACCATTCATATGCTTAATG
TTAAGTTAAGGAGAATTTTCACAAGTAAGGTTAAGTCTAGCTTACCTTATCCCCATGGGAGCAA
AATGCTAGCAATACTTGCATGATCGATTGTTTCCCTCCATTACTGACTAATATTTGCTCAGGAG
TGTATGTCAGTCCATTCTCATCTTTGAGTTCATGTGATTGCCTTG
>PAT4
TTTGCAGCATATTCACATTCTGCTGAAGAAGACAGTCCTGCAAGAGATACTCTTCCGTCCTTGC
TCATACACATATGCCATTTTCTCTCCATATACTCCCTCTGTGCTTTGTTCAGTCCTATGTTACAA
AAAATGCCGATCTGATCAAGCATAAATGACCAATCTTTGTTGCTCGTGTCTTTGGCTATGAGGC
TCATGTACAGTTGCTCCTTCACACCCCTTGCTCTCGCTACCATCATCACAATTTCCTCCTTCCAT
TCGCGGAAAAGATCTGGGTCCCGAATGACTGTATCAACAATCCGAGCTCCGTGAATTGGAGGG
AATGCGTACATTCCTACTGCAAGCCATTTCAACTGACTTTTCACTCTTGCAGCAGTGTCTGGGG
ATGAGCAGATGACATTAAGAGCACCAATCCTTTCCGCATAAAGGCCTAGGTTTTTGCTATAAGA
TTGTGCCACAAGAACATCCATTCCTCGTGCAGCAAACAATCTCACGGACGCTACGTCTGTATCA

AGATTACCGCTTGCAAAGCCCTGATATGCAACATCAAAAAATGGAATGTGTTTCTTCTCTTGAA
TGATATCAGCAATCTTCTCCCACTGTGCAAGAGTTGGGTCTATGCATGTAGGATTGTGTGCACA
GCCTTGGAGCAAGATGAAAGATCCATTTGGTGCACCCTTTATATCAGCTATCATCCCTTCAAAG
TCCAGCCCCATTGTTTTGTGATCATAGTAGCGATACTCGGAAAATGCAACACCAACTTCATTTA
AGATGTCCTTATGCTTACCCCATGTTGGAGATGATATTAGAAATCGGGCTCCTGCGAAAAAAC
GTGCTATAAGTTCAACACCCAAACGGAGAGAACCGGTTCCTCCACAACATTGGATAGTTGCAA
CTTTGTGGTGTTTGAGAATAGGATTATCTGCCCCTAATAAGAGTTGAGCTGTTGCTTTATTGAAT
GCAGGCAATCC
>TC
ATTTGGAAACAGAAAATCCCCCTACCCATCTCCACAGACTATGCATACGACCACCAAGACACA
CAACACCGCCACTACCTCGAAGACCGTCTTGGGCTGAGCAGTTTCCGTCGCCTTCTGCCGTGTT
GGGGATGAACGAAAGAAGAATCACCGGGCTCGAGAATGAAAGCTTGACAAGGTCTATTCACT
ACGGTCGGGATTCGCTTGAGGAAGAAAAGAGGGGGAAATTTGGGGGGGTTTAAACTGGGCGC
ATCATGGAGCGAATAAAATGAAATGTGATGTCCCCTAAGTAGACATCACTTTTGCATTTTTAGC
GTACCTATACGATATTCCAAGGGCCAATCCCCTTGCCTATGACTCTTAGAGAAATCAAAGACA
AAAATAAGGACCAAATTTATGAAAGGAACAGATTATTTTATTGCAGGTCATGTTCCCTCTAAACA
AAGTTGTCTGTTTAGTACCATAATCTAGCTTTAAAAGTCCAATCAGTTTACCTAAAGACCGGGAG
GTTTTAGTATTGGGGCCAAGCTGAAGGCCGACTCTACATCAATAGGGAGCTGCAAGGCGCGAC
TAAGGATCTCGGGTGTGATAGTTTTCCCGCTCCATGAGTTGAACCATGGTCCTCCCCCCAACCTC
TACAGCTGCCATGTCACTTGTCACGTCTAATATAACCTTTCCCGTGCTGCCGTCAGATCTTTTCT
CCCATATTCGCAATCTGAGAACACCTGAACAAGTATCCTTACAAGCAGGAGCAAGACCCCCTT
CAAGAGTAGGAGCACGCAAGGTTGTACCTGGATTTGTTGTTGTTGCTTCTAACTCAACCTTGTAT
GTATCATTGACTGCTGACATTTGCCAGTGCCCCCATGGATCAATGTCCCACTCGACGATCCCGT
TCCAGGGTACAAATTCATAGAAAACTCCGGCGTAGTGAACTCCAATCAATGCTGCATTTTCGTAT
ATTCCTCCAGGTAGCTCTCTCACACCTCCAGCTGCAGTCAATGAAACTTCTCCCTTTGCACCCT
CAAAGACATTGCACTGCACCCAAAACCACTTTTTGGGGAATGCTCCTCCCCAGTTCTTCTCGGA
ATATGAAGGAGCATTTTGGAACTCAAATCTTTCTCCCTCCCATTCTATCCAACCTGTTGAAAGT
CCACCAGCCATGCATATTTGCCAATGAGGCTCAAAAACAGGAAATGCCGCAAGCCATCCAGCA
GTTGCCTTCTGCTTTGAGCCAACATTGCCCCAGCCATAAACAGGCTGGGTACTGTACTCCCACC
GAGCTGTATTCACTGTCTCAACATAATCTGACCTTCCATCATTGCGAATGAAACCTTGATTCCA
AAGTGGAGTCACTTGAAATCCTTCCACTACTCTTCTGTTGAAATCCTCAGGTGGAACCTCTTTG
TCTGGAGGCCGTGAATCTTTTCGAGCAGTAAAGGTACTTCCCAGCATTAGCTCATGTCTACTTC
CCCAGAAATTATAAGATTCCTGAGAGTACTGGCATATATACTTGTCATGGGCACCAAGTATCTG
TGCCCCAACTCCAGTAAACCGACGACCGTATTGTATTTCTTCAAAAGGGGTTAATTTCTTCCGG

AATGCAGGATTTTCAACAGAATACATGAAACAGAAGTTCTGCTTCTTCTCTGGAATTGACACCT
TAAAGTACCAACCCTCAAAAAACGGGCGAGCGCTCCTATCAAAATGGTACCCGCTGTGAGGTG
TTCGGAGCTCCCGATTGGGAGGTGTGGGGCGGTAAACCGGGCGAACTGATCCAGATCCGCTGC
TTTCCTCCAGCTTATCGACCGTCAAATAGCCTCCTTCCGACGAAGAACTCTGGGCGAAGATAAC
TCGATGAGTGGGGTGGATGCGTCGGCGACCACCGCAGAAAGATGGTGAGTGTGTAGATATGAA
AGGACTTTCGGCCGATCTGACAGCCATGGAGGATGGCACTCGAAGACCCCCTAATTCAGTGGA
GAGTGGAGAGATAGTCATGTTGATGGTAGCAGAGAGGACATGTGAAGAAGCTCAAACTTGTTT
CTTCAGTTCGCTTGTCAGCGTCCACGTGCG
>TMT1
TATTTGGCCTTCTGTTTCCGTCGACGGGGAAAGGATCTTTGATCTGGATGAGTCTGGCACACTTT
TCTGCTTTTGAGGTGGTATTGTGTACATGAAGGATGAACTCGATCTCTCAAGTTCATACGATTGG
AGGTTGCAATGTCACTGATAGGAGCAACATTGATCACAACTTGCTCAGGAGCCATCAGGAGGC
ATTGCCGACATGGTGAGCCGTCGTCAAATGCTAATCCTTTCATGTTCAATTTTGTGAGCGGTTTG
ATCATGATTTGGTGTCCAAATGTCTATTTCTTACTCACTGCAAGGCTTGTTAGATGGATTTGGGA
TTGGGCCTTGTAGTCCCATGTCTAAAGGATCATCAAAAACTACTAAATTACTAAATATGACATT
TTTATTGAAT
>TMT2
GTGAAGAGAGATATTTGGGAGCCTTTCTTGTTTTGGAACTCTATATATTTTAGGGATTTGGGGG
AAAAGAGCAAATGAGTACTCCTACTGGAATCTCAGTGAACGCCAATCGTCCGGCTTCCACTTG
GTGGAACGTGCTCTCTTTTCGGCCAAACAAATCCAATCCTCAATCTCTTACCACTTCCTTTTCCT
GGCTCAAGAGTAAGAGCGTCAATGGTGGCGCAAGTACGACGTCGATTTCGGAAGACGGAGAA
GCTCTGGAGGTAAAAGCGTCGACATCGGTGACGGCTGTGGAGGAGTTGAACAAGGGGATTGC
TGCTCTCTACGATGAGTCCTCTGAAATGTGGGAGGATATCTGGGGAGACCATATGCATCACGG
ATTCTACGATGCCGGCGAGACTGTTTCCGTTTCCGATCATCGATCTGCTCAGATCCGCATGATA
GAAGAATCTCTCCGGTTTGCCGGACTTTCCGATGATCAAGGAAAAAGTCTTAAAAGTATAGTG
GATGTTGGATGTGGAATTGGAGGAAGCTCGAGGTACTTGGCCAACAAGTATGGCGGTGCCAAT
TGCCGAGGCATTACTTTGAGCCCTTTCCAAGCACAGCGAGCTAACGCTCTTGCTGCTCAACAAG
GCTTAGCTGACAGGGTCTCATTTCAAGTTGCTGATGCACTGAATCAGCCTTTCGCCGATGGGCA
ATTTGATTTGGTTTGGTCAATGGAGAGTGGTGAACATATGCCTGATAAGAGAAAGTTTGTGACT
GAGCTAGCTCGAGTTGCAGCGCCAGGTGCCACCATAATTATAGTTACCTGGTGCCACCGGGAC
CTCTCGCCATCCGAAGAGTCCTTACACCCCGAAGAGCAACAACTGTTGGGGAAGATTTGTGAT
GCCTATTATCTACCTGCCTGGTGCTCTACTGCTGATTATGTTCAATTGCTTCAGTCTCTCAACCT
CCAGGACATTAAGTCAGCTGATTGGTCACAGTATGTTGCGCCTTTCTGGCCAGCTGTCATACG
CTCTGCTTTGACATGGAAGGGAGTTACATCTCTGTTGCGCAGTGGATGGAGAAGTATCAAAGG

TGCACTAGCAATGCCATGGATGATTGAAGGATACAAGAAGGATCTTATAAGGTTTGCTATTATC
ACTTGTAGAAAGCCTGAATGAATAATAGCTCAGGATTATGAAGAGATCTAAAACATGTCGGTC
TTGAATCTCAACTCGATCATCACCAATGCTTTTCATGTTTTAGTAGCCGATTGCACGTTGTGTAC
CATAGTGTATCAGTCGAAATAATTAGGTGATGACCAAAGCACATTGTTCTTTTTGATCACGTAC
CTGTATTGGTATATGAACATGTTTGGGATTCTGATTCCTTGAATAAGAAGTCGTTGATTTTGCAA
AAAATCAGTTTTATTGTAA
>TAT1
ATTCATCATACTGCATTGTTCAACAAAGATGGAGCACAAAAAATGGCAGATTAGGGGCAACCA
GGACCTCTGCTCTGCCTCCGCGGTTACATTGAGAGGGACGCTGGACGAGCTTCGCTCCAACCTC
AACCCCGCCGACAAACGCCTTGTAATTCCCTTCGGCCATGGCGATCCTTCTCCGTTCTCCTGCT
TCCGCACCACCCCCGCCGCCGAGGATGCTGTGGTCGATGCCCTTCGCTCCGCCTCCTTGAACCA
CTACCCACCCAGCGTCGGCATCCTCCCTGCTCGCAGGGCTGTTGCAGAGTATCTTTCTCGTGAT
CTTCCTTACAAACTTTCAGCAGATGATGTTTACCTGACCCTCGGGTGCAAGCAGGCGATAGAAG
TTGTGCTTACAGCCCTTGCTAGTCCTGGCGCCAACATTTTGTTGCCAAGGCCCGGTTTTCCGCAC
TATGAATCTCAAGCTGCTTTTATGAAGCTTGAAGTTCGCCATTTTGACCTTCTTCCTGATAAAGG
ATGGGAGGTTGACCTTGATGCCGTTGAAGCCCTTGCTGATGAGAATACTGTGGCATTGGTCAAC
ATTAACCCTGGCAATCCTTGTGGAAGTGTTTATACATACGACCATCTCCAAAAGGTGGCAGAA
ACTGCAAGAAAGCTTGGGATTGTTGTGATTACTGATGAAGTGTATGGTCATCTTGCTTTTGGGA
GTAACCCGTTTATTCCAATGGGTACTTTTGGATCCATTGCCCCTGTTCTTACCCTTGGTTCCATT
TCAAAGAGATGGATTGTTCCTGGCTGGAGACTTGGTTGGCTTGTGACCACTGATCCAAATGGC
ATCTTGAAGAAATATGGGCTTACCGAATGCATTCAGAGCTACGTAGATGTTTCTGCTGATCCTC
CAACCTTCATTCAGGGAGCCATCCCTCAACTCATTGAGAAGACGAAAGATGACTTCTTCTCAA
GAATTATTGAGATACTGCGTAAAGACGTGGATATCTGTTGGGACAAAATGAAGGAGATTCCTT
GCATTTCTTCTCCGGTCAAGCCTCAAGGTGGTATGTTTGCAATGGTCAAGCTAGATCCCTGTAT
GCTGGATGGCATCGAAGATGATATTGATTTCTGCAAGAAGCTTGCCAAAGAGGAGTCTGTCAT
AATCCTTCCTGGTGTTGTTGTTGGAATGAAGAATTGGCTTAGATTAACCTTTGCCATTGAACCA
ACACTGCTTGAGGAAGCATTTGAAAGGATCAAAGCATTCTGTCAAAGACACACAAGAAGAGA
CAATGGAAGCCTCTTATCTTGCTAAAGAGGATCCGACTCATGGCTTGTTGTACCTTGCTGACAT
TAATTTAGTGTTTTGTTCATCCATCGATGATCCAAAGCATGTAAGCTCAAATGAATTCAATAAC
ATAAGCTTGTTCAATATGCAATGTCAAGTGCC
>TAT2
TGCGAGTCCCTGGAAACACCTATGATCAGAGAGATCGAAACTCACCGAGTAGTATGGAGTAGC
AGACACGATGCTCACGGGTGGCAAAGACGACGCTGACTCATCCGATGGGGAGAGTGCATGGA
TAGCAGCTTGGAAGAGTTGTGTTGCGCCCGTCCCAACTACTATGTGTCGGCCATTTGTCACAGC

GTTGCCAACTAGTCCATGTAGTCGGATAATCTGAGCGCCAAGCTGGGGCTCGAGGAACCAGCA
GAGGCTCTTTGTGTCCGA
>TAT3
TTAAATTACAAGAACTACCCTTCTTTTACAATAAATGAAATTACACGACTACTAGGAAGTGAGA
GACTTGATGTTATGCTACAAATTGCTACCATAGTCGAGCTAAAATATAAGAATCAAGCTAGAG
TCTTATTGTTTCTTTGCATATCTTTCACAAAACACTTTGAGCCTGTCAAATGCTTCTTCGAGTAA
GGTTGGTTCGATTGCAATACATAGCCGAAGCCAATTCACCATACCCATAACAACACCGGGCAA
AACGATGAGAGACTCCTCTTTGGCTAGCTTCTTGCAGAAATCCGTGTCATCTTTGATTCCATCTA
ACATGCTAGTATCTAGCTTGACCATTGCAAACATTCCGCCTTGAGGCTTGTAGGGACAAGTAAT
GCAAGGAATTTCCTCGAGTTTTTTCCAACATATATCAACATCTTTACGCAATATATCAAGAATC
CTTGCAAAGAAATCATCAGTTGTTTTCTCCAAAATTTGAGGAAGTGCTGCCTGAATGAAGGTTG
AAGGGTCAGAAGATATGCTGAGGAAGCCTTTAATAGACTCAGTAACCCCATATTCCTTCAATAT
ACCACAAGGGTCAGTCGCGACAAGCCAACCAAGCCTCCATCCCGGAACAACCCATTGCTTCGA
AATGGATCCGAGGGTAAGAACCGGAGCAATCGATCCAAAAATACCCATCGGAACAAATGGAT
TGTCTCCAAATGTAAGTTGACCATAAACCTCGTCCGCAATTACAAGTATCCCAAGCTTTCTCGC
AATTTCCGCCACCTTTAGTAAATGCTCGTACGTGTAGACACTTCCGGAAGGATTGCCGGGGTTA
ACAATGACCATTGCTACAGTATTTTCATCGGCAAGGGCTTCAAGAGAATCGAGATCAATCTCC
CAACCCTTTTCGGGTAGAAGGTCAAAGTGTCGAACTTCAAGCCGTGAATACGATGCACGAGAT
TCATAGTATGGATAGCCTGGTTTAGGCAACAAGATGTTGGCTCCCGGACTCGCAAGAGCCGCG
AGCGCCACTTCTATCGATTGCTCGCACCCAACGGTTAGGTACACATCCTCCGCTGTAAGGTTAT
ACGGAAGACCGCGGGAAAGGTACTTTGCAACAGCCTCTCGAGCAGGAAGCAAGCCGATGGAA
GAAGAGTAACCGTTGTAGGCAGCGGATCGAAGCGAGGCAACAACCGCATCCTCGGCTTCAAC
CGAGGTGCGGAAGCAAGGATAGGGAGAAGGATCGCCCTGACCCATATGAATAACCTTACGCTT
GTTATCATCATCAACGGAATTAAGGTTGCACGAGATCTCGTTAAGGATCTTTCTTAACGTTTGCC
CTGAAGCTCCACTTAATTCCTCATGAACCCTAATTTTCCATTTCTTCCTCTCAATATTCTCCATTT
CTATCTATATATCGAGCTAATATTCAAGCTTGATTGTATTTGAACTAGACAAAAT
>TAT4
GTTTGATACTTCCATTAACCGATAAGATGACAAATCACAAATGGAAACAACATGTAACCAAAA
TTACTCCAACTTAATGCATTAAAAATGGATGGAATCAATAGAGCTACAGAAAGAAAGCAACAC
AACCAAATAGCAAAATCAGTATAGCTATACACTGATTAAGTATACAGAATGAGCACCTTGGCG
CCATGTCAACGACACCGTTGCTAGTTAATGGATTCATTGTTGCATCTTCGAGAGCCTCCTCAGG
AAAAGAGCAAAGTTTGCATCGCGATCTAGCATGCTGATCCTCACAAACATGGGACTCACCCCG
AAATACTTTCCGCTTCTAGTCAAGATCTTATGTTTCTTAAGAAGCCCTTCACAATCTTCAACATC
TCCCTCGCATTTCAACCACGCGAAAGCTGGCTGTGTCCTGAAACTTCGGTTTGAATACTTGCAT

AAGGCAGAAGGAAACTCGGGCAAACTAAAGGCAGCACTCTGCTTCACTACCTCCCTTAGTTGC
TTCCATCTGCTTTCAATAAGTTGGTGATTGAACTCGAAAAAGTCATTACCAGCTTCAAATCCAT
CACTAGGCGGCTCAATCGTATTCGACACAGACTGCAGAATCTTTGCAGCTCGGAGTTGTGAGT
CCTTTGAGACGCCAATACTGCTCAGTTCAATGAACTTTACCATTTTCTTTGCAACCTCTTTATCC
TTCACTAGTGCCCAACCAATGCGCATCCCTGCATGACCGGTGCTCTTAGAGACAGTGAATAGC
ATGATGTCGTGGTCTGCTGGGGAAGTGATCGGAGTGTACTGTGGCCAGTAATATGCAAAGTCG
TGGATTAATAAACCGCCAGTTCGGTTTAAGACAGATTGTCTCATGAATCCATCAGGGTTGTTTG
GTGAAGTCACTAACTCAATGTAGGGTTCATCCCCGTTGATGTTAGACACGTCGCCTGCCCATTT
ATAGAGCCCTGATTTCAGGTAGTTGATAACTTGCTTGTAGAACGAGTAGTAAGGAGTAGCAGA
CACCACACTTATTGGCTCTGTTGGTTGAGATGGAGACAGTGCATAAAGAGCAGCCTGGAACAG
CTGCGTTGAGCCCGTTCCAATGACAATATGGCGGTCAAGAGTCACCGCATTTCCAACAAGTCT
GTGCAGCCTAAGAATCTCCTTCGCCAACTTAGGCTCCATGAACCAGCAAACGTTGTTCGGATC
TGAAAAATAGCTCATCGCTTGCCAGCCGGGGATCAATATTGAAGTCTTGTCCCCGGCTTGCTGC
CAAAATTTCTCGTACATGGTCGGATCACCCTGATCTAAATTGACGATCCTGTCCTCGTCACCGT
CTTTGTCACCGGCGATTCCATGGGCGGCAACTGAAGCGGCGAAAGAAGGCGATGAAACCGTG
CTGCTAGCCTGCGCCTTTGGAGAAGAAGATGCTGATGTCGGACAAACGATGTCGTTCTCAGGC
CTCCACAAACCGCTTTCTCGTTCATTGTAGACAAGCCGGAGAAGTAAACTTACATTCAGAGCC
AGCGACAAAGCAAACAAATGCCTCAGGGACCATCTATCGAACGATTTCCCCATTTTTGTGGAA
TTTGAAAACCAAAATAACAAAAAGAAGGGGGAATCTGAGATGGAATAGAGAGCAGAGATTAG
GTTTTGAGCACGAACAAATCAGGTGTTCCGATTTTCTTCCTTCTACGAGTGAGTTGCTTTGAAT
GCGACTTACGTTGATTTGGACTCTGCAGGTATTTTGAATCTTTGATGAACTCTGATGGAGATTT
TGAGCAAT

>TAT5

CTCTTTCTCATTTCTCCTCTACAATCACATTCCCAAGTACATGCAAATATATATGATACCTGCAC
GCCTTGTCTTCTCTGAGCCAACTCCAAGATAAGAGACCCTCGTAATCTCAGACACCAGATTGCG
CCGCAGGAGAGAGCCATGGAAACCAAGCAGGAGAGTATGGATTTATCACAAAGAATCACAAT
TAAGGGGATTTTAAGTTTGATAATGTCCCATTTGGATGACGATAATTCATCGAGGAAGGTAATT
TCACTAGGAATTGGAGACCCAACAGCGTATTCATGCTTCAGAACAACCCCAATTGCTGAACTC
GCAGTTTCTGAATCTCTTTCTTCTTCAACCTTCAATGGCTACGCACCCACTTCTGGTCTCCCACA
AGCTCGCAAGGCAATTGCAGATTATCTGTCAAAGGATTTGCCTTATAGACTGGGAACAGATGA
CGTGTTCGTGACATCCGGCTGTACGCAAGCAATTGACGTGGCATTGTCGACGCTTTCACGCCC
TGGTGCTAATATCTTGCTTCCTAGGCCTGGGTTTCCGATTTATGAACTATGTTCTTGGTTTCGGA
ATGTTGAGATAAGGCACTTTGATCTTCTGCCTGATAAGGGATGGGAAGTTGATCTTGATGCAGT
TCAGTCTTTGGCTGATGATAATACTGTGGGTATTGTCGTCATTAATCCTGGAAATCCATGTGGA

AATGTTTACTCTTATAATCACCTAAAGAAGATTGCTGAAACTGCTAAGAAATTGGGGATTGTGG
TGATTGCTGATGAAGTGTATGGACACCTTGCTTTTGGGAGCAACCCATTTGTGCCAATGGGCGT
ATTCGGGTCTATTGTTCCGGTTCTTACACTCGGTTCCTTGTCAAAGAGATGGATAGTTCCCGGT
TGGAGGCTAGGTTGGTTCGTGTTAACTGATCCTTGCAGCACCTTTAAAAATCCAAAGATCATTG
AGCGCCTGAAGAAGAACTTTGACATCCTTGGAGGCCCTGCCACATTTATTCAGGCAGCAGTGC
CGCGGATTCTGGAGCAAACTGATAAGAATTTCTTCAGGAAAACCCTGAATCTCCTGAGGCAGT
CAACGGATTTATGCTTCGAAATGATTAAAGAAATACCTTGTTTGACTTGCCCACATAAACCACA
AGGATCAATGGCTGTCATGGTGAAGCTGAATCTTTCCGAGTTAAGGGACATCACAGATGATAT
CGATTTCTGCTTCAAGCTGGCCAAAGAAGAATTGGTGATCCTCCTTCCAGGAATAGCAGTTGG
ACTGAAGAATTGGGTAAGAATAACGTTTGCAGCAAATCCAGCTTCGCTAGAGGAAGGATTAAG
ACGATTGAAATCCTTCTCTTTGAGGCATGCTTCTGATATGAAGTAGCTAGCTAGTAGTTGAATT
GAATCATCTGTTTTCATTACTCGTGCTAAGTATATATTTACTGAAGTCTGAATTATTATACTGTT
AGATAGATGCAGTATTTTGTTGTTTGTGCATGTATAAGCTTCATAGCAAAGGACCTCTGTGTAT
TTTTTGATAGCTATGATTTATACGTTAATTCATATGAAGATGACATACAAGATTGAAAAAAA
>TAT6
TTCACCAAAAAAAAAAGAAGACTTGATTCTAGCCCGATATTAGTCAATCGTATCAAACGAACC
CTTCTCGTGCCTTTGGCAAAATGCTTTTATTCTATGGAAGGCTTCTTCGAGCAGGGTTGGTTCAA
TCGCAAACGATATCCTAATCCAATTCTTCAACCTCACAGCAGAACCCGGGAGAGCTATCACAG
ACTCCTCTTTTGCGAGTTTCATGCAGAAGTCATTATCATCTTTAATTCCATCCAACATATCAAGA
TTTAGCTTTGCCACAACCGACATTCCGCCTTCAGGCTTGTATGGGCAAGTAATACAAGGAATTT
CCTTGAATTTTTCCCAACAAATCTCCACGTTTTTACGCAATGTGTCGAGAACTCTTATGAAGAA
ATCATCCTTCGTATCCTCAAAGAGCCGGGGAACTGCACCCTGAATGAAGGTTGCAGGATCGGG
GGAAGTTCTGAGGAAGCGTTCAATACACTTAGTAAGCCCATATTTCTTCAAAATGCCATTTGGA
TCGGTCATTACAAGCCAACCAAGTCTCCAGCCAGGGACCATCCATCGTTTCGAAATGGATCCA
AGTGTAAGAACAGGAGCAATTAATCCAAATGTACCCATTGAAACAAATGGTTTGCTTCCAAAT
GCAATCTTGCCATACACTTCATCAGCAACTACTACTATCCCGAGCTTCCTCGCGGTTTCTGCCA
CCTTTTGGAGATGTTGATATGTGTATACATTTCCACAAGGATTGCCAGGATTTATAACGACAAT
TGCTTTTGTATTTTCATCAACAAGAGCTTCAACAACATGAAGGTTAATCTCCCAGCCCTGTTCTG
GAACAAGATCATAAAAACGAACTTCAAGCTTACATAATTCAGCTAAAGTCTCATAACCCGGAT
AGCCGGGTCTTGGCAACAAGATGTTTGCGACTTGACTCGCGAGGACTCGAAGCACGACTTCTA
TGGCATGGTAGCACCCAATTGTGAGGTAAACATCATCTGGGGATAGCTTGTACGGAAGATCAC
GAGAAAGATAATTTGCAATAGCCCGGCGAGCAGGAAGGATGCCGAAGGAGGGAGAGTAGCA
GTTGAAGGAGGCGGAGTGGAGGCGGTGGAGACGGCATTAACGGCGTCGGGAGAGGGCGG
AAGCAGAGGTAGGAGCTCGGGTCGCCGTGACCGACGTGAATCATCGGACGGTTGTCATTGGG

GTTAAGGTTTGACAAAATGGCTTGCAAAATATCTGCAATATTGAACACATTTGATTCACGTAGC
TCTTCATTGGCCCCAATCCTCCATTCTGGCAATTCCGCCATATCTGTATCTCCTCTTCTGTGTTT
CCTTAACGTGTGGATACGAGTTGCTATGGCTTAT

>TAT7

GAGATAAGACTTCCATATTGATCTCCGGTTGGCAATCCATAAGCTATTTCTCGGACCTCAGCAA
CCTCTGCTGGTTCCTCGAGCCTGAGTTTGCCAAAGAGATTGTTAGACTGCACCGAATCGTCGGT
AACGCTGTGACAACTGAAAGGCACATTGTGGTTGGAACAGGCTCAACCCAGCTGTTCCAGGCT
GCTCTCTATGCGCTCTCTCCATCTCAACCAAATCAACCGATAAGTGTGGTG

>TAT8

CGCCGGCGACCCATCCACCTCCCCTTGCTTCCGCACCACCATCGCCGCCGAGAATGCCGTCAT
CGATACCCTCCGCTCCGCCGCCTTCAACTGCTACTCTCCCTCTGTCGGACTCCTCCCTGCTCGC
ATGGCAATTGCAGAGTACCTTTCACGCGATCTTCCATATAAGCTATCACCCGATGATGTTTACC
TCACAGTTGGGTGCAACCATTCAATCGAAGTTGCAATGGAAGTTCTTGCTGGTCCTGGAGCCA
ATATTTTGTTACCAAGACCAGGCTATCCAGCTTACGAATCTCGCGCCGAATTCAGCAAGCTTG
AAGTTCGCCATTTCGATCTTCTTCCCCAAAGAGGATGGGAAGTTGACCTTGATTCTATTGAACC
TCTTGTTGATGAAAACACTGTGGCAATCGTCATCATTAACCCTGGCAATCCCTGTGGAAATGTC
TATTCATATCAGCATCTTCAACAGGTGGCAGAAACCGCGAGAAAA

其他有抗氧化活性的荞麦基因序列

>Buckwheat. 9781

CGGAATTTCAAGCCCTGGTCCATAAGACGGGAGAGGATCAACTAAATCCCACTGACTGTGATC
CTGAGCACCAATGATCACAGCATCTTTTTCCAAGAACATGGTCATGCGGCTTGTGAGGTTTAAG
GTACCGGTTACCCACCTACCCGGTGGAACATATAGCTGTGCACCACCCTTATCAACAAAAGATT
TAAGATAGAAGATCGCATTCTGGAATGCAACTGTATTAACTGTCCTC

>Buckwheat. 2274

GTTTTATTGGTGAAGAAAAATGTACAGAGCAAACCACTAAATACACAACAAACCTACTCACAT
GGTCTACTTGTATTATCCCATGCAAATTGTAAATATTGCAATCATTGAAAGCAATCAAGATGCT
ATTTACAAATTTCTCAAACATGAAAAGGCCTCTGAGCAAGCTATCACCCTTAACTACTTTATTC
TTTTGCAATAAGTTGGCTTCTTCTATTCAACATTTTCCATTGTATCAAAATTCAAACTTGCCCCT
GCAGAGTTCACTTGGAAAAACACTATGAAGGCGCAGATGAGCTTGGAGTGGCTAAGCGGGTTC
ACGAGGTTGGTTAGCCCACAGCGAGCTGAGTGCTATGAGGCGTTGGAAGTATTCCCCAAGAAC
CAAAAGGCCTCTAGCAGCCTGTCTTATGGTCAGGATTCGGTGCATCTGCTGCAGCGTTTCCTGA
CGAAGATGATCTGCCTGGTTTACAAAGCTGACTAAAGCTTCCAACCTCTCTACAGCAATGGTCA
TTTGATGAATGTAAGTTCCTTCATCTAGCTGTACACCTGCAACAATCTCAGCCAACGTCGTCTG
AAGTCTTTCCATTCCCTGTGTAAGCGCGTCTTCTGCTTGCTGACACGATTGCTGAAGGTTGCTTA

CATCCATCCTTTGTTTCTCAGTTATAGGTTCAATCATTGGAATGAGCACCTTGAGTAGCTCTGAC

GGGCGAAAGCCTCCTATCCAGAAGAAGACACGCTCAGCTGGCGATTTCCACATGCCAGACATC

AGATAGAAGACATTATCCTTGGCTGCATTTGCTTTCATGCGAAACAGTTTGAAATAGTGGCTCA

TCGAGGTCTCTACAAGAATCCTCAGCTCTACATCGCTTCTATGATCCTGCAAAGCCGCCCTCAT

TTCACAGATTTGTTTCTTCTGCTCCTCCAGCCAATGTCCATACTCCATATCAAATGCAGCAATTC

CTGCATC

>Buckwheat. 7179

GGTATTTCTCGCAGAAGTTTCTCCGCGTTCCTCTCTAGATGTTCTGGAACTTGATGCAGCAAAT

ATCATTTTGGTGAATCATTATACTTACTTGGGATTTGGGGATTTGCTCTGAGTAGCTATGACTTG

GTTTAGAGCCGGTTCTCATCTAGCGAAGTCTGTTGTCAAGAGATCTCTATCAAATGGACGCTCT

TATGTGGGAAGAACACGAATTGTTCCATCACAGCGCCCCTCTTTCCACACCACAGCTTCCTTGT

CAAAGGCACAGGCTGCTACTGCTCCGATTCCGCGTCCTGTTCCACTATCTAAACTTACCGACAG

CTTCTTAGATGGGACAAGTAGCGTTTATCTGGAAGAACTTCAAAGGGCCTGGGAAGCTGATCC

AAACAGCGTGGACGAGTCCTGGGACAATTTCTTCAGGAATTTTGTTGGCCAAGCAGCCACATC

TCCAGGAATTTCAGGACAAACTATTCAAGAGAGCATGCGTTTGCTGTTGCTGGTAAGAGCTTAT

CAGGTTTATGGCCACATGAAAGCCAAGCTTGATCCTCTGGGTTTGGAGGAAAGGCAAATTCCT

GATGATTTAAATCCATTGTTGTATGGTTTCACTGATGCTGATCTTGATCGGGAGTTCTTCATTGG

AGTGTGGAGGATGTCCGGGTTCTTGTCTGAAAACCGCCCTGTACAGACGCTCAGAAATATCCT

TACCCGCCTTGAGCAAGCCTATTGTGGAAGCATTGGTTATGAGTACATGCATATTGCTGATCG

TGACAAATGCAATTGGTTAAGAGAAAAAAATTGAAACTCCTACGCCTATGGTTTATAATCGGGA

AAGGCGTGAAGTTATGCTTGATAGGCTTTTCTGGAGTACTCAATTTGAGAATTTCCTGGCAACC

AAGTGGACGACGGCAAAAAGGTTTGGACTCGAAGGGTGTGAAACCTTAATTCCTGGTATGAA

GGAAATGTTTGACAGGTCAGCTGATCTTGGAGTTGAGACTATTGTTATTGGGATGTCCCATAG

AGGAAGACTTAATGTCTTGGGCAATGTTGTTCGAAAGCCATTAAGCCAGATTTTCAGTGAATTT

AGTGGTGGGACTAAACCCACAGACGAAGTTGGTCTGTACACCGGAACTGGAGATGTTAAATAT

CATTTGGGAACTTCTTACGATAGGCCTACTAGAGGTGGGAAGAGAATTCATCTTTCTTTGGTTG

CAAATCCAAGCCATTTGGAAGCCGTGGATCCAGTTGTTGTTGGGAAAACAAGAGCGAAACAGT

ATTACTCCAACGATGAGGACAGGACAAAGAACATGGCAGTTTTAATTCACGGTGATGGTAGCT

TTGCTGGCCAAGGTGTCGTTTATGAGACCCTCCATCTCAGCGCTCTCCCTAATTACACCACTGG

TGGAACGATACACATAGTGGTGAACAACCAAGTAGCATTTACAACTGACCCGCGGGCTGGAA

GGTCATCACAGTACTGTACTGATGTTGCCAAGGCTTTGGATGCCCCTATTTTTCATGTAAATGG

TGATGATTTAGAGGCAGTGGTCCATGCCTGTGAGCTTGCTGCCGAGTGGCGCCAAAAATTTCA

CTCAGATGTTGTGGTTGACATTGTGTGCTATCGCCGATTTGGGCACAATGAGATTGATGAACC

GTCTTTCACTCAACCTAAAATGTATCAGGTAATCAGGAATCATCCCTCTGCTCTGGAGATTTAC

AAGAAAAAACTCCTTGAAAGTGGACAAGTTACACAAGAAGCCATGAATGAGATCCAGACAAA
GGTAAATAGAATCCTAAATGAGGAATTTGAGGCTAGCAAGGATCATAAATCTCAAAGAAGGG
ACTGGCTTTCAGCATATTGGGCTGGATTCAAGTCACCCGAACAGCTTTCTCGTATAAGAAATAC
TGGTGTTAAACCAGAGATTTTGAAAAATGTTGGCAAGGCGATTACAACTCTTCCTGAAAATTTT
AAGCCACACAGAGCAGTGAAGAAGGTTTATGACCTACGTGCCCAGATGATTGAGACAGGTGA
TGGTGTTGATTGGGCACTTGGTGAAGCACTTGCTTTCGCAACTTTGCTGGTTGAAGGGAACCAT
GTTCGTTTAAGTGGTCAAGATGTGGAGAGGGGTACATTCAGCCACAGGCACTCTGTTCTCCAT
GACCAGGAAACTGGGCAAATTTATTGCCCATTGGACCATGTAATAATGAATCAAAATGAGGAG
ATGTTTACCGTCAGTAACAGCTCACTTTCAGAGTTTGGTGTTCTTGGATTTGAATTGGGTTACTC
CATGGAAAATCCAAACTCATTGGTACTTTGGGAAGCTCAATTTGGTGACTTCTCCAACGGAGCT
CAGGTGATTTTTGATCAGTTCTTGAGTAGTGGAGAGGCAAAATGGCTGAGGCAGACCGGGCTT
GTTGTGTTGCTTCCTCATGGTTATGATGGTCAGGGCCCTGAACATTCAAGTGCACGTTTGGAAC
GTTTTCTTCAGATGAGTGATGATAATCCTTATGTCATACCTGAGATGGATCATACACTCCGAAA
GCAAATTCAGGAATGCAACTGGCAGGTTGTAAATGTCACAACCCCAGCTAACTACTTCCATGT
TTTGCGTCGGCAGATTCATAGGGAATTCCGCAAGCCGCTGATTGTAATGTCTCCTAAGAATTTG
CTTCGTCATAAGGACTGCAAATCGAATTTATCCGAGTTTGATGATGTCCAAGGTCATCCAGGTT
TTGATAAACAAGGAACCAGGTTTAAGCGTCTCATAAAAGACCAGAATGACCATTCTGATCATG
AGCCAAGTATCCGGCGCCTGGTCCTTTGCTCTGGAAAGGTTTATTATGAGCTTGATGAGCTGAG
GAAGAAAGGGAATGGCACTGACGTAGCAATATGTAGGGTTGAACAACTCTGTCCTTTCCCTTA
TAATCTTATCCAGAGGGAGTTGAAGCGTTATCCTAATGCTGAGATTGTATGGTGCCAAGAGGA
GCCAATGAACATGGGTGCATACACCTACATTGCGCCGCGTCTTTCTACAGCCATGAAAAGTCT
AGAAAGAGGAAACATAGACGACATCAAGTACGTGGGTCGTCCTCCATCTGCAGCAACAGCTAC
CGGTTTCTATCAGTTTCATGTTAAAGAACAGGCTGAGCTTGTCCAGAAGGCTCTGCAACCCGAG
CCCATCCCCTTCCCATAATCAAAACAAAACAACTCGAAACTGGTTCGGTTCAGTAGGTAACTTG
AAAAAATACAGAGATGGTATTACTACCATCCAAACTCTCTTTTTGACTATGTTTCCATCATGTGT
GATTGCATATTGAAAGAAACCAAGTGATGGTGTAATTACCCGGGAGAGGAACTACAGCAAATA
AACCAAGAAAAACTTAAGAGGACCCGTCAAGAACAAGTAACCAAGCTTGGTTTTTGAGTTTAT
TTCTGGTGTTATTACATTGGAGCAAAGCCTTTAAATCTTTGGCTCTTTCTTTGTCTTTGTTTGTTG
TTTGAAATGCGGTTTCCGTGAAAAGGGCGCGAGTACCTTCTCGGCCTCATTCCTTTAGTACTTG
GGGTGTGTTACGTGATTCGGGTGTGAATTACAAAAATCTCATAATTTCCGTGGTCTATAATTTTC
ATCATTCATAAACCCTTATTGCTTGCACCCTTATTCTCGTC
>Buckwheat. 436
TGGCTGTTCAAGTGAGCTCTCAGGGGTTATATCACCAGATGCCCAGCTTATCTATATCAAGATA
ACAGGCGACGGGCTGTTGATACAGAATGAATCTCATACTCAGCCTGCTCCAGTTGGTCTAGAT

GGTCCCTCTGAACAACCAGTTGAGACTGATAGGGCTGGTACTCCAGATATCACTAATGATGGC
TTCACATCTTTGGCGACAAAGCTTTGGTTCAGCTTGATTAACTCTGGTGTTAGGAGGGGAAAGT
CGAGTTTTAAGTTCTGGAAGTCTGATAATGAACTGTTTGACTCCCAAACCCAAACTGCAAGTGA
TGCTAATATCCTTGGGAAAACTGATAAAGAGGAGCTTCATGAAACTTTTCCCATGCTAGCTAAA
CAGTCTTTTAAAGCATTTGTTGTTCACTTCTTCACAAAGTGGCACAGACGCCTATCGTTCCTTTG
GTGGCATGGAATTCGTCCTGTACGAGGCCTTTGGAACATTGCAGGCATTCACTTGAATCTCGAC
TTGCAGAAATGGCTGCATGTTTTTTACTTGGATAAGCTTAACCTGTATGCAGTGAATTGGCTGG
AGAGGAAAATCCAAGCATTTGAACCAGCATATCTGTACACAAAAGAGAAGGGTTATTTCCTAC
TACCTGAAGAAGCCAGGGTTCACCACAACATTCAAACTGCTAACATTAGCATATCAGCGCGCC
ATTCATGCTTCGGGAACAGGTGGCAACAACTGCTCATAAACAGAGTTGTGGGATATGATACCA
TTCTTATGAACAGCTTATTGAGCTTTCCTGGACAAGGTTATTTGTATAATTACCAGACAAAAGA
ATTTTACAACTTGAGCCTTGCTCATGAGCCGTCAAAAGGATCTGCTAATCTCGGAGATTATCTT
GTGATGAAGTGTGGTGTGCTTATGATGTCACTCTTTGTTTTCTTCACAACCACTATGTCAGTTTC
CTTTACACTGAGAGAGACACAAACTCGTATGCTTAAATTTACAGTGCAACTTCAGCATCATGC
TCGACATCGACTTCCTACATTCCAGTTAATATTTGTTCATGTCATTGAGTCACTTGTCTTTGTCC
CGATTATGATCGGCATCCTCTTTTTTCTGTTTGAGTTTTATGATGATCAACTATTGGCTTTCATG
GTCTTGATCTTGGTTTGGCTGTGTGAGCTATTTACTTTGATCAGTGTGCGCACCCCAATCTCAAT
GAAGTTCTTTCCACGCTTCTTCTTGCTCTACTTCTTGGTTTTTCACATATATTTCTTTTCTTATGCT
TATGGCTTTTCATATTTGGCTTTGTCGGCAACATCGGCATTTATGCAGCATCTTATCCTATATTTT
TGGAACCGTTTTGAGGTTCCTGCCTTGCAAAGATTTATGCATAGTCGCCGTTCACAGTTTCTACA
GGACTTCCAGATCACTTCCTCTACCATTCTTGCATCCACTCTGCACATCACAAGGTTGAACACA
AGGAATACTGGCCTTGTAGGCCCTGCCCCTGGTGGACCTGGGCCAAGACCTGGAGCTGGTGTT
CCGGTCCCACGAACAAACGGCAACACAGATGTTTCCGGCCTTCAAGAACAATTGAACAATGCC
AATCAACCGAATCAGGGCTCACAAGGCAATCCTCTTCCCATCTCAGAAGATAATCTTCGCCAA
CCAGAAGTCGCTCAGAACCCTGGAAACATGAACTCATTTAGTTCATTGTTGCTATGGATACTAG
GAGGGGCTTCATCCGAGGGGCTGAACTCATTTTTCTCAATATTTAGAGATGTCAGAGACCAACA
TCAGTTTTATGCACAAACTCCTGAACAGACAGATCAAGATCATGCCAACCAGGATGCCACACA
GGAGCAACAGTGAAACTCTGATTGGGCATTAATGACCAACCAATATGAATGCGAATCATCTAG
AAATTATATCCCGCGAGCTTGTTTGTTCAATGGTAACTACAGTTTTGTGCACAGAAGTAATCCT
AGGTGGGAAAAAAAGAAGACAATATCTTATTGTCTTTTCCGCAAATGTCAAATACAAGCAAGC
TCGTGCCTAATTGCCAAAGGAGAAGGGAAAGGGAGTTGAAAAACTTCTGCAGCCTACATACTG
CTTGATTTCAGGTCTGAACTATACTCCCATTTATACTACAGAGCTTCCGAGTCTCAAGAAAGAG
CATGCCTAGGTGCATTTCAAGGTACGGCTGCTTCTGTGTCATCCAAATTGCGACTCTATATATA
TATAGATCACTCAATTTGATTTTTTTTCTTATGTAAATGGAAATTGAGAATTCTATCTAGAGTGCT

GGTTCCACTCGTAGTAAAATGCATTTGATTTGGATGTCAAGTGAACGAGAATGTTGCTGTAAAT
GCTATAACTCCTATAAGTCATGAATTAGTCAAATTTTGG

>Buckwheat. 12573

GGAAGGCATTGACATCTATTTAGACTAAGCAGTTGAATATCTTAATTTATACTAGTTTTGAGTTC
CTTGGTGGGAAATCCTACTAGTCATGCAAAAACTAGCTAGAGTATTCAACAATGCGGCCCCTTC
TCTGAAACACAATCAAGCTATTGCAGATGAAATCTTCCATGCCCTCACAACCTACAATGGCTCC
AGAGTTCTAAAAAATTCATCCCTTTTCACCCATCTTAACCCAAGCATTACCCATATGGTTATCTC
TAACCCACAACTTCCAGTTGACTCTTGCTTGCAATTCTTCAACCTAATCAGAAACCCATCTCTCT
CTTCCTCCTATAAGCCCGATCATGCCACCCACATTGCTCTGATTGTCCGGTTGTTGGAAGTCAA
TAAGTTTGCTGTTGCTAAAAATTCGATGAGTCTGATGATAATTGCTGATGCTCTGAAATGTTCTG
TTGGTGATTTGGATTCTTTGGTGGGAGAGTGTTCTGACAAGCCTCAAATCAGATCTAAATTTTG
GGATATGCTGTTTCGGGTTTATTCGGAGAACAAATTATTTTGTAATGCCATGGACGTGTTTGAT
CATGCAAGCGGCTTTTCTGACCTTGTGCTTGAAGAGAGATCTTGTATGTTTTGCTTGGTTGAAA
TGAAGAAATCCAAGGAAT

>Buckwheat. 25217

TCAGTAAGATAGACTTTCATGCCTAACAAGTGAACAAGCCGGATAGAATGGCAAAACACAATG
AAGAGTGAGCACAATGCATGAAAGACAATCAACAGCTACTTTCATCAAAATAAGAATTTGGTC
AGATATTTTGAGGCGAATATTCACACCTAACACTGGCAAAATGAGGACTCATAATGGCCTACA
ACATTGACCAAAATAAGTTGTTTACAAGT

>Buckwheat. 19451

CTGGCATGGCTTGCTTAGTATTCACATGCCAGGCTACGAGAAGGCGGTTTCGTATGGTGTTTCT
ACTATCATGGTTTCCTTATCTAGCTGGAATGGCGTAAAGATGCATGCGAACCGTGATCTCATAA
CTGGATTTCTTAAGAACAGGTTGAAGTTCCGGGGATTTGTCATCTCAGACTGGACAGGAATAG
ACAAGATTACTACATCTTTTCACAGCAACTACACATACTCTGTTCAGGTTGGAGTCCTGGCGGG
TATCGACATGGTTATGGTTCCTTATACCTATACAGAATTCACCAACGACCTCAGATTGCTCGTC
AAGCGTAAGATAATCCCAATGAGCCGAATTGACGATGCAGTGAAGAGGATTCTCAGG

>Buckwheat. 38257

GGCGAGTTCAGGGAAAACTTACAAATCTTCAATTTTGTTTAAAATAATTAAGCAGTTTTCTCAT
ATTCCCTTCGGTTGAACCTAGAGGCCCTAGGGTGTCTAGGTTTGTTGTGAGGAGATATGGAATA
TGAAACTAACAATTGGGCATGGGATGGAGCTTGTAATTATCCACAATTATTTGGGGGACTAATG
GTCACTGCAGCTTTGCTTGGCTTATCAACAAGCTATTTTGGCAAAATTTGGGTACCTTGTTTCCC
TTATTTATTCCCAAACTTTGGTATTTTGAAAAAGAGTAAACCTGAGAAGAAGAGAATCAGAGT
CTACATGGATGGGTGCTTTGATCTTATGCATTATGGCCATGCAAATGCTCTAAGACAAGCAAAG
GCTTTGGGTGATGAATTGATAGTAGGAGTAGTAAGCGATGAAGAGATTCTAGCAAACAAGGGT

CCTCCGGTTTTATCCATGGAAGAGAGGTTGGCACTTGTCAGTGGACTGAAGTGGGTGGATGAA
GTTATCGCGGATGCTCCTTATGCAATAACGGAGCAGTTTATGAAAAAGCTCTTCAATGAATACA
AGATTGATTATATTATACATGGTGACGATCCTTGTCTTCTTCCCGATGGCACTGATGCTTATGCG
TTGGCTAAGAAAGCTGGCCGGTATAAGCAGATTAAACGCACTGAAGGTGTTTCTAGTACAGAT
ATCGTAGGGAGGATATTGGCAGCTTTAAAAAATCCAACTTTGCATGTAAAAAACAGCGACCTT
GGAATCGTGAAGGAAGATAAACAGAACATAGGTGGCCATTTATCTCATTTTTTGCCTACATCAA
GGAGAATTGTGCAGTTTGCAAATGACAAGGCACCTGGGCCAAATGCACGTGTGGTTTACATTG
ATGGTGCATTTGATC

>Buckwheat. 10188

CGCAGCTGGACCCGTCCACCCCGTCCCCGATCTTCGGCGGCAGCACGGGCGGCCTCCTCCGCA
AGGCCCAGGTCGAGGAGTTCTACGTCATCACCTGGACCTCCCCCAAGGAGCAGGTGTTCGAGA
TGCCCACCGGCGGCGCCGCCATCATGCGCGAGGGCCCCAACCTCCTCAAGCTCGCCCGCAAGG
AGCAGTGCCTCGCCCTCGGCAACCGCCTCCGCTCCAAGTACAAGATCGCCTACCAGTTCTACC
GCGTCTTCCCCAACGGCGAGGTGCAGTACCTCCACCCCAAGGACGGCGTCTACCCGGAGAAG
GTCAACGCCGGCAGGCAGGGCGTGGGGCAGAACTTCCGCAGCATCGGCAAGAACGTCAGCCC
CATCGAGGTCAAGTTCACCGGCAAGAACTCCTTCGACATCTAATCTCGTACGTCGTATATGCGT
ACGTGCTAGTTCATCGACCGGTAGTTATTGGCGGGTGGCGATGATGATGGACGTCCTGTAATTT
TAATTGTCGAGTTTGAATGATGGATTCGATCGGTGATAATGATGCATCAGGTTATATGTACATG
GTAATTTGATGATGATACTGCTGTATGTTAACGTTG

>Buckwheat. 38117

CATGTTCATCATTTCCATTGAGCTTGCGCACCACCAGTAGAAAACCTAAACATAATTCCAACAA
ACTACAAACATTCTTTTCTTATAAAGGGTTCATTGATTAACCCAAATGGGTTATCAAGGAAAAG
GAAGAGCGGATCAGCCATTAATCACCATGACAGCGCATCCTCCGAGCTCTAATTTAGAGGCTA
GGTATCTTGAATGCTGTAAGTGGCACAATGTGCTGCCCAGTTCAGAAGTTAAACTATGGCTCT
CAAAGGCTGATCTTCAGAAATCAGAATCCAAACATTGTACCATCACCATTTTATTGGACCAGCT
AAGGGATGCAGATTTTGCTCCTCTTTTTGATCTGATTCTCGAAGCCAAACGTTCGGAAATTGAT
GCTATAGATATCCATCTAGAAACACACTGCAGATTAGACGAGAAACAAATCATGTCTTTGATTC
ATAGTGCTGATGAAAAGCTCAACGCCATTCATCTTCTAGATTTGTCATCAACCGGGGATTTGCC
AAGAACACTGTTTCGAGAAGGTTCAGATTGCCGTGTCTTGAGGCTAAGCTTCCCGCATCTTCAA
AAGCTCGAGAACTTTGGAAGATTCATGAAGTTGCATACACTTAATCTAGATTTCTGTACTTCAC
TGAATACACTACACAAGGATTGTTTCTCTCTTATGCCTCATTTGATGCATCTCTCAATGTGCGATA
CGAGAGTCGCTGACCTTTGGACAACCACAACTGCTTTATCTAAACTCGCTTCACTGGTGGAGCT
TCGGTTCCAAAATTGCTTGTGTTGCACTGACACAGCGCCTTGTCCCGCGTTTTCTGATGGAAAG
GAAGGGAAAGAGTTGATCGAGCTGGAAGTTCTCCCTACAAAGTACACTTCGAGTCACCCATCG

CCTATATGCTTTGAAAAGCATTATAGAGAATTCATGATAGTTTTCTTGCCTAAGTTAAAGGTCTT
AGACAATCTTCCTGTTGAAGATCCCGAGAGGAAGAGATCAGCTATAGAGTTCTCAAAGCACTA
TGAGTACTTGCCGTATGATAGAAAACAAAGAGAGAGTGTTCTTTCGGTTCTGCATAGCCGTGA
AACCAACTGTCGTAGCATCCATAAAACTTCTTCTCTTAGGAAGGTTCCAAATCAACATTACTTC
TCAAGGTCTATATCAGCAGCCAAACTTGCTTCCTCTCCATTGCCGGTCCTTCACTCCATCTCTAA
TATCAGCTGCATATGGAAAGATGATGTGAAGAAACTTCGTCCTCGGCAGTTTGAGTATCATCCT
TCTGACTCCCGTCTCATGGCTTTTGGAACATTAGATGGTGAAATTGTGGTCATCAACCATGAGA
ATGGAAAAGTTGTTGATTACCTTCC

>Buckwheat. 343

CAAACACTTTGCACAACACTTGTTGCAAAAGAATAGGCATGGCTTCTTGTATTGTGTGTTTGAA
CACCTACTTGCACATCTTGGTCCACATTCTTGTGGCTTCAAGCTTCCTTGAGTTGTCCCATACAT
TGGAGAATTGCTAGGACTAGCTCTAGGAGGCTGTGGTAAAGGAGCCGGAGTCTCTGCAATGCC
ATGTTGGTAATTTTCGGCAGGCGAAAAGAGCATGATCATGACAAAGATGAAGATGAAAACGGT
GTGTTTCAGTGCAAGAGCCTCCATTGATGTCTTCTTTTCTCTGGTTTTACAGTGTTGAGAATGTA
TCTATG

>Buckwheat. 15010

CAATTACATACGGTTCAAATAATTTGCCAAGCTTATCACATATGCATTCAAATGCCAGCAAAGC
TCCTTCACGACGTTTAGCTGAACTCCTGTCCATTAGAGCTTCCTGCAGTGCTGAAACAATCTCA
TACTTCTTCAAGGAGGATATTCCCAGTCCTTTAGCAGTCCCAGCGATTCCAAATGCTGCTCCAC
GTCGTTCCCCGTATTTGTCACTTTTCATCAACTGATCCATAAGCCTTGAAACAAGAGCAGCTGC
ATCTTCCTGCTTCGACGGTACTAAAGGAGAAAGACACGATGATACTGCCCTTTGTACTGCTTCA
GATGGAGTGTTCAAGACCACCAGCAACTTCTCAACAACAGCTTGGACTTTGGGATCATCCTTTG
CCAAATGCTTTGCCAATGCACCAGTGAAGATAACTACACCCTCGCG

>Buckwheat. 11794

CTTCAAGTGACTCACACAATGAGATTGATCTGAAGCAAAGGATTTCTGAACTTATGGGCGATG
AATTGGAGCAGCGTGGTGCTGATATGTCTGAGGATGGTTGTACTCGTTATGGAAATGTAGATGA
AACTAGGCGCCTTGAATCTCCCCAATCAGTGAAGCTGCTCACTTCATCTGCAGATGACCCTAAT
AAGAGGCTTATTCTTGGGATTACGACTCATAAAGAACGCAGAAAAGTATTACTAGTAGAACAG
CCAGGGCAAAAATCTCCTGCCAAGAACCAGCAGGTTGTGAAAGCAGTACCGTCTACTCATGCT
CGTCCTATCACAGCCGACGAAATTCAAAAGGCAAAACTGCGTGCGCAGTTCATGCAGAGCAAG
CATGATAAATCAGGGTCACCTTCTAAGGATGGTGAAAAGTCAAAAAACAATGATGCAAAGAG
AGCTTCCTCTTTGCTCAC

>Buckwheat. 17789

ATTGCTTCTGGAAGCTCAAGTTAGTCTTTTGCCCAATCCATCAATGAGCCATGGTCCTTGGAAT

ATGGAGGTCTTCCACTGATTATCTCTAGTAGCAACACACCAAAAGCAAACACATTCTCTTTCAA
ATCCGGATGGCGTTCTTCACTTAAACTTGATGCAATGCTAATAGGGTCGCCGCTGTTGCTCCCA
TCTGAGCTCAAGCTTTTCTCCGGTCTGGCTAGAATTGTCTTCCAGCTCTCA

>Buckwheat. 30503

TAACTCCCTTGTACATATAGCAGCAATCTCTTTAGGCCACCACATAATTTAGATAACCCTTGCA
ATCTCACATGTCCGTTGTCCAACAATAAGAGACTTTCCTTTGTATCCTAATAGGTAAGAACGGT
CCATTTGGGTTGCTTTAATATTCATTTCACAATCTAAATATCTTTTTAATGCATCAAATGTTTTGT
TCTAGCTGCAGATTTACTGAACTGTTGGGTATGTTTTGTGGCGGACTAGCCTTA

>Buckwheat. 26807

CGAGCTTTTAAGAGGTGTATACGCGTATGGTTTCGAGCGTCCTTCAGCCATTCAACAACGTGCA
ATAATGCCTGTCATTAAAGGTCATGACGTTATCGCACAAGCACAATCCGGTACTGGAAAAACG
GCAACATTTTCCATTTCGGTTCTTCAAAAGTTAGACCATAATCTCAAAAAATGCCAGGCCCTCA
TACTTGCTCCAACACGTGAGTTAGCGCAACAGATTCAAAAGGTTGTCGTAACTATCGGTGACTT
CATGAACGTTG

>Buckwheat. 23387

CGAATTCAACGATAAATGTACCGTAATAACTCAATCAAGTGAACGATCGTTACCATAGTAAAC
ACAAACGTTAGTTCAAACTTATTAGTGACGTTCCTATTTAACCTAAAATGTTTGCTAGTGCTAA
CGGTCGTGTTTAACCTATAGAAGACACAAACGTTAGTTCAAAGTTAACGTTCGTTAGCACAAT
TGTTATTTGTTATTTTTGCTAACGGTCGTTAGGCTATTTGATG

>Buckwheat. 19549

CTTTATTAAGCCAAAGTATGAAGTGGAAGATGCAAAGAATCCACTTTACTTAGCACCAGGTGA
CCTTCCTTTACTATCAAGCCATTACATCCAAAAAGGGCTCTTATTCTCTAAAACTTTACCCACCA
ACGACCAACAAATTCCGGTCAACACCTTTCTCGACAATCTCAAGCACTCTCTATCTCATACACT
CGTTCATTTTTACCCGTTAGCAGGCCAGTTTGAGACGGAAATAGACGAAGACCAACACACTAG
CTCGTTCTTTATAAATTGCAACAAGGGTCCCGGAGCTCGGTTCATCCATGCTTCTCTAGACATG
ACAATATCGGATATTTTATCCCCCCGTGATGTACCTCGTGTGGTTCAATCGTTCTTTGATCATGA
TAGGGCGGTTAACCATGACGGACACACTAGACCCTTGTTGTCAATTCAAGTGACCGAGCTTATT
GATGGTGTTTTTATAGGGTGTTCTATGAATCATGTTTGTGGT

>Buckwheat. 8225

CCTTTATTCATGTAACTACATGATTTGCCAACAACTCAAATTTATCAAGAATAATGTAAAGAAAA
TAAATATATGAGGTTAATCTATGATCTGTGGTGTTCATCATGTAGAATGTACAGACAGTCAAAC
AAGATGAGTCAAGAGATTTTTTCAAGCTTGACAAATCCTGCCTCAAAGTTATAGCAGGATTCGC
TCGATGAGGACAAAACGATGGCTCAAGAACCTGTACAGGTGTAGCAAACCTAACTCTTGTTTT
ATCATGGAAAAGCAACTTGAGAGCACTTCGACACCGGCAGAGCTCCACTCCATAACCTAGTCC

GGTAGCTGTTCGTAATCACCATTCTCTAAAGATTCCTGCATTCCATGACCAGTTCGCCCTGTAA

AGTCATAGTTGAGACCATTCCTGTTGTCTAGGCTACCCCTCCAATCACTGTGTGAAGGCAATAT

ATGTAAATCTTGATGTTGCATCATGAAACCCCCCATAGTTTGATGATCATTGATTCTTGGGATG

GGATATCCTCCAGATGGCTCGATTACTGGTCTGTACCCCACATTAGAAACCGAAACACTATTG

GGCGAAGCCATGGTGGTTAGAGAAGGATCTGCTTTTGCACCAGCACTAGCATCCTTCTTATTGT

TGATAAGGAAGGTGGCAACAATAACCTCAACGAGGCCTACAGCAATGAGCGGTCCAGCAATT

CCACCTCCAATAATCTGCCCATTTGTGGCAGAAAAACATGCACTAAGTCCACCACTCCTTTCAT

CATGATCTGTGTTCACAAAAGATCCTGAAAGTGATATAATATCGAAAGGTCCATCATATGTAAT

GTTGCCCCCTGATGTGGCCGGCTGAAGTAGAGACACGCTGCAGACAGAACCAGAAGCGGATA

AGATACAGAATTCCCGCTTAGATTGTTGCATGAAGATCCTAATTTTTTGTGCCACATCCTCCCC

GGGTTGTACACTGATGACATGCGGCATGAAACATTGTCCAGTGTCAGCTTCGGAGTCAAATTGC

GATTTCTTAGAAGAAGAGGAGGTCGAAGGCGGTGATCCAATAACCTGATTGTCCCGTTTCCTG

GAGGAGGAGGGAGAAGAGAAGCTCGCCGAGGACCTAGCGGCGGAGGCTGCGGCTTTGGCAG

CCGCAGCCTCCTCCGGA

>Buckwheat. 12616

CTTTCTTATCTCAGCTTCAAGTTCGCTTTGATTCATTCTGAATATATCTTTCCACCCGGGCTTGAA

AGTCTGGTCATTATGATCTACACTCTCGTTACCACCATTACCTTGTAGGGAACTACTGATTTTGG

TTGTTGAACATTGTTGGGAAGGAGGGAAGCCCTCCCACCATTCATTAAGCCACTCATTGAACAT

GGTGTTCTTGGTTGCATGCTTCCATGTGTCCATCATCATATTC

>Buckwheat. 9281

TGCTCGCCTTGATGTCTCTATGAACAATACGTGGTCGTACTTCTTCGTGGAGAAAGGCAAGTCC

ACGTGCAACACCAACGCAAATGTCTACCCGGGTTTTCCAGCTAAACTTAACACCATGATTATGA

TATCCAGATCCTAGTAAAGTCTGAGCAACACTGTTGTTCTCCATGTAGTTGTAGACCAATATTC

TGTGATCTCCTTCAGCGCAACAGCCATATAACTTAACCAAGTTTTCGTGCTGTATTTCCGCGAT

GGCCTTTATCTCTGTCAGAAACTCTTGAACTCCTTGCTTTGATTCAGTAGATAGAACCTTTATAG

CAGCCATCTTCCCATCTTTAAGTTTTCCCTGATATACTGACCCGAAACCGCCCTGCCCTATTTTA

TTGCCTGTACTAAAGTTCTTTGTGGCTG

>Buckwheat. 28263

ACGAGATTGAACCTCTTACGATCCGTGGCGGGGTTGTAGTTCCCAAACCCTTGAGCTAAGACA

TGGAAGTTAAACCCGTGGATATGAATGGGGTGGTTCTCGATCCCGACCAACGACGTATCTTGA

AACACAAGTTCAACCGTCGCATTAAACTTCAACTTCTTGACGGTAGTAGACTTTGTTGTCACGA

CCAAACTCGTATTAAAA

>Buckwheat. 36030

AGCATCAATAGCCAAACCAGTAGCGATAGTGCTCAGCATCCCGAGGGCTGCCATTGCAATGCC

ATACATTGCAGCAAAGCTGAAGCTGACAAATATACTGGCTGCGATAGCAAAAATTGGAATGAT
GACAGACTTGTAGCCTAAGGCCAAGCCGAAGATGACATTTGTGGCAGCTCCAGTCTTGCAGGA
ATCAGCAACATCTTGCACCGGGCTGTAAGCATTGCTAGTATAGTATTCAGTGACAAATCCAATG
ATCAATCCAGCCCAAAGACCAACACAAACACACAAGAACAATTGCCAGTTTGTAACATCTTTC
TGAACTCCAAAGTTGTAGATTGTGAAGGATGAAGGAAGAGCAACCCAGCTAACAATTGCAATT
CCCACAGTCATAAGAACAGTTGATATAATGAGCTGCTTCTTCAAAGCTGGCTCAATCTCCTTGA
CAGCCTTTATCTCATAGAAATCAGTAGCAAAGAGAGTGGTAAGCAAACAAACAAGGATTCCC
ATGGAACTAATAAGTAGGGGATAGCACATAGCCGTGAAATCATGGTTGATGCCGAAAGAAGA
AATTGAAGCAACAACAAGGGCTGCACAAGATGCTTCAGCATAAGAACCGAAGAGATCAGAAC
CCATCCCAGCAATGTCCCCAACATTGTCTCCGACATTGTCAGCTATCACAGCTGGGTTTCTAGG
ATCATCTTCTGGGATATTCCTCTCAACCTTTCCTACAAGGTCAGCACCGACATCAGCTGCCTTA
GTGTAAATACCTCCACCAACTCTTCCAAAGAGAGCCATGGAAGACCCACCAAGACCATAACCA
GTAATAGCCTCGAAAAGCCCTTCCCAGTCATCACCATAGTACAACTTAAACACATTAATGGCA
ATATAAAGCACCAAGAGGCCATTTGCTGCAAGAAGGAAACCCATCACGGCACCAGATCTGAAT
GCAGTAATAAAAGCTTTCCCAACACCTTTCCTAGCTTCTAAAGTTGTCCTCGCATTCGCATAGG
TGGCAATTTTCATCCCTAGGAAACCAGATATAACAGAGGCGAATGCACCGAGCAAGAATGAA
ACTGTGCTAAACACAGCTGTTGCTAGCGCCGGCTTGCACATCTGGCCTGGGTTGTAGGTGCAT
GATTGGCTTCTTGTACTGAAGCCTTCAACAGATCCCAAGAAGAGGAAGATCAACACAGCAAAT
ATCACCATGAACACGCTCACATACTGATATTCAGTAAAGAGGAAAGACGTTGCACCTTCGGAG
ATGGCATTTTGGATTTCGGTGCACTTAACGACGACGTTTTGGTCATTGAGGCCATCTTCCTCTTC
AATCAAGTAGTCATTGTAGCCATTCTTAGCACCGGCGCCATTGTTAGAATGCCTATCAGGGGAG
AGCTTGACCTTAGCCACCAGCATCCATTGAACAAGAGCGAAAGCAATTCCGATGACGGCACAC
ACCGGAATAATGACCTCAGTAGCCAGATCCGAAAGCATGGCTGCTTCGCTCAGTGAATTAGTT
GACGCAAAAACCCTAGTTCCCACTTGGTCAAAGAGAAAGGAGAGGGATAA
>Buckwheat. 6194
CTCACACACGAGAACGCGTCACCCCGTGGAAAGTAGCAAGTGCAGTCTTCCATTCTTCTTCTTC
TCTTCCTTATCTATACTACTAGTCTACTACTATGGTGCTCGCCTTCTCTTCCTCTCCTCCAGTCGT
CATCAATCTCCAAAAGCGAGTTCTACTTTCCCCTTCCCTTCTTCCTCAATCCATCTCATTCTCTTC
CTTCCCTTCGCTTCTCGGTTTTCGATCGGCTGCTACTACTCCTCGACGATTCCCGTATCACTGCT
CTTGCTGCAAATCCAAGCTCAAGTTAGTGGCAGATGGTGCTGATAAGAAGACTAGACCTGAGA
TCGAATCTTCTCACTCTCGCACCTTCCTCCATGTCTCCTCCGAGGAAGAACTGCTTTTTGGAATA
AAAAAGGAGAGGGAGCTGGGAAGGTTACCTTCAAATGTTGCTGATGGAATGGAGGAGCTTTAT
AGGAACTACCGCAATGCAGTTATCCAGAGTGGAATTCCTAATGTAGATGAGATTGTATTGTCA
AACATGAGTGTGGTTCTTGATCGAGTTTTGCTGGACGTGGAGGAACCTTTTGAATTTCCACCAT

ATCACAAAGCAGTTCGTGAGCCTTTTGACTATTATATGTTCGGTCAAAATTACATCCGTCCCTT
GATTGATTTTCAGAATTCTTATGTTGGCAACATTTCCCTTTTTAATGAAATAGAAGAGAAGCAA
CGGCAGGGTCACAACATTGTCTTCATGTCCAACCACCA

>Buckwheat. 16282

AAAGCTTTGCTCCTAAGGATATTTGCAATGCAATGAGAGTATTTCTAGTGAGATGTGACATGG
GGCGTGGATCGTGTGGCTTCAATAGCTACTGTCAAATAGGAGATGATTTGAGGCCAAAGTGTA
TGCGTCTACCTAGGTATGTGTTGTTTGATGAAATGGATCCAGTGAAAGGGTGCAAACTGGAAC
TTCTTTAAGCAAAGTAACTTTGTATCCGAGTACTGAAGGAGAAGTCCCCATCCCGTCGAAACC
TATTCTTCCCCAGCCCGATGAGGCTTCTGCGTATCTTCCGTCCCCTTTCCCGATCGGCGTGTCAC
AGCTGGGAGACTGCAGATCCGCACCTTGCCGCCCGTCAACCGCCTTCCCTCCCTC

>Buckwheat. 24797

CAGAAATTACCCACACATCTTATTATTTTTAATCTTAATCCTTAAGCTTAAATATTGATTAGTAA
ATATAACTTACTGTTGGAACTATAACTACAAAATCAGCAACTGTTGCTGCTTTAACTTAAACTA
TCAATACAGCAGAAAACAAAAATCTATCCAAAAAAATTCTTCAAAAAGTTCATAAACAAAAG
AATCTAAAAATTCATTTATTTACATAGCATGAGAGTTCAACTTCTTTCATTTCTACTGATTGAAG
TTTCTTTAGTCCTTTTTC

>Buckwheat. 31880

TTCATTTTGGCGTTCATCGCCAAATCTAAAACCCTTGGATATAAAGATTAAACAAGCAGAGGA
AAGAAAGACAACAGTACAACATAGATGTCTTTAGATATCTATCCAAGCATAAATGCGGGACGT
TCTACAAAAGCTTATATCCAACATGTCACAAACTTGCAATAGGTAGGCGGAAAATTAGAGGCAC
GACAGATAGGAGTAAACAAATTCATGAGGCAACACATAAGAGAAGTCGACTATTCCTCCCTAT
TTAGTAGCCATCTAGGTATTCAAATCCCAAGTACAACTCATCCATAGCATAACCAGATTTTGAT
GTCCTTGTAACCTTCATTCACTAGCCACCCAACTAGTATCGGTCACGACGCCTAGACCGATCTG
GAGAGCGTGAGCGGGACCTTCGTCGGCTTCTCGAGTCATAGCTACGAGAACGTTCTCTTTCTCT
TTCTCTTTCACGGTCATATCCACGATCTCGTTCATGATGCCTATCACGATCCCTGGTACCACGG
TCATAATCCCTCCGTTCCCGACTATCCCTGTCCTTACTTGGCTCTCTTTCACGTTCCCTACTTTTC
TCTCTGGACCTTGATTGCTCCCTTTCCTTGCGAACCTTGTTTCTCTCTTCCTGAAGTTCGCTTAAC
TTCTCACGAATTTGCATGTAGCCCATGTGTAGCTTCCCACCAAAATGATCTGCTAAGCGCTGAT
TACTGTCATAAACACTCAAAAATGCTCCACATATGTCACAGACACGCAACTTTTGATCAGTGAT
GCGAACAGCTGTGGCAGAATCTAGCACAGGCTCCTGCCTAGGAGCCAACTTTTTCAATGCCTC
AGCTTCCTCCAATGCTCTCTGTGCTTCATCAACCAGTCCTTGTTCACCAAGATCTTCAGCTTTCT
TCAGCTTCTCATTTATCATCTCCTGTGTGCGAGCATCTGGAGCAACTCCAGGTAAGGGTGCTAG
TAAAGGTGGATTTGGAAGCGGTTGGGGCAAAGAGGCTCTATCTTTGTTGAAGGCATCTAATAG
AAGCATTGACTGCTTATCTGCCCTTTTGGTCCTCAGTTCTTCAACCTCTTCTAGAACCCGAACC

TTTTGATCCGTCTTACCTTCAAGATCAAGCTGATCAACTTCTTTGAGCTTTTCTTTGATTTGTTTT
GATAATTCCATCACTTCGGGTGTCTGTGTCACTTCAGTTACAGAAATAGCTATAGCAGCCTTAG
CATCTTCATCTGAAAGACGCTTAAGGGCTCTGCTAATTTTCCTTTCACACTCAACAATGAGCCT
ATCAATCACATCCTCGAGGTCTTTATCATAGTTATCAGTACCCTTAGCCTTGAACTCTTCATATT
CTTTCCTCAATGGTAATGAGTGCACTTTTGGACATGGCCCCATGTCCATTTTCGTCAGTTGAAA
GAGCTCGTGAGGACATAGACCAGACAAAAAGAGCCGGCAAACATCGCGGTCGTAATACTTCCT
GTTCACTTCCTTCACATCGCCATTGCGATTAGCTCCCATCAACACATCTAGCTGCTTTCGAATTG
CATCCATTGTACCGCTCTCACTCTTCCCACCCTCTCCGATTTTCGACGGGCTTCGTCAAAAGCTA
GGGTTTGGTGATGAACGGCTTAATAATATTCTACCTAGGATTAAGATAGTAACA

>Buckwheat. 21335

AGTGAAAAGCCCTACAAATCTACTCAATAGCTCTTTCGGAGTAATTCTTCAGCTTCCAAAATTG
ACTTGGAAATCTCTTGAAGCTCTTCTTTCATCTTTTTCGATAAGAAGCATGAAGGCGATAATCCT
TCATTCAACCGTTGTGTCATCCTCTTCAAGATTGCTTCCTTGTCAGCTTGCAGTCTCTCTAGCTTT
GTCAACAACAGGGACATATCTGCTTCAACAGTCTTGCGTTCCTCATCATTCAAATGACTCTCGA
ACACGCATTGATGATATTCCATTACCATTTCATCAATCTGAAGCTTCCCGCTCTCTCTCAACTCT
AATAGAATCTGCTTTTCATTTATCACATTGCTAAGTGCAACCTCCATCTTCTCTTTGGTTTGTGA
AGCTTTCTGCAACTCAATGCTAACTCTTTGAATCTCGGTCTCAACCTTCTGAAACTTCCTTTTCA
AGTTATCTGCTTCCTTTATAGTCATACCAAGCTTTACATTGCATTGTTTGATCTCATTTTGCAATT
TGGTTTTCTCCTCCTCAGACTTCAAAAGCTCAGAAGCCTTGGTGCCTAGTTTCCAGCTTATGTTT
GTTGGATGATTCTCATCTCTGTCGACGTTGTCTATGGCGAACAAAACTTTCTC

>Buckwheat. 14321

TCAAACAATTGTTTTGGAAACGCAGCATACTTCATCCTTGGAAGGTGCAAAGTAGGTGAGTTGC
TTAATCAAGATCTCGGATGGGTAGCGTCATTGTTGCATCAAGCTGTGGCAGAATACACAAATG
AAAAGGTACGGAATGTAATCAAGGGTTGGACGGTATCTCCTTCAATTGTCCGATATGATTTACC
CTTTGTTGCTCAAGATGTGCATATTGGTAGCTCACCAAGGTTTGATATGTATGGAAAT

>Buckwheat. 233

CAAAATTTCGGTCCGAGTTGAGTTTTGGACAGCCATAGTAAAAAGCCGTTAAGACAAGTTCTTA
GGAGAAACTGAGCACATCCCTAGCTTTGACCTCTTTGCTTAACAAGGATCCCACAATCTACATA
TTACATGCCACAACATGATACAAACACTAACAAAAGGCTCTGACAAACTCCTTTCTGCGTATCTT
TCAACCAGCACATCCCTAGCTTTGAGTATTTCCTACACATGTCAAGAAGTTAAATCTTCATGGTT
CTTCACAAAACTCACTCATCCTCATCTTCACCTTCTTGGGTATCATCCGACGCCAGAAGATGGT
TCAAAGCCACCTTTGCTTTCTTTTTCGTCGGTGAGCTCTTGATCTCACCATCCTCTATTTCTTCAC
TTTCCTTCCGTTTTACACCCCCTTCTTCAGTTGCTTCTACTTCATCTGTTTTTAGTTTCTCATCGGT
TTCTTTACTTGTCTTCTCTTCTTTGTTAGGAGTCTTCTCAGCTTCCATCAAAAACGTCTTCATCTC

CTCGTTGCTTGCAAGGTCTAGAGGGGATTTCCCAGCTTTTGTCTTCGTTTCCAGATTAGCTCCTT
TCTTTACTAAGTACTTAGCAAGGTCCAGATGAGAGCCTTGAGCAGCGTAGTGTAAAGCATTCAT
GCCTTTACGATTGGTGGATTTTACCGAGACACCAGCAGTGATAAGGGTCTTAACGACTTCCAA
ATGCCCTTTCTGTGCAGCAAAGTGAATTGCAGCCATATCATCCATGGCTGCAGCACCGACATC
AGCTCTGTGTGTGCATAGGTAGCTGACTATTTCAGTTTGACCAGACCAAGCAGCTAAGTGTAA
TGGGGTGCGAGAGTGCTTGTCTCTAGAATTGACATCCAAGGGGTTGGAGCTGAGAATTGAAAT
GATAGTGTTGAGGTCGCCATTTCTCGCCGCCGTGTGAAGATCTTCGGCCATTTTGCTTCTCTGA
TATTTTGCTAGTTGAGAGTTTGAGACTTGAGA

>Buckwheat. 25286

GGGTCTTCTCAGTACAAAGAAGGCTGCTAACTCCACTCCTTTACTTATTGTCCTCCCGATATTGA
CACTCGCGTTTCACCGTTATTGTCAAAGCCGTTTTGAACCTGCATTTAGCAGATACCCTCTCGA
GGAAGCCGTTGACAAGGACACACAAGAGCACAATGCTGAGCCAAACCTGAACTTAGAATCCA
GTTTGGCTGATGCATACTTGCACCCGATTTTCCGATCATTCGAGGAAGTCGAGTTGGAAGAATC
AGTAAGAAACGACGCTTTCCGGGTAAACAAACACGAAACTCAGGCTTCTAGCTCTAATCCAAA
GGAAACCTTGTCTCTTCC

>Buckwheat. 36040

CCTCCTTCAAATTTCCAATCTTTGACAACCTCCATTACAAAATCAACTCTTCAAAGATTCAAATT
CCTCAAGAAAAATCAAAGATTCAGTTTTACTCTGTTTATCTCTACGTGTACAGAGCATCTGCTA
AGATCTTGGAGCCCTAGACATAAGCAAATATATTGTGTTTAGATTCGATGGGTACTTTGACAGG
CTCTTCCATGTTGATTCCATCTAAGTTGAAGCCCTCGTCTCTTTCTGACCATAGCCAAAGCTCCT
TGCTTCTCTCCAGAGGAAGCCACAAGAGAAAGAACTCTGTTTCTCCTGTAATGAGATTGTTTGG
GCCAGCTATATTTGAAGCATCAAAGCTTAAAGTTCTGTTCTTGGGTCTTGATGATAAGAAGCAT
CCTAGCCATGGACATCTTCCAAGGACTTACACTCTCACTCATAGTGATGTAACTGCAAAGCTCA
CTTTAGCCATCTCACAAACTATCAACAACTCACAGCTGCAAGGGTGGAGCAACAAGCTGTACA
GAGATGAGGTGGTGGCAGAATGGAAGAAAGTTAAAGGGAAAATGTCTTTACATGTTCACTGTC
ACATAAGTGGTGGCCATTTCCTCTTAGATTTATGTGCAAAGCTAAGATACTTCATTTTCTGCAA
GGAGCTTCCTGTGGTGCTGAAGGCTTTTGTACATGGAGATGTGGGATTGTTCAGGGCTTACCCA
GAGTTAGAAGAGGCTTTGGTTTGGGTATACTTCCATTCAAACACTGCAGAATTCAACAAGGTA
GAGTGCTGGGGGCCACTGAAGGATGCTGTGGGACCCATAAGAAGAATTGGGGTAAGGGCCCA
CAAGAGGCAGATTGAGGAGGAAGACAAGAAGATGGTGGTGGAAAGTGAGGAGTTGGAGAAG
GCTTGTAAGGCAAGTAAGTATGGGGAGTGGGAGGTGCCACAGCCTTGCAAGGAGTCTTGTGCT
TGTTGCTATCCTCCATTGAGTGTTATCCAATGGTCTCAAGACCATGATAATAAGGATGAGGACT
CCAATGGGACCCAACAGCAAGGTAGCTTCCAGCAATAGAAATCTTCTCATTCAACTCTGCTTCT
CTTTTTACTTTTTTTTCTTCTTTTTTTTTTTGAGATTTGTAGTTT

>Buckwheat. 26867

CCCTTGTCGTCATCTGAGCAGGAAAGGGAGACGCGCCAACGCTCTTCTTGTCTTCCGAAACAG
TTGGATCAATGTTGGTGCCTCCTAAGCTTGCAACCTGAGCTCGCGGCGATGATTGGTGGTGAAG
ATATGAGGGCGTCTGCCTTCGTCGACGAGTCTGAGACAGAATAAAGAAGAGAGGAGGAAAAT
CAGGAATGGAGGATACTATGTAACGGGACTGACAGTTTCTGAGAGAGTGAGTTTGAG

>Buckwheat. 24677

CACATCAGCCGAATCCACTCCATTTGGAAACATAAGCTTGTTGAATGCCAATCTCGCTGTCCCA
GTCTTACGAGAGACTCCTATGATGCCAAGTAGTAGCACAACTGAACCAACTCAAAAAAAGAGCA
ACAAAGAAAGAAGTGGGAATCAAAATGGAAACTTTCTAACTCTTGGTCCTCCTTCGGTTACTTTC
CCGCATCCAAGCTCTAGATTGATGTATTCTCCTGCACATAGAATTACTGAAGACCCTGTTGCCA
ATTCGCCAAGATCAGCTGGTTTAAACTACCAGCAGCCATTCTTCAGCTTCTTCCCAGCCTCAAA
GGCGCAACAAGAGTCATCATCATCATTGTCAATGAACAATCATACCAACTACAATGGAAATAG
CGAAGTAGGAGTCATTGTTGATCTCAACTTGAAGCTATGAGTTTATGTATCTTATGGAAAGGGC
CTTTTATCTCAAGGGAAGTTAGTTGTTTTCCATGTAAAAGGTAAAACATTGCAGTTGAGAGAAT
ATGAGAAGTGTAGATTTTGTTTGTTTGAATGATGTTATCATACAAGAAGTAGTTAATGGTGAAT
CAGAAGATTTGGTGGGTGTGGATTTCTGAAATCTTTTTGGAAATTTGCTTCTATGAGAGGATGT
CTTTTTTG

>Buckwheat. 20866

GTAAGACAACTCTTGAACGTATGTGTCACCAACGCCACGGCAAGAGTGGTTCTTGGGAGGAGG
GTGTTCGGAGACGGCTCCGGGAAGGAAGATCCGAAAGCGGAGGAATTCAAGGCGATGGTGGG
GGAGGTCATGGAGTTGACCGGAATGTTCAACATCGGAGACTACATCCCGGTGCTCGAGTGGTT
CGATCTCCAAGGGATAGCTAAAAGAATGAAGAAGGTTCATAAGAGGTTCGACACCTTCGTCGG
ACAGATCCTGAAGGAGCAGTACGAGGCACAGCCGTCGAACCAACACCACTCCGACTTGCTCA
CTACTGTGTTATCCTTGAAAGATGACTGTGATGGCGAAGGCGGCAAGTTGAGTGATCTTGAAA
TCAAGGCCCTGCTCATGGATTTGTTCATAGGAGGAACCAGCACGACCTTGAGTACAATAGAGT
GGGCCATATCAGAGCTCGTCCGGAATCC

>Buckwheat. 12038

CGGGACTCCGCGTAAGCGCGTCTCCCTTCTCTTCCGCTTTCCATTATCTTTTATTGGCCAAATTC
CCCCAAATCAACGAAACATAATTCTCTAACCCTAGAAATCTCGATCAGCAGATCTGCGTTCCCA
AGACTTTTGATCCTTGATTCGTCTCCTTGTGTTGGAGGATCGCAATGGGGAACACCGAGAAGCT
GATGAACCAGATCATGGAGCTGAAATTCACAGCGAAATCCCTCCAGCGCCAGGCTCGCAAGT
GCGAGAAGGACGAGAAGGCCGAGAAGCTCAAGGTCAAGAAGGCGATCGAGAAAGGCAACAT
GGATGGCGCCAGAATCTACGCCGAGAACGCCATTCGCAAGCGCTCCGAGCAGATGAACTACC
TCCGCCTCGCCTCCCGCCTCGACGCCGTCTCCGCCAGGCTCGACACCCAGGCAAAGATGCAGA

CCATCGGAAAGTCCATGTCCTCCATCGTCAAATCGCTTGAATCTTCTCTCAACACCGGAAATCT
CCAAAAGATGTCGGAGACGATGGACCAGTTTGAGAAGCAGTTTGTGAACATGGAGGTCCAGTC
GCAGTTCATGGAGACCTCCATGGCCGGGACTACCTCACTGTCGACTCCTGAGACGGACGTTAA
CAGTCTGATGCAACAGGTCGCCGACGACTACGGATTGGAGGTGTCGGTGGGGTTGCCACAGGC
TGCTGGACACGCGATCGCTGCTCCAAGTGCTTCCGAGAAGGTGGGCGAGGACGATTTGACCAG
GAGGCTTGCTGAGCTCAAGGCAAGAGGGTGAAGTATGAATGTAAAGGTAAAATGTTCTCGCTG
TGTATAATACTCTACTTTATTTCCTTGATGCTTGGATCGTATGCTGTATTGTAACGTGGGAGCTT
GTGTAGGGGCTATGACATATATCCTTTTGCTTTGTGATTCATGCGTGTTGTTTGATCATGTTGGC
TTCCGTTGCTGCCCGTGCGCCTCATTTTGCTTAACATATCTGCTGTTTGATTGCTTGCTTAATGA
TCTGAGATTTTATTTCATCTGCAATATTCAGTTAGTTGTACGATGATGGGATCGAGAGGAGTAA
TAGATTTGCCCCCTATAATACTAATTGTGGCTCAGAGTTCTCTTACGTAAAGAGAAG

>Buckwheat. 12080

TGCACTTCCACCTAGAGAACGCACCAGGTGCGTAAAAAGATGCAAACGGGCTCATGGTTCATC
AAGTGTAGCCGAAGGTTTTGCGACACGTACATTCGTAGGTACCAATCAAATGGTCATAGGCGG
TGGTCAACATTGTGAGGGTTGTTCTCATGATTCATCTTCAACAAGTACCAATGGAAATTGACCA
TAAATATTGAAAACTATGAATTAGGTCATGCAGGATGCTCGCGGTCCAAAAATTATTATAGCTA
CAAAAATAAAAGCTTTGGCTCGTAATAAACTTTTATGCATAATATTTGTTCCCAA

>Buckwheat. 35549

ATTTGAAACATCCACAAACAGAAGACAAACCAAAACAACATAAACTATAAAATTAACAATTTT
AAAAACCAAAACTTTACCAACCCTTTGTTATATTATTTACAATTTTAAACCAATTAAATATATA
ACATAGTTCGACAATGGCAAATCCAACCGACCTTTCTGCTGTCAGTGAGACAGAAAGACGAGC
TGTGCAGCAGCAAGAAGCTGCAAGGAGAGTCAAGTTGGCCGTTAAGGTCAAATCAGCCGGCG
AGCGATTCAAAGGCTACAAACCAACCGGAGCTGCGATTAAATACTCGCAAAATAAGGTAGGG
GTAATGCCCGACATAGACGTGGTCTTACAAGAGATTGCGGAAAAGTCAGGTGTAGACTTATCG
AAGGGTGCAGCATTATCAGCCTTTTTGGAGGCGATAGTGACAGATGTTTACGTTAATCCGTATT
CAGACAAGCAGTCGTTCGATGGTCATATCGATGCCGGGGGCACGATAATACCCAGATCTGTTA
TCAAACAGACGATTCAGCCGTATGTAGGTACGATGTATCGTCGATTTGCGCGAGCCATGGCTCC
AATAGTTGTCGAAGTTATGACAGACAACTATGAAGTATTCGGCGAATTGCTGGATAAACGGTG
TACTGAACTAAATCTGTCTACTAGGGCAGAGGCGGTATACCAGTTTGATGGTGCAGACGCACT
TACAGTGCGTGATAGAGAATCCGCGCGTGTGTCAGCACAGCTTAAGCTGGTGGCACTATCAAA
TCGTGTTGCTGATAAAGCATACACTTTTG

>Buckwheat. 5948

TTGTGGCTCTAACTCAAGCAGTGATTTAGAGAAGCAGGATAAAAGCAAGGAAGAAAACAAGG
AAGCTGATGCAAGTCATACAGCAAGTGAATCTTCTAGTCGCCGCAGTAGAAACTCAAGCAGCT

CTTATGATTCTTGGAAGGAGGTCTCTCAGGAGGGGCGAATGGCCTTTCGAGCACTTTTCCTAAG
AGAGGTCTTACCACAGAGCTTTTCACCTCCACATGATGACGATAACAATGCAGAGCAACAACA
GTGTATGAAGAAAAACAGCGAGGAAAGAAAGCCAAGTGTAGAGGAGGGCAAAGAAGACGAA
TCACAGTTAGACCTCAACAGCAACACCATAGAATCCTGTTGCAGTCATCATGACAATAACAAG
AAAAAACGGGCAGAGCACCTACATGCAAAAGAGGACTATCTAACAATTGGGCTTGCCCAGGG
GAATCCAAAAATTCAGAGAACAGGCTTTAAACCTTACAAGAGATGTTCTGTGGAGGCCAGAGA
AATGGGAGTACCAAATTCTAGCTGCCAAGACCAAGAGAAAGACCCTAAACGTTTACGCCTGGG
AGATGAAGCTTCAAGCTAAAGGTTTTCGTATGAACTCTCCCTCAACCTTCAATATCCGTCTGAT
TAGCTTTTATTTGAAAATATCACCTTAAATGCGCGAGACTTTTCG
>Buckwheat. 6511

TTATGATCAAAATGCCTTTTTAGTATTAACTTGGCATGAAGTATGCAAAAACTCAAATCTTCTTT
GAATCCGCAGTTGTTCTAGCTTCAAATCTGGTCATAAAATCTTTAGTGATAATTACTCGTCATTT
TTATACAATATTCCATCAATACTTGAATCATCATTTACTGTTTGTACTTTGAATTTGTTCAAAAT
GCCATTACTAGCCATAACTAATCATGAATGTTGTAATATGATGAGATCAAAACTAGAATCTGC
ATTTTTGATTCTGAGTTTGAATTTGTTCTCTGAATTTGATGAAATTGCCAGTAAAAGTGACAACA
ACTCATTAGAAATCGTCTTCTCACCAGTGTTTATCTATTCTGCGTTTACAGTGAATGATCCATTT
GTGATGAA
>Buckwheat. 12244

CGCAATCGCTGGGTTTTCGTCGGTTTCACTTCCAATACGCCTTTTGAGTTTCTAGGTTTTTCTTCG
ATCTAGGATAAGAGGTTGGGTAGAACCGAGTAGTAGGTAAACCAAACATGTCGATCCAATTGG
AGGGGATCAACCAATGGAGAGAGTATTTTAGGACGGCTAACGCCGATATTTTTCAAATAATCG
AGAAAGGGATAATGGTGGCTGCTTCCGATTGTGCCAAGGAGTTCAAAATGAAAAGAGATCGA
ATCGCGGAGTTGCTCTTCTCAACTCGGTTAGCTCACTGCGTTGGGTGCAACACTGTCGGGTTAT
CCCTGCCTGAATCCGGTGAGAGCGGTAGAGGAGCTAGGGTTGAGTTTGCAGCACCCGGTGGTA
GCAAAGAGAGCAAGGC
>Buckwheat. 33422

GTTTATCTAGTGAAATAAATAACACACAAGTAAAAATGTTACAAAATTGAAGAGCTACGAAAA
TTGTCCACTACTAGCACCAGCAAACTGGGTGGCCATAGCTATCACTTATTCAAATAAAATCTCT
ATAAACTGTTCACTTAAACGGCTCCCGGTGGAGAAATTAAAATCAAATAAATAAAAAAAAGTC
AAAACAAGAAACAATGGAAGCCCTCAAAACAGCAAAACGCAACAACAAAATTGCAAAGTGTC
TTGTCATATAGAAGAGATATCAAAGTGAGCTGCCTGCTTGGTGTATCTTTGCTGGTCCTGTCCT
ATTGTGTCTAATAGAACTCTCCGTTGCCTCCTTCGCCTACTATCCAACCACAAACTCAGTTCTTA
CCAGGAGCTTTCTTCACTGGAAGCCCAGGCTCCTCGTCGTCCGAATTCACATCACCATATTGCC
AGATCCCGTGGTGATGCTTTTTTGCCTCCTCCTGGAACTGCTCCAGGTTGTCGATGGCGGATAG

TCTCTCCTTTGTTTCCCACCTCTTGCGTCTCTCTAATCTTGCAAGCCCTTCCTTCAACATGGCTG
CATTGACGCTTGAACCAGCCTCAACATCAACCAATGTAACGAGAAGGACCGGACCAGTTCCCT
GCCCCTTGACCTTTCCTCCAGATGTATCTCTTTCTTCAATCATGGCTCTCAACTCTCGAGAGTTA
TTAAGAGTGGACTCGCTCAAGTATTCAGCTGCCTCTTGTCCATAATCTTCTTCCAAGTTAGGAA
CCTTCACGAATGCAAGACCGCACAATTGAGCCAGAGGAGCCACACATGACAAAGAAGGGTCA
AGAGGGCGCAACCGACTGTACGGGATCACTTCTTGGTTCCCATAATCCATGTAAAATACTTCA
AACTGGTCATTTGTGGATTGAACTGTACCACCGCGAGGCACATTTACAATCATAGCCCGATTCC
ACGAGTTATCGGCACTGAATTGAGCAAGGACCGTGTCACCTTTCTTCGGATTGAATGCACCAA
CAACCGGGGCTTCGCCAAGGTTTAGAGCAGCAAGTTTCTGTTGAACAGATGCAACTGTCGAAT
CTCCAACTGTCTGAACGTAGAACTTGCCACCACCAAGCACTTCGGTGACAACAACCTTCAGAA
CTTCTTTCTGTTTGCTATCGTGGGCTTTTCCGTTTGTAGCTTCTTGCCCTTGTCCCTCCACATAAC
TTTCCCACACTTTCAGCTTTTGTTTCTTAGCCGACTCCTCGGCCCGTGCAAGAATATGAGCATCT
GGTATACGGTCTGAACCAAAACCTGTCTGGAACTTGGCAAGTCCAGCTTCAAGTAGCACCGCA
CCCATGTTTGTTCTAGATTCCCAAAGAGACCCCAAGAAGGTACCAGTTCTATCCGCGGTTTCAA
TCTCGATCTCAACATCTCGCTGCAGTATCTTTCTTCTCATGAAGGCAATTGCTTCCTCTGAATAT
GGCTCATTACGGCCAGGACACCTCACACCAGACAAAGAAAAGGCTATGCTGCATGTTTCCTTG
GGAATTAGCAACTTAAACCGATGACCACTGAGTACATACTCAACCACAGCTTGATGCCTCCTTG
TTCGTTGCAAGAATGGCAAAAAGTCTTTTGCTTTCTTTGCTGATACCACAGTAAGATCTTTCACA
TTGTTCACTGGGGGTTCTTTTGCAGAATGGATTCCTTTCCTTTGAGATATGGCGCGTGACTCGG
CTGAAAGAAGGGCATCATAGAAATTGGATCTTTCTTCGAAGTCCCTGTGTCTTATGACTGTACC
AAAACCTCGGGAAATTACTAGTTCAGCAACATTAGTGCCAGGCTGATTGCCAGCTGTAATAGC
TGCAGGTACAGAATCATCTCCATCGAGCTTTGTTGGAGTCACTAAGAACACAGAGCCGAAGTC
CATTACCCTGTCGGACCCAGCAGATGGCAGACCGTCAGCCGTGGGGACCTTTCTTGAATACTC
CATTGAAACATTCACCTGACGATCGATAAGCCTTTGACGTAGAAACTCCTTCGCTTCTCGTGCA
TATGGAGCAGGTTTTTCCTCTCTGCGAGGATTGCCCATCTTGGGGCACCTTATGCTGGAGAGAT
TGACCCGTCGCTCTGCTGATGGACTACCATACGGAGCAGCATCATCTGCAACAATAATGCAGT
CTCCACTAACAACCTCCACAACCTTCCCGGTGAAATTCTGATCATGAATAGCTTTTGAGTTTGT
TGCAGGTGGCACATAGTTTGTCCAAATTTTAGTCCGATCTTTCTTTGATTGAAGTTCTGCTGATT
TCAAACGCCTTCTGGCATCCTCTTCCATCATGTTTGCACTCCAGTCAACATACTTAGCTAGCCC
ATTTTCAACCAACTCGAAGGCCAAGTCGTTTGCAGTGTCACCATCCTGATAATGGACTGTTCCA
ATCAAGTTGTTGTATTTGTCAACACCTTCAAGGACTATGCGCACATCTTTGTTCAAGACTCGTGT
CTCAGTAAAATGCTTTGCCTCCCTCCCGAATGGATCAGGAGCTACTTCAGTGGCTGAAGCTGAT
GCTGATGAGTTAGCAAGCCTCTGAGCTGAGGTCAGTGGAGCTTGAGTTTCTGTCGTGGCTTCTC
CGTTTGCCTCATTTGATGTTATTTCAGGTTCAATAACCGCTTCAGGTGCTGCTCGTCTCCCCATA

GACGGACACTGGATTCCAGCCAAGAAAACCTGAACAAACTGGAACTCTGGAAGTAGATACAC
CCTTATAGTGCTTCCATCACGGACCTGCTCGACTATGGCCGGCATAAGATTACCTTTATTAGCA
TCTAGGAGAGCCCTAGCGTCAAAATTACTGGCATCGCCAATGGCAGAAGGAGGCAATTTCCTG
ATAGCAGCCTCTGAAGCACCAGGTACCTTGCTCCATTGCCAACACCTTCCTGTTTTGCTATTT
CTTCAAGTCGTACCAATTCGGACAGAAAAGGGCTCGCTTCACCACTTCTTTGTCCTTCTCTAAC
CTTTGCCCAGCCACCAGCAACAACCAGCATTGCTACATTCTTATCCCCAAGAAAGACGGAACC
AAAATCCCTTCCAATGGATGCTACAGTATACTCCACCCTGAAGGTGACCTCCTTTCCAATGCAC
AAGTTCCTCAAAAACTCTCTGCTTTCCCATGCAAATGGCTCATCTACTCCTCCTCTACGGGCCA
ATCTGGGAGCAGTAATAGATGATAAAGTGATGGTCTTTTCAGGAGGAATCGCATCTCCCTTTGC
GCCTCCCATAATCACCAAACAATCCCCCGAGGGGACAGCCTTCACTTTTCCCCTCAACCATCCC
GATTGTCCAGTCACATTCGCCATCTCAGAACACACGGATCTTGAAAGGCAATTGAATTAATAA
GTAGACGATGGAAACTAGGCGAAGAAGCACGAAGGCCTCTTCGAAGCAATCGAAATCTGAAT
CTGACAGCGAAAGAGAAAGATGAGGAAGACAGATCTGAAGCTCTCGCGAGCAAACTCCTCGA
CGGCTACGCCTTATTTTACAGAAACGACTTTATA

>Buckwheat. 20288

TAAACACAGCTTTCGTGAGTGAACAAAAACCCCCTCTTTGAGAGCAGATATCGACATAGGATAG
TTTCCTCTAATGGCTATTTCGTTGAAATCAACTTGCTTTCTCCAGCGCAATTACTGCGTTGAGAA
GCAATTTCTTACCACATCTTCGCCTTCTTCTCATAAGCAATCGGCACTTTGCTTCAGATCCACCA
AAATCACGGCCTCTCTTGCTACTTCAAAAACTCTTGGAATCTCTGAGACATTTGCTCAATTGAA
AAAGCAGAAAAAAGTGGCGTTGATCCCTTATATTACAGCTGGTGACCCTGATCTTTCAGTAACA
GCAGAAGCTTTGAAGGTGCTTGACACGTGTGGTTCTGACATCATTGAGCTGGGTTTACCTTACT
CTGATCCACTCGCAGATGGTCCTGTAATCCAGGCTGCAGCTACACGTGCATTGGCTAGAGGGA
CCGACTTCGGTTCTGTTCTTTCAATGTTGAGGAAGGTTGTGCCAGAGCTCTCATGCCCCGTAGC
ATTGTTCTCTTACTACAACCCAATACTTAAGCGCGGTGTTGAAAACTTCATGTCCACTGTAAAG
GATGTTGGTGTACATGGACTTGTGGTTCCTGACGTTCCTTTGGAGGAGACTGAAATCTTGAGAA
AAGAAGCGATCAAGAACAACATTGAATTGGTGCTGCTCACAACGCCCACTACTCCTATTGCTC
GAATGAAAGCTATTGTTGAAGCTTCAGAAGGCTTTGTCTATCTGGTGAGTGCAGTTGGAGTCAC
AGGTGCCCGTGCATCTGTGAGCAATAAAGTTCAGATGCTTCTAAAAGAAATTAAAGAGGCAAC
ATCGAAGCCCGTGGCAGTTGGCTTTGGCATATCACAACCGGAACATGTAGCACAGGTGGCCGG
ATGGGGAGCTGATGGAGTGATTGTCGGTAGTGCGATGGTGAGGATATTAGGTGATGCAAAATC
GCCGGAGGAAGGGTTGAAGGAGCTCGAACGGTTCACTAAGTCCTTGAAGTCTGCACTTGTTTG
AGCTTGGTATTTTGTCTTCTCATTCCATTGAGACACTTGCCAAGAAGTGTAGCTTATGTTATGGA
AGAATAATAAGGGAGAAGTATTTGAAAGATTGTCATTTGTTTGAGCTTGGCATCAATTTTGTTG
ATCATAAATTCCACAGAAGAAAGGAGATTAGAGTTTCTTTGCTCATCATTCATCAATTCGGTAT

TGATCATAATAACACCCACAAAGGAAAGGAGAAGATTT

>Buckwheat. 36656

GAAAAACATGTATACTTTCTGGAGGACCCACAAGCTCAGAAGGGACTCCAAACAAAATAAGC
CAAAGCCAACCAAGTAAAAGATCCCAACCAATGCACCATTGTCTGAAAACACATCAATTGCTG
CTAGGATCCCCGTCAAAGACTTCCCATGGAATACAATAGGGGGAGCTACTGCAGCAAGTATAC
AGTAAGCAATGTGGAGCATATAAACCAAGAAGAACAAGCCAAACTTGAACGCACTATCAGTC
CTCATCGCACGATAGAGAGGTCTGTACCATGACAGATAAGAAAGAGGACAACCAAGAAGAGC
ATATATTACCGCCAGAAAAAATATTTTGGGACCTACAACAATTGAGTTGAGTCTTTAAGCAAAT
AAAGTAACAGAAAATAGCTTGGCACCCAGATCTATGCAGAAAAATTCAAAAAAGAAACTTGC
CTCCTCCTTTGATCCAACACACTGTGACGGCAATGACATTGAATACAAGACAAAGAACAATAC
CTAACCAGCTTGCAAATGCTAAATACTGCAACTTTTGAGCATGA

>Buckwheat. 5235

TTTCATCAATAAAATGTGCAGCAATCTTACGCCATATAGAACGCATGAGACAGACCGTGGTGA
GATGTAAATGACAGAAACTGTGGTTGATCATCGTACTACACTAGTGTTTCCTAGTATTAATCAT
GTCACTGTTAAGTAGGACAAAGAGAATGATTCGAATCTCGTACTAAATTTACAATTTTGCCAAC
TCTACTGCACTATGAATTATTAGGGATCAACAGCTATACAAAAGACTCGAGCATGGGCAAAGT
GTAACAAATCGCTAACTCTTGAATACACTCGGCAAAATCAAGACTTGGAAGGCCACAATGCGA
GATGGTCAGTTGTGAAATTAGAAAGTGGATACACTTCAGCTACTTCGTTCTACTCTCTTCACCT
GCAATATATGTGTTCGTAGGCTACAATCTTTCACCTGCATTGCTGCCAAAGCTGAAACAAAGTC
ATTGCATTCTTCAAGCAATGTACATTCATTGGAACTGATGCTGGCCATCTCAGCCAACAAAGAA
TTCATTTGTTCAACCTTGGACAACAAAGAGCAAATTGGTGATGCCATAGCTTGCAAGACATCAA
GAGCTGAACATATGGCATCCTTCAGACCTTGAATATCTGCCACAGCTCCGCCAGCAATTGGAA
GCCGGATAGTGCTGGCCTGCAAGGATTCAGTAATACCCAGTAGAGAGCTTGAATGATCTTTTT
CCATAGAAGCCCATTCATCCAAGTATAACATTTGTTTTTCGAGAATGGAAGAAAGCTTCAATTT
CAGAATCAGCCGGGCCAACTCCAACTTCCTTCTAGTCACAGATAAGCGCAACTCTGAGGTAGC
TCTCCATACATCATAGAGGTTACTCACTGCATTAGTCTGCTGAAGAGATAGAGCAGCCTCAGCT
CTGGCATTGGCAAAGCGCCACTGCAATTGTCGATTGTGCAAAAGCCTAAGAAAGTGAGCGTCA
CTGATTTTATTCTCGTGGACCTTTCCCCTCCGAACATCAGCAGAAAAGCACAAAACTGAAGTTC
CACTGCTTGTGTAAGATGTACCTGCTGTTGCATTCCTCACCCTACTGGGGCTAGCCATTCCCCT
TGACGGGGAAGACTTCTCTAGCAGCAAAGGTGTTGTAGGCCTGCTAGGTGATGATGGCCTCGA
GTTAGATCGCATTGGGGACAATCCCCTACTTATAGGATTCACTCTAGGAGATGATGAAATAGGT
GTTTTCAGTGAATTGCTTCTAGATAAAGGAGAGTTGGGGTCGGGTTGGCGTCT

>Buckwheat. 11341

AATAACCCATATAGTCCATATGATTCATACGTGAAAGTTAACTAACATAGCGTTGAATCTGAAC

GACAAGAATCACATATTGAGTAATTACATTATCATAAGAATACAAATTTAAAAAAGAAAACAA
TTCTTAACAAAATTCATGAAAACCTTCCTTCAGAGGTAGACACTGACATTGAAGAACCAGCTTC
AAGATCACCACCCATATATGACGATGTTGGATAAGATGAATCCAAATCATCCTCAAACCCGCC
ATTTTCCGAACCGAACTCGCCTCCTTTCCGGTTAAATCGAGCAGGGAGGATGAACACCTCAGG
CAACTCTACTTCCCTATCCAAGAACCTCAAAACCTGTCTCATTATAGGTCTATCATTAGGATTA
TCAGCTGAACACATCAATCCAAGCTTCAGCACAATTTTAGCTTCAATCTGATCATACTCATTTC
GTAATCTCCGGTCCATAACATCAAGAACAGAACCCTTTTTCATCTTATCGAGTAC

>Buckwheat. 9001

CTTCACAGCACCATCACTGGTTTGACCCGGATCGACTTCTCTACTGAAATAAGCCTCCCCGGA
ATTATCAAGATACATATGGAAATTAGCTTCAACTCCATTCACATTTATACGCACCAATTTCTCAG
AACGCTTGAGAACACCCTGAAATTTACCAAATCGGACATACCAAGGGGTGGTTCGAAAACTAC
CATCTTGCTGTTGAACTACAATGATATCAACAGCTCCACCAAATGGGTGAAATGGAGCCACAC
CTTGTGAAATCAAGTTCCCAACTTTGCCCACAACATTCATTGTTTCAATTCTCAATCAAGCAAA
CCCACAAAAACCCTAACAATCAGTTAGACTCCTGAATCAATCTAATCAAGATAAGCCGCATCC
AATCCTTGAAACAGTACCTCAAACTTGCTGCTCTAGCAAATCCAAAGTCATTCAGGCTAAACT
GAGATCGCCCAGATAACCGCAAATCGTCAGATGGAAAATTTACAAGCAAGCGAATGAGCAAT
GAAAGAACAAAAATTAAGGGTTCGTTCAAAAACCCATGAATTTGGGGAACGGGTTT

>Buckwheat. 13646

TTGATCCATGAAATCTCTACTAAGCATCTCATCAGATTCATCTTGTCCAATAATAAAAGAAAAA
TGGTATGAATCTAATATTCAAGAATAACTCCTACTGCTAGTTAAGAACAACCTCATAAAAGTGA
TAAAACTAACTTACAAGAATTAGTAGCTTAATGTGTCTACTTCTCAACATTCTCCTCTTCATCAT
ATGATCATATCACAAACTCTGCCT

>Buckwheat. 26854

CCAACAGTATAAATTATCATCATCAAAGGGTTGTCATAATTATCACAACTACATATATATGCAA
AAATAAAATACACCATTTTTAAGAAGAAAAAATAACCTATATACCCAACACCCTGTAAATAGT
TTTGCATTGAGAACTATAAATAACAAGGTACCCAAAATTATAGAGCCACTCTTCCAAGAGCCC
ATTTCCAAAACATCCCAACAATTTTAACAAAGCTATCAAGTTTGCTCCAAAGTACCTTCACCTT
GCTTCAATTAGCGTCTTCACGCGATCCATTGCGAGTCCTATACACCCCCAGTTCTCGTGTAATG
GAAGTACATATACATATTTTCGAGCACTGTCTTAGATCTAGAAAAATGGTCTATTATGTTTTCAC
CTTTTGCGTTTGCTCTTCATGACGGTCGAGCTAGAGGGATTGCTGTGCCAGTTCCTCTTCCTTTG
GTTGATGAACCAGTTGTTTATTTGCTTCAGCTGTAAACCCGTTTCTTGAACCAACCTCGCCTTAT
CCTCCTCTGTTGGGTAAGGCCATTTTGAGTGCGACTGCCACCAAGCTTTCAAGACAGAGGTGG
TGTCGCCCGGGAGTTTTCCGGCTCTTCTCTTGCGAAGAATCTCCTCTCGTATGTCGACAATCTTC
TCCTTATAGCCCTGTTTGAGTTCATGCTTCAGCTCTTGTCTGACTCGCTCCATGAGCGAACGCTC

ACTCTCTGTCGGAATGAGAGGACCGAAACCCATTGTGTCTGAACCATCCATACCGCCATCAAA
CAGGTTTGAATCACTGTCCACAGGATCATCTTCGTCGTCTGACATAGTTGCACCACTTCCTTCA
CCAGGAGAAACTCCTGTTAAGCTTTGTAGAGATTGTTCAATCTCCCAACAAGCCATGACAGCC
TCCATAGCATGAACTCGAACATGTTGTTGCAGTTGTTCCTTGAATGAGCATAGCAACAGAACGT
AATGCGTCATGAATTGGTCAAGCTCCTTATCATCTCCAACCATGTGGGGACCATTAGCAGCCAT
GGCGGAGTACTTAGCCACAACGTTCTGAGACTGAGCAAGCTGCGCATCGATCCTCGGCAGCTG
ATCCACCGGCGTTGCGATCTTCAAGCAAGCGACGTGCGCCGACAACAGCTGCTCATACAACGG
ATGCGAAAGTATCTCAGCCTTGTACTTGGCATTTTGCCAATTCACAACCACCCATCTCCACCA
CCAGAAGCACCGTCTCCTACCTCAACCTTACCACTGCCCCCTCCGTCATCTCCGTTATCATTAG
GCATCGAGAGAACCGAAGAATCGTCGATTGCCCGCGACAACCACTGGTTGGACGGCGCTTGAG
CAGCCGAGGAGGAGTCAGAATTCGTCTGTAGGTTTAAAAAATTGGTTCCGGCACCAGCACCGG
AAGATCCAAGGATAGCGTTGCTGAGCCAATTGGGACCACCGGATGCACCAAGGTGGGCCTGG
TGGTGGTGGTCGGACTTGGGGTCGCCGGAATCCGGAGGTAAAAGGCCGGTGAAGTGTTGCTG
AAGAGCCATTGGGTCTTGGGAGAGATGGTGATGCTGTTGCTGGTTGTGGTAAGCCATTTTTGCT
TCTGATTATTCCTTTGTTTTCTTCTCCTTGTAGTTGTTCTTCTAACCACTGAAATCGCTCTTCTCC
ATGGAATTGTAAGAAAAAAGGAACTTTCGTTGGTTTTGTTTGGTTCTGATCAGAAACTGTAAAC
ACAGACAATTGTTGGAGAGAAGATTGAAATCGGAGGACTGACAAAACCGGCGAGAAAACCGA
AAATTGAGAGTAAAAGGAATGGAAGAAATTGAAGTTTGGAGAAGGAAGAAAG

后　记

　　时光荏苒，岁月如梭，经过一年多的努力，我的《金荞麦抗氧化活性关键物质及其主要基因研究》终于交稿了。回首往事，在该书写作过程中，得到了周永红教授和陈庆富教授的亲切关怀和悉心指导，他们严肃的科学态度，严谨的治学精神，精益求精的工作作风，深深地感染和激励着我。从课题的选择到项目的最终完成，两位老师始终给予我细心的指导和不懈的支持。他们不仅在学业上给我以精心指导，同时还在思想、生活上给我以无微不至的关怀，在此谨向两位老师致以诚挚的谢意和崇高的敬意。

　　感谢四川农业大学小麦所为我提供攻读博士的机会。

　　感谢贵州师范大学荞麦产业技术研究中心为我提供完成研究所需的实验条件。

　　感谢父母的养育，使我的一切成为可能。感谢我的爱人余霜博士，在事业和家庭的双重压力下，我们同甘共苦、共同奋斗，一起完成各自博士论文的撰写，同时她对本论文提出了许多宝贵的建议。感谢我的女儿李怡瑶和李瑷余，天真可爱的她们是我学习和工作的永恒动力。

　　由于自己水平所限，书中定会存在不妥甚至错误之处，欢迎读者批评指正，以利于今后改正和提高。

李　光

自安顺学院

2018 年 8 月